Die Kunst des Zusammenarbeitens

Franz Fendel

Dorothée Fendel

Benedikt Fendel

Die Kunst des Zusammenarbeitens

Sich selbst und andere wirksam führen

Franz Fendel

Dorothée Fendel

Benedikt Fendel

1. Auflage

Haufe Gruppe
Freiburg · München

Bibliografische Information der Deutschen Nationalbibliothek
Die Deutsche Nationalbibliothek verzeichnet diese Publikation in der Deutschen Nationalbibliografie; detaillierte bibliografische Daten sind im Internet über http://dnb.dnb.de abrufbar.

Print ISBN: 978-3-648-06118-3 Bestell-Nr. 10112-0001
EPUB ISBN: 978-3-648-06119-0 Bestell-Nr. 10112-0100
EPDF ISBN: 978-3-648-06120-6 Bestell-Nr. 10112-0150

Franz Fendel | Dorothée Fendel | Benedikt Fendel
Die Kunst des Zusammenarbeitens
1. Auflage 2014

www.haufe.de
info@haufe.de
Produktmanagement: Bettina Noé

Lektorat: Gabriele Vogt
Satz: kühn & weyh Software GmbH, Satz und Medien, 79110 Freiburg
Umschlag: RED GmbH, 82152 Krailling
Druck: fgb · freiburger graphische betriebe, 79108 Freiburg

Inhaltsverzeichnis

Einleitung

Die Welt mit ihren komplexen und dynamischen Feldern, in denen wir alle täglich unseren Platz finden müssen, ist so gebaut, dass es ohne Zusammenarbeiten nicht geht. Beim Zusammenarbeiten geht es deshalb um die Wurst: Klappt es, oder klappt es nicht? Wenn Zusammenarbeiten gut funktioniert, ist es ein weicher Faktor, ein herrlich weicher sogar; man spürt ihn nicht einmal, fühlt sich einfach nur wohl. Wenn es aber nicht klappt, kann Zusammenarbeiten ein verflixt harter Faktor sein, und im Zusammenhang mit Business geht es dann schnell auch um Geld. Schlechtes Zusammenarbeiten in der Führungsmannschaft ist ein häufiger, wenngleich nicht immer bekannter Grund für den Untergang von Unternehmen. In manchen Familienunternehmen wird das Zusammenarbeiten von Generation zu Generation schwieriger, bis irgendwann gar nichts mehr geht. Das ist dann das Ende.

Konflikte, Blockaden oder Misserfolge sind immer auch Aufforderungen, sich mit dem Zusammenarbeiten zu beschäftigen: aktiv zu werden, sich zu engagieren, Mut zu schöpfen, Gespräche zu führen und vor allem gut zuzuhören — kurz, eine Führungsposition wirklich einzunehmen und ins Miteinander der Beteiligten zu investieren. Gutes Zusammenarbeiten kann man sich erarbeiten. Und es macht wirklich Arbeit. Immerhin ist aber alles, was man dazu braucht, bereits da — man weiß es nur oft noch nicht. Erst wenn man sich auf den Weg macht, kann man es erleben. Nach und nach wird man verborgene Fähigkeiten und Potenziale entdecken, die zu ungeahnten Lösungen verhelfen können. Etwas Neues gibt es zu entdecken, von dem man bisher keine Ahnung hatte. Das ist qualitatives Wachstum: Man wird immer besser, ohne dass man es quantitativ hätte planen konnen. Etwas Zauberhaftes kommt ans Wirken, das sich zu einem Teil als Synergieeffekt erklären lässt — aber nur zu einem Teil.[1] Es ist mehr als lineare Synergie, wenn plötzlich Kräfte zusammenwirken, die vorher als wenig hilfreich, gegnerisch oder gar feindlich beurteilt wurden. Offenheit für Feldeffekte, für Neues und Ungeahntes ist daher wichtig, denn wenn man alles schon kennt und weiß, verfehlt man leicht das Ziel und bleibt doch wieder im Alten stecken. Auch 30 Jahre Erfahrung sind kein Argument dafür, immer so weiterzumachen wie bisher.

---

1 Ein besonders witziges und geistreiches Beispiel solcher Zauberkräfte ist in Mark Twains Erzählung „Die Million-Pfundnote" zu finden. Der zu Beginn völlig mittellose Held bekommt überraschend die Möglichkeit, sich ein Startkapital und einen festen Job zu verdienen. Seine Gönner setzen darauf, dass er gescheit und ehrlich ist, und sie behalten recht: Sein Erfolg sprengt am Ende alle in ihn gesetzten Erwartungen. In: Mark Twain, Die Million-Pfundnote und andere Erzählungen, Emil Vollmer Verlag, Wiesbaden 1968.

! **WICHTIG**

Zusammenarbeiten ist eine Kunst, die erlernbar ist. Sie braucht Techniken und Methoden und wird darüber hinaus durch die individuellen Fähigkeiten des Künstlers zum Leben erweckt.

Hier setzt unser Buch an. Sie finden darin nicht nur Techniken, Methoden und Werkzeuge für erfolgreiches Zusammenarbeiten, sondern auch Anregungen und Hilfestellungen, um Ihre eigenen, ganz persönlichen Talente, Gaben und Potenziale ans Wirken zu bringen. Damit wird jede Technik, die Sie erlernen und nutzen, zu etwas Einzigartigem, das es so nur bei Ihnen gibt. Sie entwickeln Ihren eigenen Führungsstil weiter und werden damit unverwechselbar.

Zu diesem Zweck kommt das ins Spiel, was wir innere Arbeit nennen: Mit dem Zusammenarbeiten fängt man bei sich selbst an. Die meisten wünschen sich, wirksam zu sein, Einfluss zu nehmen und etwas zu verändern. Das impliziert die Erkenntnis, dass man selbst von dem, was geschieht, nicht nur betroffen ist, sondern einen eigenen Anteil daran hat: Wer mitwirkt, und sei es nur beobachtend, verändert das Geschehen. Der Wille zum Zusammenarbeiten beginnt damit, dass man diesen eigenen Anteil anerkennt und Verantwortung dafür übernimmt (nicht Schuld!).

Das wichtigste Kunststück in der Kunst des Zusammenarbeitens ist daher die Bereitschaft zur Selbstreflexion und dazu, sich selbst immer wieder in einen Zustand zu versetzen, der einen neugierigen Blick auf sich selbst, die anderen und den größeren Kontext erlaubt. Dazu braucht man zunächst einen festen Stand: ein tiefes Bewusstsein dessen, wer man ist und was einen zutiefst ausmacht. Das ist der Boden für (Selbst-)Vertrauen, und auf ihm kann alles gedeihen, was dem Zusammenarbeiten dient: sich bewegen und weiterentwickeln, Verbindungen herstellen und für Überraschungen offen sein — Fähigkeiten, die Unternehmer und Führungskräfte brauchen, aber nicht nur sie.

Bei uns begann das innere Arbeiten mit einer instabilen Dreierkonstellation: Vater, Mutter, Sohn — irgendetwas stimmte bei uns nicht. Immer gab es Spannungen, nur wenige echte Erfolge, irgendetwas zog uns immer runter, wenn es um uns drei ging. Im Sommer 2008 kam dann der Geistesblitz: Wenn wir weiterkommen wollen, müssen wir uns bewusst als Dreieck sehen — als ein dynamisches Dreieck mit unterschiedlichen, in der Summe aber ausgeglichenen Beziehungen. Die Dynamik kann sich je nach situativem Kontext verändern, aber es gibt eine Konstellation, die eine Art Ruhezustand charakterisiert. Und dieser Zustand fühlte sich für jeden von uns gut an. Vor allem die Vater-Sohn-Beziehung sah plötzlich völlig anders aus als bisher. Dieser Moment beendete mehr als 25 Jahre Herumeiern.

Als wir im Herbst 2008 die Teilnehmer eines unserer Workshops mit dem Führungs-Dreieck überraschten, gab es drei Reaktionen. Die einen sagten: „Genial, dazu fällt mir sofort noch Folgendes ein ...". Andere monierten: „Nein, das widerspricht allem, was ich bisher gelernt habe." Und der dritte Block sagte zunächst gar nichts, sondern erst später auf Nachfrage: „Ich musste es erst ausprobieren, ich fühlte mich aus den Angeln gehoben." Hier spannte sich das ganze Feld auf, in dem das Dreieck zu unserem zentralen Werkzeug wurde. Während Polarisierungen nur Hin oder Her kennen, öffnet das Dreieck einen Raum für Lösungen. Es bringt Bewegung ins Geschehen und macht sichtbar, worum es wirklich geht. Es schafft Möglichkeiten, in günstigen und auch in sehr ungünstigen Situationen miteinander zu arbeiten und überraschende Ergebnisse zu erzielen. Es kann in jeder Situation Orientierung geben und erlaubt, auch Widersprüche und sogar Ängste zuzulassen, ohne sie kontrollieren zu müssen. Das alles kann extrem herausfordernd sein, und man kommt nicht umhin, sich selbst dabei ein wenig zu verändern. So wird schließlich qualitatives Wachstum erreichbar in dem Sinne, dass man hinterher mehr Möglichkeiten hat als vorher — so wie wir drei —, und das nicht auf Kosten anderer.[2] Das Dreieck entwickelte sich damit zu einem besonders wirksamen Modell des Zusammenarbeitens. Im Laufe der Zeit kamen einige weitere Modelle hinzu, die das Dreieck ergänzen und unterstützen, aber auch unabhängig eingesetzt werden können.

Einige Worte zu unseren grundlegenden Sichtweisen:

- Werdeprozesse spielen eine herausragende Rolle.
- In jedem Werden steckt ein Sinn, der zum jeweils Besten will — auch wenn man ihn oft erst später erkennen kann.
- Es gibt permanent Führungssignale, die anzeigen, welcher Weg individuell eingeschlagen werden kann.
- Jeder Mensch ist für sein Leben perfekt ausgerüstet. Und es gibt immer auch andere, die dieses individuell Besondere gut gebrauchen können, um sich damit weiterzuentwickeln und es zum Beispiel auch ihren Kunden zur Verfügung zu stellen.
- Das Leben ist lebenswert und will gelebt werden.

2 Wir muten unseren Klienten, Coachees und Kunden nichts zu, das wir nicht selbst vorher ausprobiert und durchlebt haben. Unsere Teamkonflikte sind legendär: Das Zusammenarbeiten, von dem wir hier sprechen, ist keineswegs immer nett. Aber es ist sehr, sehr belastbar. Täglich finden wir es bestätigt: nach jedem durchlebten Konflikt, nach jedem aufgelösten Blindspot, nach jedem gelungenen Projekt, nach jeder einvernehmlichen Trennung, nach jeder neu gefundenen Balance oder aufgelösten Polarisierung.

In Teams, Unternehmen und Organisationen kann der Blick manchmal so eng werden, dass alles Lebendige irgendwohin verschwindet, wo es unauffindbar ist. Ordnung und Klarheit sind vernünftige und erstrebenswerte Ziele, aber sie sind nicht alles. Das Leben und Arbeiten kann mühsam, schwer, unbefriedigend und zäh werden und vielleicht sogar krank machen. Wir wollen Möglichkeiten zeigen, wie man es so angehen kann, dass es lebendig, lebenswert und sogar glücklich werden kann — trotz und mit allen Konflikten.

Ein Mensch ist für uns in irgendeiner Weise immer auch ein Unternehmer: Er entwickelt das Eigene, bietet es an, fragt anderes nach. In welchem Bereich sie oder er das tut — angestellt, freiberuflich, beamtet, selbstständig, als Partner/in — hängt von den jeweiligen Gegebenheiten ab, macht aber sonst keinen Unterschied. Wir arbeiten kontinuierlich daran, Perspektiven und Werkzeuge weiterzuentwickeln, die es jeder und jedem Einzelnen nach individueller Adaptation erlauben, den jeweils eigenen Weg zu gehen.

Was finden Sie wo in diesem Buch:

Im ersten Teil stellen wir Ihnen Modelle und Methoden vor, die einen immer wieder anderen Blick auf das erlauben, was nicht zufriedenstellend funktioniert. Wir betrachten das Zusammenarbeiten jedes Mal aus einer neuen Perspektive, sodass sich auch jedes Mal ein neuer Schwerpunkt ergibt — ähnlich wie bei einer Mindmap. Diese Perspektivenwechsel verändern die eigene innere Haltung zum Geschehen und öffnen neue Handlungsspielräume. Da sind zunächst das Dreieck und sein tragendes Element, der Rang. Dann geht es darum, wie man eine Rangposition einnehmen kann. Dabei hilft ein Blick auf den Werde-Prozess, den wir auch als Emergenz-Weg bezeichnen. Und wenn wir so weit gekommen sind, wird es Zeit, einen Blick auf fünf parallele Ebenen oder Welten zu werfen. Im letzten Modul des Grundbaukastens geht es dann um nichts weniger als die Essenz des Selbstmanagements. Das Resultat: Man kann vieles besser verstehen, gestalten und unbelastet in einem anderen Licht sehen.

Im zweiten Teil beschäftigen wir uns mit Beziehungen. Was ist zu beachten, wenn man nicht nur auf sich selbst sieht, sondern auch auf die, mit denen man in Verbindung steht? Da tauchen als Erstes Konflikte auf, und dabei begegnet uns ein ganz neues Dreieck. Als Orientierungshilfen dienen drei Kommunikationshaltungen und fünf Handlungsmodi. Saubere Ziele und fünf Top-Führungsqualitäten helfen immer wieder dabei, die eigene Position situativ wirklich einzunehmen — und zwar gerade dann, wenn man den Boden unter den Füßen zu verlieren scheint. Schließlich kommen wir zum Arbeiten im Kreis, das das Zusammenarbeiten fundamental verbessern kann.

Im dritten und letzten Teil geht es dann um einige exemplarische Situationen aus dem echten Leben: Kundengewinnung, Unternehmensidentität, Teamkultur, Kündigung oder sogar Rausschmiss, schließlich Ende und Neubeginn. Hier kommen die Perspektiven und Werkzeuge aus Teil 1 und Teil 2 zur praktischen Anwendung.

Am Ende eines jeden Kapitels finden Sie eine Übung, mit der Sie das Gelesene sofort selbst ausprobieren können. Wenn Sie bei der letzten Übung angekommen sind, haben Sie einen ganzen Zyklus durchlaufen und wahrscheinlich einiges verändert.[3]

[3] Aus Gründen der Übersichtlichkeit und besseren Lesbarkeit haben wir nicht immer männliche und weibliche Formen genannt. Selbstverständlich sind bei der häufiger verwendeten männlichen Form auch weibliche Personen inbegriffen.

Teil 1 Spaziergang durch den Grundbaukasten

Die Kunst des Zusammenarbeitens beginnt mit bewusstem Wahrnehmen dessen, was im eigenen Inneren und um einen herum vor sich geht. Die folgenden Modelle und Methoden helfen dabei, anders hinzusehen, durch innere Arbeit die eigene Haltung zu verändern und dadurch beweglicher zu werden. Die Werkzeuge sind für alle gleich, aber die Ergebnisse werden individuell unterschiedlich ausfallen.

1 Das Dreiecks-Modell: raus aus der Sackgasse des Hin und Her

Die erste gute Nachricht: Dreiecksbeziehungen sind viel besser als ihr Ruf. Sie sind sogar ideal, um lähmende Polarisierungen aufzulösen. In einem Dreierteam zu arbeiten und zu führen ist zwar nicht immer einfach, und für viele hat es auf den ersten Blick sogar etwas Irritierendes. Auf den zweiten Blick aber überwiegen schon die Vorteile: Das Denken und Arbeiten zu dritt ist fast eine Garantie dafür, dass das Zusammenarbeiten klappt. Offenheit, Lebendigkeit, Ausgewogenheit, Veränderungsfähigkeit und Kreativität können in dem Raum entstehen, den ein Dreieck aufspannt. Das Miteinander kann dann ebenso beweglich wie stabil werden.

So etwas funktioniert nicht von selbst. Das Arbeiten im Dreieck ist eine Kunst. Und hier kommt die zweite gute Nachricht: Diese Kunst ist erlernbar. Sie erfordert, wie andere Künste auch, den ganzen Menschen. Alles das, was in einem Menschen bereits angelegt ist, kommt dann zur Entfaltung und ans Wirken. Damit rückt etwas Erleichterndes in erreichbare Nähe: Was vorher eher fade und anstrengend war, wird lebendig — Führungsarbeit zum Beispiel. Das ist die dritte gute Nachricht.

Die Hin- & Her-Konstellation

Wenn zwei in einem Konflikt polarisiert sind, geht es wie beim Pingpong hin und her:

- „Stimmt nicht" — „Doch, stimmt wohl"
- „Du hast angefangen" — „Nein, du!"
- „Ich war zuerst da" — „Nein, ich!"
- „Sie wollten doch unbedingt diesen Mitarbeiter einstellen!" — „Nein, das waren Sie!"

Eine aussichtslose Situation, die sich in den seltensten Fällen lösen lässt. Denn wer kann noch einlenken, wenn er sich einmal so festgebissen hat, dass es nur noch zwei Möglichkeiten gibt, und die heißen „Sieg" oder „Niederlage"? Das würde übermenschliche Kräfte erfordern. Denn es geht nicht mehr um die Sache, über die man streitet, sondern nur noch um das eigene Rechthaben. So wird wahrscheinlich irgendwann nach Machtlage entschieden: Wer den höheren Rang hat, spricht ein Machtwort, und basta.

Der Konflikt wird aber dadurch nicht gelöst. Wahrscheinlich ist es auch nicht immer der Klügere, der da mangels Verhandlungsmasse oder aus strategischen Gründen nachgibt. Die unterlegene Person wird zudem ihre Niederlage nicht lange auf sich sitzen lassen wollen. Sobald sie selbst am längeren Hebel sitzt, wird sie ihre Chance wahrnehmen und sich rächen. Und wieder wird dann nicht nach Sachlage entschieden werden, sondern nach Macht. In jedem Unternehmen gibt es diese Dauerbrenner, alle kennen sie, verdrehen die Augen und beklagen die daraus resultierenden nicht sachgerechten Entscheidungen, die zu Reibungsverlusten führen. Früher oder später schlägt sich eine solche Dynamik auch im Ergebnis nieder.

Im schlimmsten Fall ist es die Führungsspitze selbst, die sich gegenseitig blockiert. Ein Unternehmen muss sehr robust sein und kraftvolle informelle Strukturen haben, um in einer solchen Konstellation längere Zeit bestehen zu können. Die Polarisierung oder Spaltung an der Spitze setzt sich auf die Dauer immer weiter nach unten durch. Man ist Parteigänger des Einen oder der Anderen, muss sich festlegen, „sehen, wo man bleibt“, verbringt viel Zeit mit „Politik“, und irgendwann nimmt man vor lauter Beschäftigung mit Interna die Kunden nicht mehr richtig wahr.

Eine solche Hin- und Her-Konstellation lässt sich ganz gut verstehen, wenn man sich ein Bild von ihr macht.

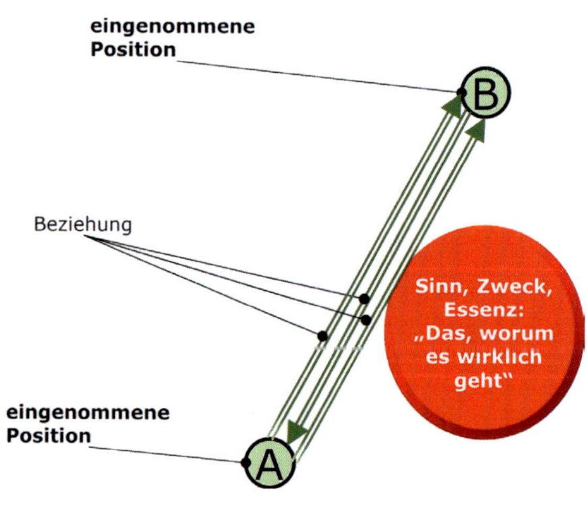

Abb. 1 Hin- und Her-Konstellation

Man kann sehen, dass man es hier mit Positionen zu tun hat und mit Beziehungen, die diese Positionen miteinander verbinden. Die Hin- und Her-Konstellation ist ein Stadium, in dem diese Positionen und ihre Beziehungen zueinander immer enger und unbeweglicher werden. Das ruft danach, geweitet und geöffnet zu werden, um dem, worum es wirklich geht, Platz zu geben. Im Hin und Her ist das nicht möglich; da geht es meistens viel zu schnell und bewegt sich in eingefahrenen Gleisen. Etwas wirklich Neues kann kaum entstehen, oder es kommt sofort unter die Räder. Das heißt nicht, dass man diese Konstellation vermeiden müsste. Sie entsteht ohnehin von selbst, und das ist völlig in Ordnung.

! **ACHTUNG**

Vereinfachend kann man sagen: Das Hin und Her ist ein Indikator dafür, dass es nicht um das geht, was in diesem Hin und Her verhandelt wird. Das, worum es wirklich geht, ist etwas anderes, es ist in der Diskussion der Beteiligten noch gar nicht angekommen, oder es wurde im Lauf der Debatte ausgeblendet oder vergessen. Vielleicht hat das Hin und Her sogar eine Art Vorglüh-Funktion, um die Beteiligten reif für das zu machen, worum es wirklich geht. Möglicherweise muss vorher noch etwas Anderes erledigt werden.

Raum herstellen und Werdeprozesse ermöglichen

Was in Hin- und Her-Konstellationen fehlt oder auch immer weiter eingeschränkt wird, ist Raum. Raum im Miteinander von Menschen wird hergestellt bzw. aufgespannt, indem diese Menschen verschiedene Positionen einnehmen und die zugehörigen Beziehungen beleben. Wenn es gut läuft, werden die Positionen so eingenommen und die Beziehungen so belebt, dass für das Essentielle ein Spielraum zur Entwicklung entsteht. Positionen einzunehmen bedeutet, Aufgaben und Rollen im Raum zu entdecken, sie ohne Einschränkungen anzunehmen und zum Ausdruck zu bringen.

Einen solchen Raum wahrzunehmen ist gar nicht so schwierig, und die meisten können es intuitiv ziemlich gut. Es erfordert allerdings Übung, um vor allem in schwierigen Situationen den Zugang zu dieser Intuition aufrechtzuerhalten. Dann kann es gelingen, eine Tür offen zu halten, die sonst zufällt und in Vergessenheit gerät. So wie bei guten Jägern das Gespür für das vermutete Wild da ist, so braucht man für die Raum-Perspektive ein Gespür für das Essentielle, für das, worum es wirklich geht. Man muss annehmen (wollen), dass es sich irgendwo in diesem Raum befindet, und das funktioniert vor allem mit Ruhe, Geduld und Ausdauer. Im Sinne der Quantenphysik könnte man sogar so weit gehen zu sagen, das Bewusstsein lasse das Essentielle erst manifest werden.[1]

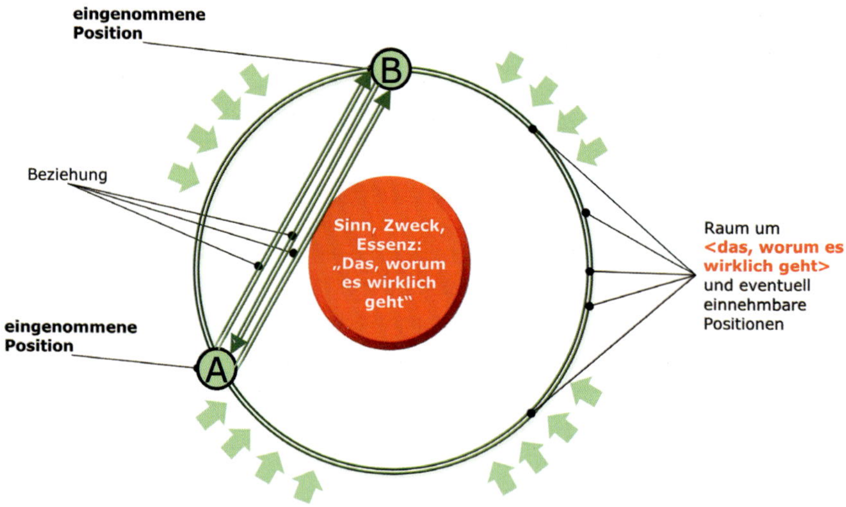

Abb. 2 Die Hin- und Her-Konstellation und der Raum um das, worum es wirklich geht

So könnte man zu der Sichtweise kommen, dass erst die Präsenz und das Bewusstsein der Akteure das sichtbar machen, worum es wirklich geht. Dann kann es werden und sich entwickeln, „emergieren"[2]. In der Abbildung sind links noch die Spuren der Hin- und Her-Konstellation zu erkennen. Aber der Raum, der jetzt durch den Kreis symbolisiert wird, zeigt schon eine ganz andere Qualität: Er deutet an, welche Vielzahl an Positionen rund um das, worum es wirklich geht, möglich ist.

Wozu ist das alles gut? Wozu werden Positionen eingenommen und Beziehungen belebt? Kann das nicht einfach von selbst ablaufen? Doch, das kann es, und das tut es auch meistens. Der Erkenntnisgewinn dieser Betrachtung liegt darin, dass man leichter die Menschen von den Positionen, die sie einnehmen, trennen kann. Erst dann kann man nämlich beobachten: Die Menschen beleben etwas, das vorher nur eine Möglichkeit war. Sie bringen mit ihrer eigenen Dynamik etwas hinein, das vorher nicht wirken konnte. Dadurch, dass die Positionen eingenommen werden, werden sie definiert und senden Signale wie „Hier ist jemand" und „Hier sind Be-

[1] Sie erinnern sich vielleicht: Der Beobachter prägt durch sein Beobachten das Beobachtete.

[2] In Kapitel 5 gehen wir auf den Begriff Emergieren und den Emergenz-Weg näher ein.

ziehungen möglich". Im allmählich beginnenden Miteinander drückt sich nach und nach aus, was gerade „am werden" ist.

! **ACHTUNG**

Im Werden zu sein heißt auch, dass noch nicht klar ist, wohin genau es gehen wird. Es ist noch nicht klar, was zusammenkommen und was auseinandergehen muss. Oft nehmen die Beteiligten ihre Positionen noch nicht richtig ein, auch wenn sie genau das ausdrücklich behaupten. Alles ist hochsubjektiv, es gibt keine verbindliche oder objektive Sicht auf die Lage, stattdessen unterschiedliche Positionen mit unterschiedlichen Sichtweisen. Daneben gibt es aber das, worum es wirklich geht, und das lässt sich nicht durch Wollen, durch Kontrolle oder durch Machtworte ins Leben rufen.

So weit, so schön. Vielleicht kann man hier schon ahnen, welche Potenziale nutzbar werden, wenn es gelingt, Hin- und Her-Konstellationen abzulösen. Aber wie soll man etwas derartig Komplexes und oft auch Kompliziertes im normalen Leben schaffen?

Komplex & einfach: das Dreieck

Der Schlüssel dazu ist das Beziehungsdreieck: Es bietet eine Einfachheit, mit der man intuitiv arbeiten kann. Es ermöglicht, den Raum zu nutzen, der in der Hin- und Her-Konstellation versperrt scheint. Während letztere Energie und Zeit bindet und etwas sehr Schmerzhaftes hat, eröffnet das Dreieck den Beteiligten die Aussicht, zu dem zu kommen, worum es wirklich geht. Das Dreieck ist dabei kein Ersatz für die Hin- und Her-Konstellation, sondern eine Weiterentwicklung.

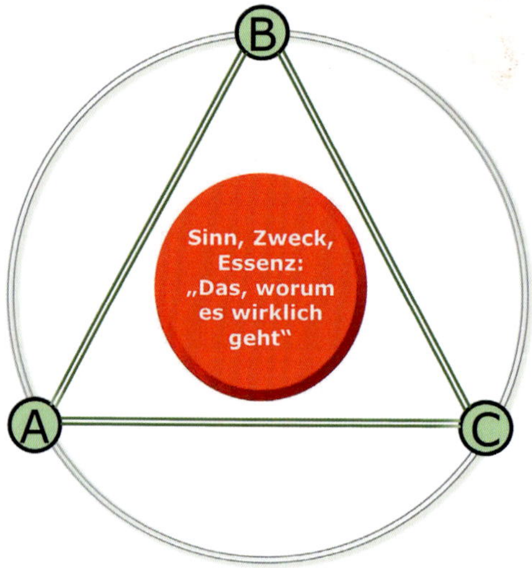

Abb. 3 Das Dreieck und seine Herkunft aus dem Kreis

Es integriert die Hin- und Her-Konstellation in den Raum und bringt Erleichterung, während die beiden polarisierten Positionen weiterbestehen. Position C bringt eine Ergänzung zu A und B, indem sie etwas zum Ausdruck bringt, das in der Hin- und Her-Konstellation bereits vorkam, aber nicht wahrgenommen werden konnte. So beginnt die dritte Position, den Raum aufzuspannen, und gibt den in ihren Positionen festgefahrenen Menschen der Hin- und Her-Konstellation die Chance auf neue Perspektiven. Sie trägt dazu bei, dass die Menschen allmählich einen Blick und ein wachsendes Bewusstsein für weitere mögliche Positionen bekommen. Diese dritte Position beginnt, das Geschehen mitzubestimmen, und so entsteht neuer Spielraum. Jede der beiden bisher polarisierten Positionen hat nun auch eine Beziehung zur dritten aufzunehmen und zu gestalten. Wo es vorher immer enger, begrenzter, vorhersagbarer, unbeweglicher und kontrollierender wurde, können nun, wenn die Beteiligten dazu bereit sind, ganz langsam mehr Offenheit, Überraschungsbereitschaft und Vielfalt entstehen. Neue Möglichkeiten tun sich auf.

Dreiecke bieten Konflikten Raum und Struktur

Konflikte brauchen einen Raum, in dem Lösungen möglich werden können

Zugegeben: Konflikte sind nicht wirklich etwas Angenehmes, und doch sind sie nicht nur ein Bestandteil menschlichen Lebens, sondern sogar dem Leben sehr zugetan. Man kann es nämlich auch so sehen, dass da, wo es Konflikte gibt, etwas repariert, aufgegeben oder vielleicht sogar geheilt werden will. Vielleicht will auch etwas Neues entstehen, das noch nicht die Aufmerksamkeit bekommt, die es zu seiner Entwicklung braucht?[3] Beim Arbeiten in Unternehmen und mit Führungskräften haben wir immer wieder festgestellt, dass eine gute Konfliktkultur häufig mit Blühen, Kreativität und Erfolg einhergeht. Auch die Kehrseite haben wir oft beobachtet: Wenn Konflikte vermieden werden, wirkt die Atmosphäre lustlos und wenig lebendig. Man kommt nicht zu einer starken Unternehmensvision und die Kundenorientierung hat etwas Fades an sich.

Wann wird eine Konfliktlösung möglich? Sobald es lebendig, beweglich und – spätestens in der letzten Etappe – menschlich berührend und friedensstiftend werden darf.[4] Hier ist das Dreieck besonders stark, indem es Vielfalt zulässt. Es ist von Anfang an darauf ausgelegt, mit Gegensätzlichem zu arbeiten: mit Widersprüchen, Kritik, Zweifel, Ablehnung. All das sind potenzielle Positionen im Raum, wenn es darum geht, zusammenzuarbeiten und gemeinsam etwas zu erreichen. Für Teammitglieder, die ins Meeting kommen und vielleicht etwas vorbereitet haben, schnell vorankommen wollen oder das Ergebnis fast schon in der Tasche zu haben glauben, sind das außerordentlich unangenehme Positionen. Mit einem „Das muss doch jetzt wirklich nicht mehr sein!“ würde man sie gern so schnell wie möglich aus dem Weg schaffen. Aus etwas größerer Entfernung betrachtet, zeigen diese Positionen allerdings, dass die so nah erscheinende Lösung noch unter Spannung steht, dass noch Energie da ist, und dass noch Bewegung nötig ist, bis sie zur Ruhe kommen kann. Es gibt noch Konfliktstoff, Ungeklärtes, offene Fragen, und vielleicht sogar den Einwand „Hier geht es doch um etwas ganz anderes“.[5] Da öffnet sich ein Raum, in dem sich eine Lösung der wirklichen, noch verborgenen Streitfrage abzeichnen könnte. Und es ist ein Startschuss, um sich zu einer dritten Position auf den Weg zu machen.

Wenn es zur Kultur eines Teams gehört, dass man sich streiten darf, um am Ende gemeinsam die beste Lösung zu finden, lassen sich Kräfte mobilisieren, die sonst nicht zur Verfügung stehen. Unternehmerisch ist das sinnvoll, denn es aktiviert mehr Potenziale und schafft einen größeren Lösungsraum.

---

[3] Dieses Neue, das sich in Konflikten Bahn bricht, kann auch das sein, worum es eigentlich geht. Wenn es starke Ängste und Befürchtungen gibt, kann man nämlich ziemlich lange an der Oberfläche hin und her streiten, ohne zu diesem Punkt zu kommen.

[4] Mehr dazu im Kapitel 9.

[5] Wenn Konflikte ausgetragen werden, sind häufig die Fragen zu hören: „Worum geht es hier eigentlich?“ oder „Es kann doch nicht euer Ernst sein, dass ihr euch um so etwas streitet!“

Zu Beginn ist die Position B der Widerspruch oder das Gegenteil zu A (Hin und Her). Eine dritte Position C ergibt sich dann aus einer zusätzlichen Perspektive auf das Geschehen. Diese Perspektive könnte von einem der Kontrahenten angeregt werden, der die Polarisierung auflösen möchte, oder auch von einer außenstehenden Person. Die Existenz von C, die eine Öffnung des Raums bewirkt, gibt nun A und B die Möglichkeit, ihre Positionen klarer abzugrenzen und zu erkennen, was es außer ihren Streitpositionen an weiteren Positionen gibt. So spannt die dritte Position den Raum auf, in Abbildung 3 dargestellt durch den Kreis um das Dreieck. C ergibt sich aus A und B, ohne dass es vorher zu erkennen war. Erst die Existenz von C erlaubt es A und B, in Bewegung zu kommen, sich zu modifizieren und zu präzisieren. Die Menschen, die diese drei Positionen einnehmen, werden nun immer beweglicher; sie können Positionen einnehmen, die näher beieinanderliegen oder auch weiter voneinander entfernt sind. Es kann geschehen, dass man mit den Widersprüchen irgendwann gut leben kann. Dieses „gut" zeigt sich oft in einem Augenzwinkern oder in gemeinsamem Lachen.[6] Man löst sich aus der festen Position und aus der Identifikation mit ihr und braucht sich selbst nicht mehr so ernst zu nehmen. Es fühlt sich nicht mehr an, als müsste man auf Leben und Tod kämpfen.

Die dritte Position ist keine schlichtende, die weiß, was die richtige Lösung ist. Durch das Auftauchen von C wird allerdings klar, dass auch die Positionen A und B vorläufig sind. C öffnet den Raum, in dem man sich zu dritt bewegen kann. Es kommt ein Prozess in Gang, in dessen Verlauf persönliche Einschätzungen, Befürchtungen, Hoffnungen und Erfahrungen der Beteiligten eine Stimme bekommen. Im Laufe dieses Prozesses wird sich herauskristallisieren, worum es wirklich geht. Dafür kann dann schließlich eine Lösung gefunden werden.

BEISPIEL: Ein Beispiel-Dreieck

Ein Verkaufsteam versucht schon seit längerer Zeit systematisch, einen wichtigen Kunden zu gewinnen. Alle Bemühungen waren bisher vergeblich, und die Beteiligten verlieren langsam den Mut. Da verkündet ein neues Teammitglied, seit zwei Tagen an Bord, in der Teambesprechung (Position A): „Ich habe eine ganz einfache und schnelle Lösung, um den Kunden zu gewinnen. Das müsst ihr unbedingt ausprobieren." Die anderen (Position B) sehen sich an, erinnern sich an ihre vielen vergeblichen Aktionen und sagen: „Wir machen das hier seit langem und haben alles versucht. Wir wissen genau, was geht und was nicht. Hier gibt es kein ‚einfach' und vor allem kein ‚schnell'. Mach dich erst mal mit allem vertraut und geh selber durch die Hölle, wie wir es gemacht haben. Dann sehen wir weiter."

---

6 Die dritte Position bringt oft die Ehre und den Respekt ein, den die bi-polaren Positionen nicht bringen können, wenn sie sich das Leben gegenseitig schwer machen wollen.

Wenn diese beiden Positionen klar und offen zum Ausdruck kommen, dann könnte Position C sagen: „Die Kollegen vom Verkauf (B) sind sehr engagiert, haben viel Erfahrung und große Expertise. Aber vielleicht sieht der junge Kollege (A) etwas, das wir nicht mehr sehen können, weil wir schon zu tief drinstecken. Wenn wir uns jetzt diesen Kunden ansehen, der einfach nicht bei uns kaufen will: Könnte es bei ihm so ähnlich sein? Seine Leute sind sicher auch gut in ihrem Fach, kommen aber vielleicht gerade nicht weiter und können sich nicht vorstellen, dass sie anders denken müssen, um zur Lösung zu kommen? Wenn wir dieses Bild in unsere Akquise einbauen, könnten wir einen neuen Anlauf nehmen und auch die erreichen, die Neues bedrohlich finden und deshalb auf unser Angebot bisher abwehrend reagieren."

C kann es nur geben, weil A und B da sind. Beide werden von der C-Position dazu eingeladen, zunächst bei ihren jeweiligen Aussagen zu bleiben. C macht A und B neugierig und fordert sie dazu heraus, weiterzumachen, mehr zu verstehen und damit zu einer kreativen Lösung zu finden. Wenn das Schritt für Schritt passiert, können sich alle drei Positionen weiterentwickeln und auch ein Wechseln der Positionen wird für die beteiligten Menschen möglich. Alle merken, dass ihre Beiträge wirksam sind. Damit hätte das neue Teammitglied im Beispiel tatsächlich einen entscheidenden Impuls gegeben, um den Kunden doch noch zu gewinnen.

Wie es im konkreten Fall auch immer aussehen mag: Die dritte Position weitet und entspannt das Feld, sodass sich die Polarisierung auflösen lässt (falls das tatsächlich gewünscht ist!). Das Miteinander von A, B und C generiert dann neue Perspektiven, zusätzliche Informationen und belebende Impulse.

Das zentrale Geheimnis des Dreiecks: Alle Positionen haben das gleiche Gewicht

Wir hatten es zwar nebenbei schon erwähnt, aber noch nicht begründet: wozu dieses Idealbild des gleichseitigen, gleichwinkligen Dreiecks? Mit dem Mittelpunkt oder dem, worum es wirklich geht, schön brav in der Mitte? Das könnte einen schon fast ein bisschen knurrig machen, so nett und friedlich sieht es aus. Unser Dreieck ist ein Modell, und mit der Gleichheit wollen wir auf eine wichtige Bedingung hinweisen, die in diesem Modell gilt: Jede der eingenommenen Positionen hat das gleiche Existenzrecht. Dabei kann eine so aussehen, als habe sie alle Macht auf ihrer Seite, und die andere, als stehe sie auf völlig verlorenem Posten. Eine kann unmoralisch aussehen und die andere wohlgefällig, eine politisch korrekt, die andere schert sich nicht darum und lässt die Sau raus. Das ändert nichts daran, dass beide das gleiche Gewicht haben und das gleiche Recht, sich zu äußern und mit der Gegenposition und auch der dritten, ebenso gewichtigen und gleichberechtigten, zu kommunizieren.

Das ist eine gravierende Veränderung im Vergleich zu vielen Vorgehensweisen, in denen im Konfliktfall erst einmal die Positionen bewertet, sortiert und geclustert werden: Welche wird von der Mehrheit vertreten, welche liegt am weitesten entfernt vom unausgesprochenen Mainstream, welche ist vielleicht peinlich oder wird von Personen vertreten, die kein hohes Ansehen genießen, oder welche soll nach dem Willen der Mächtigen als einzige übrigbleiben? In unserem Modell haben extrem schwache Positionen gleiche Rechte wie übermächtige.[7]

Wenn man konkrete Situationen im Dreieck abbilden will, so ist das Gleichgewichtsmodell sogar hilfreich, um Ungleichgewichte erst sichtbar werden zu lassen: Eine dreiköpfige Geschäftsführung, in der zwei Geschäftsführer den dritten als nicht vollwertig betrachten (und auch so behandeln), oder in der ein Geschäftsführer die beiden anderen dominiert und in die Ecke drängt, wäre für uns also ein Dreieck im Ungleichgewicht.[8] Wenn man uns in einer solchen Situation konsultierte, sähen wir die erste Aufgabe darin, dieses Ungleichgewicht für alle Beteiligten wahrnehmbar zu machen.

!

WICHTIG: eine Position — voll und ganz

Eine der wichtigsten Aufgaben in Werdeprozessen ist es, zunächst eine einzige Position (und nicht mehrere gleichzeitig) konsequent einzunehmen und dabei das zu akzeptieren, was sich daraus für die Beziehungen ergibt. Im Dreieck sind es jeweils zwei Beziehungen, auf die man direkten Einfluss hat. Auf der der eigenen Position gegenüberliegenden Seite gibt es eine dritte Beziehung, auf die man aber keinen direkten Einfluss hat, selbst wenn man in der Hitze des Gefechts gerade das für absolut nötig halten mag. Das alles ist keine *kleine* Herausforderung, und mit dem Einnehmen klarer Positionen werden wir uns noch beschäftigen. Für jetzt genügt: Wenn zwei Konfliktparteien ihre Positionen nicht klar einnehmen und eher herumeiern, dann ist das fast eine Garantie dafür, dass sich der Konflikt zieht und zieht und im schlechtesten Fall im Untergrund verschwindet und von dort weiterwirkt.

[7] Deep Democracy heißt dieses Prinzip in der Prozessorientierten Psychologie, von der es entwickelt wurde. Es bezeichnet einen tiefgreifenden Paradigmenwechsel, dessen Bedeutung und Wirkung sich kaum überschätzen lassen.

[8] Wenn man solche Ungleichgewichte darstellen will, kann man die unterschiedlichsten Formen von Dreiecken zeichnen: von unterschiedlich langen Beziehungsstrecken bis hin zu einem Mittelpunkt, der gar nicht in der Mitte liegt.

Fazit 1: Im Dreieck können Menschen weiter wachsen

Die beteiligten Menschen nehmen Positionen ein und verlassen sie ebenso deutlich auch wieder, es kommt Bewegung ins Miteinander. Die Positionen ergeben sich aus dem, worum es wirklich geht. Wenn eine Position voll und ganz eingenommen ist, „zwingt" das den nächsten, eine andere Position einzunehmen. Es kann sein, dass er diese Position „normalerweise" nicht eingenommen hätte. Und vielleicht bedeutet „normalerweise", dass er sonst niemals auf die Idee gekommen wäre, dass eine solche Position zu seinem Spektrum gehören könnte. Das kann einen Lernprozess auslösen, der sonst nicht in Gang gekommen wäre. Hier sind für die einzelnen Beteiligten überraschende Impulse möglich.

Jetzt kommt wieder die Unterscheidung ins Spiel, die für die Interaktion im Dreieck so wichtig ist: die Menschen und die Positionen. Dies ist wichtig für das Miteinander, denn die Positionen sind von den Menschen zu unterscheiden, die sie einnehmen. Jemand nimmt eine Position ein oder übernimmt auch eine bestimmte notwendige Rolle, aber dieser Jemand *ist* nicht diese Position oder Rolle. Vieles von dem, was die Beteiligten möglicherweise den Menschen zuschreiben, die die Positionen vertreten, hat also für die Position selbst keine Bedeutung. Wenn zum Beispiel Ihre Erzfeindin eine Position einnimmt, die Sie gar nicht so abwegig finden, kann es leicht passieren, dass diese Position allein dadurch, dass Ihre Erzfeindin sie vertritt, für Sie extrem negativ besetzt ist. Im Dreieck wird so etwas früher oder später sichtbar werden, und das ist eine große Chance zu persönlichem Wachstum. Aber vermutlich wissen Sie aus eigener Erfahrung, wie anspruchsvoll und schmerzhaft das manchmal sein kann. Es scheint paradox, aber genau dadurch, dass zunächst die Positionen ungeachtet der sie vertretenden Menschen ernst genommen werden, kann schließlich die Erkenntnis entstehen, dass man es mit Menschen zu tun hat, die mehr sind als die Positionen, die sie einnehmen. Menschen und Positionen werden nicht mehr miteinander identifiziert und verwechselt. Andernfalls passiert es leicht, dass man eine Position nur einnehmen kann, wenn man sich so mit ihr identifiziert, dass es nicht mehr um die Sache geht, sondern um das eigene „Überleben". Und die Überraschung, die man erleben kann: Den anderen beiden geht es ebenso.

Wenn also alle Positionen eingenommen werden und miteinander kommunizieren (eleganter Ausdruck für streiten), wird im Laufe des Prozesses früher oder später etwas Erstaunliches passieren. In dieser Konstellation, die zunächst vielleicht aussieht wie ein Gleichgewicht des Schreckens unter ausgemachten Egomanen, entsteht eine Dynamik, die dazu führt, dass die Menschen hinter den Positionen sichtbar werden. Wenn das geschieht und von allen dreien wahrgenommen werden kann, ist eine Lösung gefunden.

Ein solcher Moment des Gleichgewichts, des Miteinanders, des individuellen Wohlfühlens und des Gefühls, letztlich doch irgendwie zusammenzugehören, hat einen Namen: Coolspot.[9] Er muss jetzt noch in Worte gefasst und damit für alle Beteiligten „gerahmt" werden. Dieser Rahmen sorgt dafür, dass die Lösung nicht wieder in Vergessenheit gerät oder bei nächster Gelegenheit für falsch, unsinnig, unter Druck entstanden erklärt oder auf andere Weise diskreditiert werden kann. Wir haben die Erfahrung gemacht, dass es außerordentlich hilfreich ist, solche Momente möglich zu machen. Inzwischen wissen wir, dass es die wichtigste Führungsaufgabe ist, Coolspots zu ermöglichen, zu rahmen und sie in der Folgezeit für alle Beteiligten zugänglich zu halten.

Fazit 2: Neue Kräfte dank neuer Perspektiven

Das Arbeiten mit dem Dreieck erleichtert den Umgang mit der Komplexität, die in Werdeprozessen oft steckt. Es macht anschaulich, dass sich etwas entwickelt und dass etwas *wird*; dass etwas nicht sofort anders *sein* kann als es ist, dass es aber anders *werden* kann. Und vor allem: dass man selbst eine ganze Menge dazu beitragen kann. Man bringt in polarisierte Situationen eine zusätzliche Dimension ein, die sonst gar nicht oder nur schwer wahrzunehmen, aber von kritischer Bedeutung ist. Das könnte zum Beispiel die Kundensicht sein, oder das, was wirklich wehtut oder nach dem sich die Beteiligten zutiefst sehnen. Wenn zwei sich im Vertrieb streiten, so ist der Kunde der Dritte. Wenn man ihn in Gedanken oder sogar konkret und persönlich einbezieht, so wird nicht nur er davon profitieren, sondern auch der Vertrieb. Und wenn es etwas gibt, das alle fürchten, aber niemand ausspricht, so wirkt es wie eine Erlösung, wenn man es als Drittes einbezieht.

Das Dreieck gibt der Sache, um die es wirklich geht, einen klaren und deutlichen Stellenwert. Daran sollte man denken und sich trösten, wenn gerade die Fetzen fliegen und außer Pulverdampf nicht mehr viel zu sehen ist. Dann kann es gut tun zu wissen, dass man zwar gestalten und erleichtern, aber nicht kontrollieren kann. Dazu braucht man Mut, und man braucht Geduld. Der Einsatz lohnt sich, weil Streit, Ärger und Frust, aber auch Freude, Erfolg und Enthusiasmus Entfaltungsraum bekommen, und weil alle beteiligten Personen miteinbezogen werden können. Das gibt dem Zusammenarbeiten Stabilität, macht die Beziehungen ehrlicher und robuster. Man arbeitet gemeinsam an dem, worum es wirklich geht. Die Kunden werden sich freuen.

[9] Kapitel 9 ist diesem Thema gewidmet. Die Bezeichnung kommt von Worldwork, einer Richtung der Prozessorientierten Psychologie.

Übung 1: Erster Umgang mit dem Dreieck

Vielleicht finden Sie einen wohlmeinenden Helfer, der Sie durch diese Übung führt. Das erleichtert Ihnen den Wechsel zwischen den verschiedenen Positionen und ermuntert Sie dazu, zu einem Ergebnis zu kommen, das Sie bisher noch nicht kennen.

1. Vermutlich wird es Ihnen nicht schwerfallen, eine Situation in Ihrem Alltagsleben zu identifizieren, in der Sie gerade festhängen: Sie wollen etwas realisieren oder erreichen, stoßen aber auf Widerstand.
2. Nehmen Sie sich Zeit und lassen Sie als Erstes die Position A sprechen, die für die Realisierung der Angelegenheit eintritt, in der Sie festhängen. Konzentrieren Sie sich darauf, wirklich nur diese eine Stimme sprechen zu lassen. Was sagt sie, was sind ihre Argumente? Machen Sie sich ein paar Notizen.
3. Dann wechseln Sie die Position (am besten setzen Sie sich auch an einen anderen Platz) und lassen nun B sprechen. B ist gegen die Realisierung. Konzentrieren Sie sich darauf, dass auch diese Stimme frei sprechen darf und ihr Dagegen Sein deutlich zum Ausdruck bringt. Machen Sie sich Notizen.
4. Verlassen Sie auch diese Position (und deren Platz) wieder und stellen Sie sich vor, dass es da noch eine dritte Position C (an einem anderen Platz) gibt. Sie weiß zunächst einmal nichts. Achtung, sehr schwierig! – Vor allem dadurch, dass Sie gerade in den gegensätzlichen Positionen gestanden haben, die vermutlich „alles" wissen.
5. Hören Sie sich von C aus die Argumente der beiden anderen an, indem Sie sich die Notizen vorlesen, die Sie zu den Aussagen von A und B gemacht haben.
6. Beginnen Sie nun, die Position C zu entwickeln, und geben Sie ihr Ihre Stimme: Seien Sie prinzipiell wohlmeinend und greifen Sie die Elemente auf, die Ihnen bei A und B eingeleuchtet oder gut gefallen haben. Fügen Sie hinzu, was Ihnen außerdem wichtig erscheint, bei A und B aber nicht vorkam. Stellen Sie sich vor, Sie arbeiten mit A und B zusammen; kommunizieren Sie beiden diese Zusammenarbeit. Stellen Sie sich vor, dass Sie wirklich etwas Drittes vertreten, und achten Sie darauf, zu A und B gleich viel Distanz zu halten. Machen Sie sich Notizen zu dem, was C sagt.
7. Wenn Sie das abgeschlossen haben: Wofür steht C, welche Position vertritt er/sie? Können Sie spüren, dass es wirklich eine dritte Position zu A und B ist?
8. Nun kommen wir zum vorletzten Schritt. Jetzt, da Sie alle drei Positionen kennen, stellen Sie sich die Frage: Was ist eigentlich das, worum es hier wirklich geht? Das, was in der Mitte des Dreiecks steht? Das, wozu es das Ganze überhaupt gibt?
9. Wenn Sie diese Frage beantwortet haben, kommt der letzte Schritt: Überlegen Sie, was Sie nun ganz praktisch tun möchten, um die Angelegenheit im wirklichen Leben weiterzubringen. Um neue Bewegung hineinzubringen. Um mit anderen gemeinsam etwas zu erreichen.

2 Das Rang-Modell von Gast und Gastgeber: Orientierung in jeder Beziehung

Wenn Dreiecksbeziehungen schon für Aufregung sorgen, so bleibt beim Thema Rang niemand mehr ruhig. Rang ist geradezu verpönt. „Rang gibt es bei uns nicht, hier sind alle gleich“, hören wir oft bei der Einführung dieses Themas in Beratungsgesprächen oder Workshops. Wir hören den guten Willen und respektieren ihn. Und fügen hinzu: Ohne irgendeine Art von Rang funktioniert es nicht. Zwischen dem guten Willen zu Gleichheit und der Notwendigkeit von Rang gibt es einen Widerspruch, der erst dann aufgelöst werden kann, wenn man Rang in einer wertfreien Form zulässt. Erst das Bewusstmachen von Rang und das bewusste Einnehmen der eigenen Rangposition erlauben und sichern ein klares Miteinander unter gleichwertigen (!) Menschen.

! **WICHTIG: Was ist mit Rang gemeint?**

Mit Rang ist der Unterschied zwischen zwei Positionen gemeint, die in einer gemeinsamen Umgebung präsent sind. Unsere Kernthese ist: Immer wenn zwei Positionen in Beziehung zueinanderstehen, hat in diesem Kontext eine Position mehr Möglichkeiten als die andere. Dieses Mehr auf der einen Seite und das Weniger auf der anderen führen zu Spannung – und genau diese Spannung macht die Beziehung lebendig. Es lädt die beiden Beteiligten dazu ein, etwas zusammen zu machen, auch wenn dieses Zusammen vielleicht auf den ersten Blick eher wie ein Gegeneinander aussehen mag (zusammen im Sinne von „auf einander bezogen“).

Unsere Sicht ist:

- Lebendiges Leben ist immer auch Beziehung.
- Beziehung hat immer mit Rang zu tun.
- Rang ist etwas Dynamisches.

Rang-Dynamiken zu achten, dem eigenen Gespür zu trauen und Know-how dazu zu entwickeln, hilft dabei, sich im Beziehungsdschungel zu orientieren und mit dem umzugehen, was darin passiert.

Rang anzusprechen kommt häufig einem Tabubruch gleich, und der hat einen Vorteil: Er bringt manches Verborgene und leise Blubbernde ganz schnell an die Oberfläche.

▶ **BEISPIEL**

Wir saßen mit einem Team im Workshop spätabends im Kreis und das Thema war: „Was ist bisher noch nicht gesagt worden, will aber raus?“ In der Erinnerung wird das Schweigen, das in dieser Runde herrschte, immer länger, aber eine halbe Stunde wird es schon gedauert haben. Dann platzte einer heraus mit „Wir sind ja gar nicht alle gleich, der Chef ist viel gleicher als wir!“ Jetzt war die Stille nicht mehr erwartungsvoll, sondern erleichtert und erschreckt zugleich: Der Chef saß auch in der Runde. Am nächsten Morgen stiegen wir in das Thema ein und der Ablauf des ganzen Workshops veränderte sich. Was sich am meisten veränderte, war das Miteinander der Teilnehmer. Sie alle entwickelten großes Interesse an den Menschen, mit denen sie teilweise schon jahrelang zusammenarbeiteten. Sie lernten sich besser kennen und begannen, sich als Team zu verstehen und sich in diesem Team wohlzufühlen. Für die Folgezeit nahmen sie sich vor, das Arbeiten als Team bewusster zu gestalten, regionale Projektteams zu etablieren und einen regelmäßigen Austausch zu pflegen.
In diesem global agierenden Team hatte der Chef vorher alles zusammengehalten und gesteuert. Der Rang, der ihm daraus erwuchs, war ihm gar nicht bewusst. Aber an der Verantwortung, die er da ganz allein übernahm, trug er schwer. Für ihn führte die Erkenntnis seines Rangs dazu, dass er begann, ihn zu leben und genau das damit auch den Mitgliedern seines Teams zu ermöglichen. Entlastung, Erleichterung, mehr Freiräume zur Entfaltung und Entwicklung eigener Ideen waren die Folge. Er war nicht mehr allein, „kämpfte“ nicht mehr mit seinen Mitarbeitern, sondern wurde ohne jeden Ansehensverlust zu einem Teil des Teams. Danach hatte er sich vorher gesehnt, ohne das direkt ausdrücken zu können.

Rang verhilft Beziehungen zu Vielfalt und Gleichwertigkeit

Zwei grundlegende Sichtweisen sind hilfreich, um mit den in Rang eingebauten Dynamiken umzugehen: Vielfalt und Gleichwertigkeit. Es kann in jeder Art von Gemeinschaft so viel Verschiedenheit wie irgend möglich geben und dennoch ist jede/r gleich viel wert wie die oder der andere. Daran ändert ein höherer oder niedrigerer Rang absolut nichts. In dem Rang, den ein Mensch durch Einnehmen einer Position hat, oder in seinen Privilegien, die ihm gegeben wurden oder die er sich erworben hat, drückt sich nicht sein Wert als Mensch aus. Das ist wichtig und wird ein Schlüsselelement sein, wenn wir uns mit dem Durchwandern von Konflikten beschäftigen.

! **ACHTUNG**

Hierarchien werden nicht dadurch flach, dass man sie für flach erklärt, und Privilegien verschwinden nicht, wenn man sie leugnet. Auf einer tieferen Ebene, manchmal ziemlich offensichtlich, manchmal sehr subtil, werden sie immer wirken. Besser also, man macht sie sich sofort bewusst.

Rang ist ein vielschichtiges Phänomen, und Rang ist auch ein Problem – und zwar vor allem bei denen, die ihn durch ihre Position haben, sich dessen aber nicht bewusst sind.[1] Wer nämlich einen hohen Rang hat, glaubt tendenziell, das sei normal und gelte für alle. Dass damit alle diejenigen ausgeblendet werden, die einen niedrigeren Rang haben, erreicht das Bewusstsein des Ranghöheren nicht. So kommt es dazu, dass man als Inhaber eines hohen Rangs Menschen mit niedrigerem Rang nicht mehr verstehen kann, was eine Ursache der meisten Konflikte ist, und zwar ebenso unter einzelnen Menschen, wie auch in Gruppen und sogar zwischen Völkern oder Nationen.

Es gibt eine häufige reflexhafte Reaktion, wenn man sich des eigenen höheren Rangs hin und wieder bewusst wird: Man leugnet ihn – was im Grunde nichts anderes ist, als die Position, die man vorgibt zu haben, nicht einzunehmen. Das macht alles nur noch schlimmer, weil unübersichtlicher, denn gegen die Einordnung in einen Rang ist einfach kein Kraut gewachsen. Das Beispiel des Teamleiters, der „gleicher" war als alle anderen, deutet es an. Je weniger man sich des eigenen Rangs bewusst ist, desto verheerender wirkt sich das eigene Agieren auf Rangniedrigere aus. Das Agieren des Ranghöheren wird in diesem Fall vom Gegenüber als übergriffig und perfide empfunden, und das vollkommen zu Recht. Der Ranghöhere sendet nämlich Botschaften wie „ Ich habe die Position und handle danach" und gleichzeitig „Wenn du meinst, du könntest von mir positionsgerechtes Handeln verlangen, vergiss es. Deine Sicht ist mir völlig egal".

Gast & Gastgeber

Wenn man mit anderen Menschen in schwieriges Fahrwasser gerät, alles kompliziert wird und nichts von dem mehr funktioniert, was sonst selbstverständlich ist, hat man es wahrscheinlich mit Rangverwicklungen zu tun: Es entsteht im wahrsten Sinn des Wortes eine Rangelei. Da ist es sehr hilfreich, sich das Rangverhältnis zum Gegenüber bewusst zu machen.

[1] Mindell, Sitting in the Fire, 1995, Chapter 3.

Wir haben für das schnelle Bewusstmachen von Rang[2] und das praktische Arbeiten damit einen kurzen Weg entwickelt, der sich in der Praxis sehr bewährt hat. Es ist das Modell von Gastgeber und Gast. Wir bezeichnen den Ranghöheren als Gastgeber und den Rangniedrigeren als Gast, und nach unserem Modell ist immer dann, wenn zwei Menschen aufeinandertreffen, der eine der Gast und der andere der Gastgeber. Natürlich können im „wahren Leben" zwei Menschen auch den gleichen Rang haben — zwei Mächtige, die sich in einem Kontext treffen, in dem die Insignien ihrer Macht eine Rolle spielen; zwei geschickte Verhandler oder Konfliktlöser mit hohem psychologischen Rang; zwei Weise, die über Spiritualität diskutieren; zwei hochintuitive erfolgreiche Macher. Und dennoch: Wenn die beiden in einem bestimmten Kontext zusammenkommen, werden sie intuitiv spüren, wer von ihnen in diesem Kontext der Gastgeber und wer der Gast ist. Wenn sie ihre Aktivitäten danach ausrichten, werden sie sehr wirksam sein können — ob als Gast oder als Gastgeber. Der Kampf um die Macht, um die es ja in solchen Fällen häufig geht, wird dann abgelöst von der Erkenntnis, dass man sich *gemeinsam* in einem Feld bewegt, in dem es um Macht geht.

! **WICHTIG**

Die **Definition des Gastgebers oder des höheren Rangs:**
Er hat mehr Möglichkeiten als sein Gast, gibt dem Gast Sicherheit und setzt einen Rahmen. Er steckt das Feld ab, in dem sich der Gast bewegen kann. Und er kann die Beziehung aufrechterhalten, wenn der Gast schon jenseits seiner Möglichkeiten ist.

Die **Definition des Gastes oder des niedrigeren Rangs:**
Er nutzt die Möglichkeiten und die Sicherheit, die sein Gastgeber ihm in diesem definierten Feld gewährt. Er bespielt den Raum des Gastgebers und zeigt diesem dadurch, was da alles möglich ist. Oft ist der Gastgeber erstaunt, was der Gast aus dem macht, was man ihm „zur Verfügung" stellt. Der Gast kann sich dank der Möglichkeiten und der Sicherheit, die er von seinem Gastgeber bekommt, weiter entwickeln und entfalten. Er kann Kritik üben, und er kann auch die Beziehung zum Gastgeber angreifen.

[2] Die ausführliche Erklärung zu Rang in verschiedenen Dimensionen findet sich in Kapitel 3.

Wenn es gut läuft

Der **gute** Gastgeber zeichnet sich dadurch aus, dass er seinem Gast genau den Spielraum gibt, den er ihm geben kann – nicht mehr und nicht weniger. Das heißt, er bringt seine eigenen Grenzen zum Ausdruck. Innerhalb des Raumes, der dadurch entsteht, achtet er darauf, dass Feedback, Kritik und neue Vorschläge möglich und auch erwünscht sind. Im Rahmen seiner Möglichkeiten sorgt er für diesen Raum und bietet einen Rahmen, in dem Missverständnisse aufgelöst werden können. Ein ganz besonderes Merkmal: Der Gastgeber hält die Beziehung (und rennt nicht plötzlich weg oder sprengt alles in die Luft). Und wenn er Freude daran hat, wie der Gast den ihm angebotenen Raum nutzt, dann lässt er ihn diese Freude spüren.

Der **gute** Gast nutzt mit seinen individuellen Möglichkeiten den ihm gegebenen Raum. Er testet die Grenzen aus, entwickelt Kreativität, gibt Feedback, übt Kritik und macht Verbesserungsvorschläge. In diesem Sinne kann der Gast sehr herausfordernd für den Gastgeber sein. Er ist oft wesentlich experimentierfreudiger als der Gastgeber – er geht vielleicht auch über die Grenzen hinaus, um zu spüren, wie weit die Sicherheit reicht, die der Gastgeber ihm gibt. Und wenn er Freude daran hat, den Raum des Gastgebers zu nutzen, dann lässt er den Gastgeber diese Freude spüren.

Wenn es schlecht läuft

Im schlechten Fall hält der Gastgeber die Beziehung nicht und gibt keine Sicherheit. Und der schlechte Gast bleibt inaktiv, gibt keine Rückmeldung und überschreitet sämtliche Grenzen.

Wie agiert man, wenn man als Gastgeber einen schlechten Gast hat, der alles missachtet? Man zieht klare Grenzen und zeigt, bis wohin man Sicherheit zu geben bereit ist. Wenn man gut trainiert und innerlich sehr ruhig ist, begegnet man dem Gast so, als verhalte er sich bereits wie ein guter Gast. Das ist nicht einfach, aber außerordentlich wirkungsvoll.

Wie reagiert man, wenn man als Gast einen schlechten Gastgeber hat? Man testet die Grenzen und macht deutlich, dass man sie braucht, um Sicherheit zu haben. Wenn man gut trainiert und emotional nicht herausgefordert ist, akzeptiert und honoriert man das (Wenige), das der Gastgeber bereits anbietet und inspiriert ihn damit (hoffentlich) zu weiterer Entfaltung. Auch diese Vorgehensweise ist anspruchsvoll und erfordert große Behutsamkeit, weil die Verletzungsgefahr groß ist.

! **ACHTUNG**

Mit Gastgeber und Gast sind Positionen oder Rollen gemeint, es sind nicht die Menschen gemeint, die diese Positionen oder Rollen einnehmen. Wenn jemand in diesem Modell also ein guter Gastgeber oder ein guter Gast ist, so wird er damit nicht als „guter“ Mensch bezeichnet.

Bin ich gerade Gast oder Gastgeber? Rollen und Positionen einnehmen

Wir haben die Grundzüge des Rangmodells bei Worldwork kennengelernt[3] und weiterentwickelt, um Konflikten, feststeckenden Situationen, Machtkämpfen, schwierigen Entscheidungen und Geschäftssituationen aller Art einfacher zu einer Lösung zu verhelfen. Es erleichtert ein konstruktives Miteinander in alltäglichen schwierigen Situationen erheblich. Und es funktioniert.

Um es ganz einfach zu machen: Wer in einer solchen Situation steckt, kann sich fragen, ob er gerade der Gast oder der Gastgeber seines Partners, Kontrahenten oder Mitstreiters ist? Man weist also nicht dem anderen eine Position zu, sondern zunächst einmal sich selbst — woraus sich dann die Position des anderen ergibt. Tendenziell sind Menschen viel feinfühliger darin, ihren niedrigeren Rang wahrzunehmen als ihren höheren. Das kann leicht zu einer Opferposition führen: Man fühlt sich schlecht behandelt, glaubt aber, dagegen nichts tun zu können. Viele mit Macht und Befugnissen gut ausgerüstete Führungskräfte wissen genau, wie ihre Chefs und Chefinnen sie behandeln müssten, damit sie gute Arbeit machen können. Aber häufig wissen sie nicht, wie sie selbst ihre Mitarbeiter und Mitarbeiterinnen behandeln müssten, damit die sich mit all ihren Talenten entfalten können. Wie schwierig es zudem manchmal für Führende sein kann, sich selbst zu positionieren, zeigt das folgende Beispiel.

[3] Max Schupbach: Worldwork - ein multidimensionales Change Management Modell, Zeitschrift für OrganisationsEntwicklung, Nr.4, 2007, pp. 56–64.

BEISPIEL

Die Dreier-Führungsspitze einer Non-Profit-Organisation saß zusammen, um sich nach einem Personalwechsel neu aufzustellen. Auf die Frage hin, wie die Rangverhältnisse untereinander aussehen und ob jemand ganz klar sagen könne, er habe einen höheren oder niedrigeren Rang, wollte keine der drei Geschäftsführerinnen ranghöher sein als die andere. Zwei waren bereit, sich als rangniedriger einzustufen als die Dritte, denn die war formal ranghöher als die beiden Kolleginnen, diese lehnte es aber ab, für sich einen höheren Rang zu akzeptieren.

Die Aufgabe, der man sich als Führende und Führender unbedingt stellen muss, heißt: sich des eigenen Rangs bewusst werden, und zwar insbesondere dann, wenn man sozio-ökonomisch, also auf den ersten Blick sichtbar, ranghöher ist. Das hat zunächst einmal viel mit Spüren zu tun: In welchem Kontext bewege ich mich? Wie ist meine Beziehung zum anderen? Wer hat da mit wem zu tun? Sichere ich den Raum für jemand anderen (= Gastgeber) oder nutze ich den mir gebotenen Raum (= Gast)? Spüren ist immer intuitiv und subjektiv. Gast- und Gastgeber-Positionen werden von Beteiligten oft mit einem erstaunlichen Grad an Übereinstimmung empfunden. Immer wieder erleben wir, dass die Positionen wie objektiv gegeben anerkannt und genutzt werden.

Spüren ist das eine, Handeln — nämlich die Position einnehmen — das nächste. Wenn man sich als Gast empfindet und seine Position einnimmt, drückt sich das so aus: „Hier bin ich, und ich fühle mich als Gast. Ich nutze den Raum und probiere aus, was hier möglich ist. Ich gebe Feedback, kritisiere und mache Vorschläge. Ich sage, wie es mir geht, was mich beschäftigt und was meiner Ansicht nach jetzt zu geschehen hat. Und ich werde den Gastgeber dabei unterstützen, präsent zu sein."

Wenn man sich als Gastgeber empfindet und diese Position einnimmt, dann drückt sich das etwa so aus: „Herzlich willkommen in dem Terrain, für dessen Sicherheit ich stehe. Du kannst dich darauf verlassen, dass ich unsere Beziehung halte. Ich brauche Feedback, Kritik und Anregungen. Ich gebe natürlich auch welche, aber im Zweifel höre ich auf die Stimmen derer, die sich da in meinem Gastraum tummeln. Ich achte darauf, dass unser Bereich lebendig bleibt. Wenn du möchtest, kannst du dich unter meinen Schutz begeben. Ich freue mich, wenn du das nutzt und daraus etwas machst."

Wenn es nicht funktioniert

Dass es nicht funktioniert, kann man sehr einfach daran erkennen, dass kein konstruktives Miteinander in einer Beziehung entsteht und sich Konflikte zeigen. Für dieses Nicht-Funktionieren gibt es im Rangmodell zwei mögliche Ursachen:

Erstens: Der Rang, und damit die Gastgeber- oder Gast-Position, wird nicht eingenommen.

Zweitens: Die Rang-Positionen wechseln gerade — was ebenfalls dazu führt, dass die Positionen aktuell nicht so eingenommen werden, wie es dem veränderten Kontext entspräche.

Variante 1: Die Positionen werden nicht eingenommen

Es kann sein, dass der eine (aus der Sicht der meisten Betroffenen ist es immer der andere) seine Position als Gastgeber oder Gast noch nicht einnimmt. Warum? Vielleicht weil es zu viel für ihn ist und die Position noch nicht ausgefüllt werden kann, vielleicht, weil er den Kontext anders sieht. Aber wie kann man agieren, wenn der andere seine Position nicht einnimmt? Es gilt das Prinzip: „Je mehr ich meine Position einnehme, desto mehr wird der andere in die seine hineingezogen." Man lädt das Gegenüber durch klares Einnehmen der eigenen Position dazu ein, die seine ebenfalls einzunehmen. Das Einnehmen der Position einzuklagen, liegt natürlich nahe, wäre aber als Methode weniger hilfreich, weil damit eine Opfer-Täter-Beziehung eingeleitet würde. Diese ist kontraproduktiv, weil sie Aussagen enthält wie: „Miteinander ist nur möglich, wenn sich einer unterwirft", oder „Jetzt hab ich dich, du sitzt in der Falle". Damit wäre sowohl Gleichwertigkeit als auch Vielfalt angegriffen.

Variante 2: Die Positionen kehren sich um

Es kann sein, dass der andere seine Position als Gastgeber oder Gast eine Weile eingenommen hat, sie aber plötzlich nicht mehr einnimmt. Dann liegt ein Rangwechsel vor. Die Richtung hat sich gedreht, es gilt, dieser neuen Richtung gerecht zu werden und die neue Position einzunehmen. Rangwechsel geschehen oft unvermittelt und wirken deshalb befremdlich und verwirrend — wenn man sie also selbst einleitet, sollte man es mit Behutsamkeit tun, damit der andere besser folgen kann. Dazu bieten die beiden folgenden Beispiele Anschauungsmaterial.

BEISPIEL: Zwei Beispiele zum Rangwechsel

Erstes Beispiel: Man will im beruflichen Zusammenhang einen Konflikt mit dem Chef auflösen. Der hierarchische Unterschied könnte dazu führen, dass man sich als Gast empfindet. Was kann man also unter Ausnutzung des Spielraums, der zunächst hierarchiebedingt gegeben ist, tun, um weiterzukommen? Man könnte die Grenze des eigenen Spielraums nicht als Einschränkung verstehen, sondern vielmehr als eine Linie, innerhalb derer man sicher ist. Man könnte beginnen, diese Möglichkeiten zu erkunden und systematisch zu nutzen, denn vielleicht hat man das bisher noch gar nicht getan. Oder man kennt die Grenzen gar nicht wirklich, sodass man immer unterhalb seiner Möglichkeiten geblieben ist. Auf jeden Fall schreit man erst einmal nicht nach mehr, sondern macht etwas aus dem, was man schon hat. Für den Chef könnte das die erste Erleichterung sein: „Der/die hört endlich auf mit diesem ewigen Meckern, Klagen und Fordern. Ich bekomme ein klareres Bild davon, worum es hier wirklich geht und was ich zu tun habe. So könnte es gemeinsam funktionieren."

Zweites Beispiel: Wenn Sie nun mit demselben Chef über die Berücksichtigung eines privaten und familiären Anliegens sprechen wollen, dann müssten Sie als Erstes Ihren Rang wechseln und sich selbst die Position des Gastgebers „zuweisen". In diesem Fall geht es um Sie und Ihre Familie, und Sie möchten, dass der Chef seine Zustimmung zu einem Anliegen gibt, dessen Grenzen Sie vorgeben. Das ist eine radikale Veränderung der Bittstellerposition, in der man sich in solchen Fällen mehr oder weniger automatisch fühlen mag. Was Sie in dieser Situation nicht vergessen dürfen: Ihr Chef ist nicht Teil Ihres Privatbereichs, und was Sie mit ihm als Gast im gegebenen Kontext erreichen wollen, ist, dass er im Prinzip sagt: „Gut, dass Sie mir die Möglichkeit geben, Sie in diesem Anliegen zu unterstützen. Mir ist es wichtig, dass Ihre Familie für Sie ein Rückhalt ist und nicht ein weiterer Stressfaktor. Deshalb möchte ich dazu beitragen, das zu regeln." Das Ziel des Gastgebers ist es schließlich, den Gast dazu anzuregen oder einzuladen, seine Möglichkeiten zu nutzen. Das ist etwas anderes, als ihn dazu zu bringen, „endlich seinen Job zu machen, sonst haue ich hier ab".

Es gilt, eine Einladung auszusprechen, die wirklich einladend ist und dem anderen Lust macht, ihr Folge zu leisten. Das sind andere Einladungen als die, die manchmal in Unternehmen oder auch Familien praktiziert werden und sich leicht wie Verpflichtungen oder auch Drohungen anhören können. Zu einer Einladung gehört immer die Wahlmöglichkeit, sie annehmen oder ablehnen zu können. Sollte der Chef also Ihre Einladung ablehnen, so heißt das noch nicht, dass Sie alles versucht haben und alles keinen Zweck hat. Verstehen Sie das Nein als ein „Nicht jetzt" und bleiben Sie dran, damit sich etwas entwickeln kann. Wenn Ihr Anliegen Ihnen wichtig ist, wird es eine Lösung geben. Vielleicht wird sie allerdings völlig anders aussehen, als Sie jetzt denken.

Es gibt Abläufe, in die Rangwechsel fest eingebaut sind, weil sich nach bestimmten Ereignissen oder Entscheidungen wie zum Beispiel Geschäftsabschluss oder Auftragsvergabe die Positionen der Beteiligten ändern. Indizien dafür können mehr oder weniger ausgeprägte Rituale sein wie ein feierlicher Handschlag, das Überreichen von Insignien (Geschenke, Orden, Urkunden u. ä.), das Anstoßen mit Sekt und vieles mehr. Hier wird „gerahmt", dass etwas in eine neue Phase übergeht. Solche Übergänge sind fast immer auch mit einem Rangwechsel verbunden. Mit geschärfter Aufmerksamkeit und etwas Routine bekommt man ein gutes Gespür für solche Wendungen.[4]

!

ACHTUNG

Zwei Missverständnisse, die bei der Anwendung des Modells von Gast und Gastgeber schnell auftauchen, sollen noch zur Sprache kommen. Das eine versteht das Verhältnis von Gast und Gastgeber so, dass der Gastgeber führt und der Gast sich anzupassen hat. Das zweite geht in eine ähnliche Richtung und kommt zu der Auffassung, der Gastgeber setze seine Ziele und der Gast sei dafür zuständig, dass sie erreicht werden. Beide Missverständnisse sehen im Gastgeber den Führenden und im Gast einen, der folgen muss.[5] Das Modell von Gastgeber und Gast meint genau das nicht. Es erlaubt im Gegenteil jedem von beiden, im jeweiligen situativen Kontext angemessen zu führen. Wenn man als Gast führt (und genau das ist möglich), respektiert man nämlich als Erstes den Gastgeber und kommuniziert so, dass man ihm diese Position ermöglicht. Umgekehrt gilt das ebenso. Das ist mit Gleichwertigkeit gemeint. Es ist also gar nicht schlimm, wenn man aus der Gastgeberposition in die des Gastes wechselt, denn man verliert nichts. Aus jeder der beiden Positionen kann man den anderen führen. Es ist nicht nötig (und in der Praxis auch eher unmöglich), vom anderen zu fordern, er solle gefälligst seine Position einnehmen, damit man selbst handlungsfähig werde. Der andere muss auch nicht wissen, dass man nach diesem Modell arbeitet, er braucht es noch nicht einmal zu kennen.

Bisher haben wir Ihnen das Prinzip Rang nur in der vereinfachten und verkürzten Form von Gastgeber und Gast vorgestellt. Im nächsten Kapitel wird es bildlich und anschaulich, wenn wir die verschiedenen Dimensionen einführen, in denen Rang kontextabhängig gemessen und intuitiv wahrgenommen werden kann.

Jetzt können Sie die erste Gelegenheit beim Schopf packen und eine Übung machen, in der Sie die Sicht von Gast & Gastgeber auf eine Fragestellung anwenden, mit der Sie sich ohnehin gerade beschäftigen. Wenn alles gut läuft, können Sie dann Ihre Übungsergebnisse sofort in die Tat umsetzen.

4 Siehe hierzu auch Kapitel 15.

5 Vielleicht sind diese beiden Missverständnisse auch der Grund dafür, dass viele sehr allergisch reagieren, wenn man von Rang spricht.

Übung 2: Erster Umgang mit Gastgeber & Gast

1. Wählen Sie aus Ihrem beruflichen oder privaten Leben einen Fall oder ein Projekt, das Sie derzeit besonders beschäftigt und in dem Sie mit jemandem zusammenarbeiten wollen. Sie können auch weiter an dem Fall arbeiten, den Sie schon in Übung 1 herangezogen haben — vielleicht ist er ja noch virulent.
2. Machen Sie sich Stichworte zu dem Kontext, um den es geht.
   (Beispiel: Sie sind Gesellschafter in einer Personengesellschaft und haben einen Mitgesellschafter, der wichtig ist und gleichzeitig einen Arbeitsstil pflegt, der Ihnen Schwierigkeiten macht.)
3. Worum geht es in Ihrem Projekt „wirklich" — jetzt?
   (Beispiel: neue Vereinbarungen, damit die Gesellschaft handlungsfähiger und wirksamer wird.)
4. Sehen Sie sich die Beziehung an, in der Sie agieren: Da sind Sie und da ist derjenige, mit dem Sie eng zusammenarbeiten müssten, um wirklich weiterzukommen. Was trifft da aufeinander? Oder wirkt „zusammen"?
   (Beispiel: Sie haben einen präzisen und auf Korrektheit ausgerichteten Arbeitsstil und bemühen sich, korrekt, schnell und umfassend zu kommunizieren. Der Mitgesellschafter antwortet nur manchmal, auch dann eher vage, und er stellt gern Ansprüche, die groß klingen und für deren Realisierung eher andere gebraucht werden.)
5. Im aktuellen Kontext und mit dem, was Sie unter 4. gefunden haben: Sind Sie der Gastgeber? Also der, der mehr Möglichkeiten hat und deshalb Sicherheit geben, die Beziehung halten und den anderen dazu ermuntern kann, sich zu entfalten und zu experimentieren? Oder sind Sie der Gast? Also der, der gegebenen Raum nutzt und gestaltet, der Feedback gibt, Vorschläge machen, Kritik äußern und dabei sicher sein kann, dass der andere nicht wegläuft? Seien Sie bereit, sich hier überraschen zu lassen!
   (Beispiel: Der andere spielt nicht nach den geltenden Regeln, sodass man, wenn man mit ihm weiterkommen will, den von ihm gegebenen Raum nutzen und behutsam weitergestalten muss, indem man Feedback gibt und Vorschläge macht. Ohne diesen Gesellschafter oder gegen ihn kann man nichts erreichen. Daraus folgt, dass er der Gastgeber ist und man selbst als sein Gast agieren muss, wenn man zum Ziel kommen mochte.)
6. Falls Sie in 5. etwas gefunden haben, das Sie — ähnlich wie in unserem Beispiel — nur schwer akzeptieren können, so erkennen Sie diesen Widerspruch an. Vielleicht liegt hier ein Grund, warum Sie bisher nicht weitergekommen sind. Wenn Sie etwas erreichen wollen, sollten Sie die kontextmäßig richtige Rangposition einnehmen. Sie wissen ja sicher aus eigener Erfahrung, wie irritierend es ist, wenn sich jemand zum Gastgeber macht, wo er eigentlich Gast ist. Dieser Jemand wären in diesem Fall leider Sie.

7. Nun aber weiter: Gehen Sie mit dem Beteiligten, auf dessen Kooperation Ihr Erfolg angewiesen ist, so um, dass Sie Ihre eigene Position als Gast oder Gastgeber einnehmen und ausfüllen. Überlegen Sie sich drei Aspekte, die Sie in Ihr zukünftiges Handeln einbauen wollen.
   (Beispiel: Wenn der andere Gastgeber ist, muss der Dialog so geführt werden, dass er sich als Gastgeber fühlen kann. Drei konkrete Aktionen bieten sich an:
   a) Präzise auf seinen Input eingehen.
   b) Feedback darüber geben, was man aus seinen Vorschlägen machen kann, wie es einem damit ergeht und was man sich eventuell zusätzlich wünscht.
   c) Um weiteren Input bitten – als offene Frage formuliert – und ausdrücklich honorieren, wenn der Gastgeber im gemeinsamen Kontext für Sicherheit und neue Möglichkeiten sorgt.)

3 Fünf Rang-Dimensionen: Unterschiedliche Kontexte brauchen Sorgfalt

Jede Rangsituation ist von ihrem Kontext, also der Situation und der Umstände, geprägt, und jede beliebige Situation im Leben kann einen solchen Kontext bilden. Zur Vereinfachung und Systematisierung dieser lebendigen Vielfalt lassen sich typische Kontexte definieren und zugehörige Rang-Dimensionen ableiten. In den praktischen Erfahrungen der Prozessorientierten Psychologie haben sich die Dimensionen von sozio-ökonomischem Rang, psychologischem Rang und spirituellem Rang bewährt.[1] Beim Arbeiten damit haben wir zwei weitere Dimensionen gefunden: den unternehmerischen Rang und den künstlerisch-transformativen Rang. In jedem Kontext sind es andere Merkmale, die den Rang ausmachen. Und das, was in dem einen Kontext einen hohen Rang definiert, kann im nächsten Kontext ohne Bedeutung sein.

Sozio-ökonomischer Rang

Unter sozio-ökonomischem Rang verstehen wir in erster Linie den sicht- und messbaren Rang, den jemand auf den ersten Blick hat. Er leitet sich aus den sozial bestimmten herrschenden Wertesystemen ab: materieller Besitz, sozialer Status, Breite der Autoreifen, Präsenz in der Öffentlichkeit, politischer Einfluss, Herkunft und Erziehung, berufliche Karriere – auch Merkmale wie Körpergröße oder gutes Aussehen können dazugehören.

[1] Arnold Mindell unterscheidet sozialen, psychologischen und spirituellen Rang. Arnold Mindell, Sitting in the Fire. Large Group Transformation Using Conflict and Diversity, Portland 1995, pp.49 ff.

Psychologischer Rang

Psychologischer Rang ist weniger messbar und subjektiver. Er zeigt sich in der Fähigkeit, mit Beziehungen und Konflikten umzugehen, Positionen einnehmen und sie auch wieder verlassen zu können, Vertrauen und Sicherheit geben und entgegennehmen zu können. Fähigkeiten wie Selbstbehauptung, geistige und emotionale Beweglichkeit, Empathie, Humor, Einfühlsamkeit und eine Art von Lebensklugheit gehören dazu. Ebenso stehen Fähigkeiten wie Teamarbeit und aktives Mitgestalten von Gruppen und Gemeinschaften hier im Vordergrund. Erwachsene Menschen haben diese Fähigkeiten oft beim Durchwandern harter Lebensphasen ausgeprägt, aber das ist nicht zwingend für psychologischen Rang.

Spiritueller Rang

Spiritueller Rang ergibt sich aus einem gelassenen Umgang mit Leben und Sterben. Ein wichtiges Merkmal ist der Zugang zu Glück und Zuversicht, der sich in der Fähigkeit zu innerer Ruhe und innerem Frieden, im Glauben an etwas Höheres und im Umgang mit den eigenen Bedürfnissen zeigt. Sich selbst zu führen und führen zu lassen, sich weiterzuentwickeln und einem eigenen qualitativen Wachstumsweg zu folgen gehören ebenfalls dazu.

Unternehmerischer Rang

Einen hohen unternehmerischen Rang haben Menschen, denen es in hohem Maße gelingt, Dinge ins Leben zu bringen und für sich selbst und andere wirksam und nutzbar zu machen. Das zeigt sich in Verhaltensweisen, die man als anpackend, hartnäckig, pro-aktiv, verantwortungsbewusst und nutzenorientiert beschreiben könnte.

Künstlerisch-transformativer Rang

Der künstlerisch-transformative Rang[2] zeigt sich, wenn es darauf ankommt, Elemente aus tieferen und nicht-linearen Erfahrungen einzubringen, und zwar so, dass sie eine potenziell heilsame Wirkung entfalten. Das braucht Fähigkeiten wie das Anders-Sehen, Anders-Hören und Anders-Spüren. Es braucht eine hohe Aufmerksamkeit in der Wahrnehmung und eine große Integrität im Handeln. Der künstlerisch-transformative Rang zeigt sich in der Arbeit mit Träumen und traumähnlichen Gegebenheiten. Er setzt auf Techniken, die die Umwandlung von eher schmerzorientierten Zuständen in eher lebensorientierte Perspektiven erlauben. Hoher künstlerisch-transformativer Rang wird oft durch sehr individuelle Beziehungen zu Natur und Naturphänomenen gestützt. Wir haben die Erfahrung gemacht, dass diese Rang-Dimension im Geschäftsleben erstaunlicherweise eine wichtige, wenn auch anfangs meist nur latente Rolle spielt. Viele „Vollblut"-Führungskräfte spüren nach einer gewissen Erfahrungszeit eine Art innerer Unruhe und manchmal auch Unzufriedenheit, weil irgendetwas in ihnen an den Grenzen rüttelt und sie manchmal sogar quält. Da will sich eine Kraft Bahn brechen, die im linear organisierten Feld keinen Platz findet, weil sie von Normen und Konventionen abweicht. Sie will die Grenzen des Feldes weiter stecken und transformieren. Es ist eine inspirierte künstlerische Kraft, die auch auf andere inspirierend wirken kann. Gelebter künstlerisch-transformativer Rang ist für andere heilsam und wachstumsfördernd, und er ist eine Lebensaufgabe. Er zeigt sich auch in der Fähigkeit, wirklich große Entscheidungen lebensbejahend zu treffen und ihre Realisierung zu ermöglichen. In geschäftlichen Kontexten kann er zu einer besonderen Art der Kunden- und Mitarbeiter-Orientierung führen.

In unserem 5-Welten-Modell haben wir der künstlerisch-transformativen Perspektive eine besondere Bedeutung eingeräumt. Dort ist sie die Ebene der Intuition, der großen Entscheidungen und der Fähigkeit, Signale aus der umgebenden Welt und der Natur wahrzunehmen und zu nutzen. Diese intuitive Kraft, Entscheidungen zu treffen, weil man *spürt*, dass sie richtig sind, wird von unternehmerischen Menschen gebraucht, um erfolgreich zu sein. Sie befähigt auch dazu, dass man gute Ideen und spontane Eingebungen nicht sofort an herkömmlichen Vernunft-Maßstaben misst und verwirft, sondern sie ernst nimmt und weiter verfolgt – selbst dann, wenn einem der Wind ins Gesicht bläst. Diese Fähigkeit wird häufig auch Bauchgefühl genannt. Ein Unternehmer mit einem hohen künstlerisch-transformativen Rang hat ein untrügliches Empfinden dafür, wo der nächste Erfolg liegt.

---

[2] Man kann ihn auch schamanischen Rang nennen.

Wenn Rang Aufmerksamkeit bekommt, haben andere etwas davon

Rang ist also ein ziemlich komplexes Phänomen, eine Erkenntnis, die beruhigend wirken kann, wenn man sieht, wie schwierig es sein kann, damit umzugehen. So befindet man sich mit diesen Schwierigkeiten wenigstens in guter Gesellschaft. Wie die Erklärungen zeigen, ist Rang sehr kontextabhängig, und der Rang aus dem einen Kontext muss in einem anderen überhaupt nicht zählen.

BEISPIELE

Der Rang als Unternehmenslenker und Chef von 1.000 Mitarbeitern gilt eher wenig, wenn der Ranginhaber als Vater zur Elternversammlung des Kindergartens geht. Sollte er hier seinen beruflichen Rang geltend machen wollen, wird er vermutlich auf Unverständnis, Widerstand und vielleicht sogar auf Verachtung stoßen.
Etwas anderes ist es, wenn dieser Vater auch einen ausgeprägten psychologischen Rang hat. Dann hat er ein Gespür für diese Situation und wird eher nicht auf seinen sozialen Status setzen, sondern sein Einfühlungsvermögen, seine Offenheit für Neues und seine Dialogbereitschaft einsetzen, um in diesem Gremium sinnvoll mitgestalten zu können.
Einem Menschen mit hohem spirituellen Rang begegnet man wahrscheinlich nicht allzu oft. Vielleicht ist es ein Baby, um das sich alle scharen, es ansehen, lächeln und sich dabei verändern. Es gibt manchmal Menschen, deren bloße Anwesenheit die Atmosphäre in einem Raum positiv verändern kann. Diese Menschen nehmen den hohen Rang niemals für sich in Anspruch; eher würden sie auf diese Zuschreibung erstaunt antworten mit „Ist das so?“.
Wenn wir nach einem Beispiel für hohen unternehmerischen und auch künstlerisch-tranformativen Rang suchen, fallt uns der geschäftsführende Gesellschafter eines Familienunternehmens ein. Er hat mit einer großen intuitiven Kraft seine Vision zum Leben und zum Blühen gebracht, und er hat es verstanden, auf diesem Weg viele Mitarbeiter zu gewinnen und mitzunehmen. Er ist ein Garant für Erfolg. In seinem Auftreten wirkt er eher eigenwillig als stromlinienförmig, er elektrisiert und reißt mit.

Solche Fälle wie die genannten meinen wir, wenn wir sagen: Wenn Rang Aufmerksamkeit bekommt, haben andere etwas davon. Es gilt, sich des eigenen Rangs bewusst zu werden und ihn konstruktiv zu nutzen oder, wie Arnold Mindell es sagt, „to notice rank and use it constructively“[3].

[3] a. a. O., S. 53.

Wer sich des eigenen Rangs noch nicht bewusst ist, ist darin eingeschränkt, konstruktive Beziehungen zu anderen Menschen zu gestalten. Noch einmal Arnold Mindell: „We insist that others be where we are instead of extending ourselves to understand where they are."[4] (Wir zwingen andere dahin, wo wir sind, statt uns selbst zu öffnen, um zu verstehen, wo sie sind.). Im Zusammenhang von Führungsfragen ein essentieller Punkt, denn Führungsarbeit basiert per se auf Rangunterschieden. Nutzen wir sie also, statt sie zu verdammen oder zu leugnen!

Um die komplexe Materie am eigenen Leib erfahrbar zu machen, haben wir die folgende Übung konzipiert. Man kann dabei Überraschendes erleben und sogar Beziehungen, von denen man glaubt, da sei nichts mehr zu machen, in einem ganz anderen Licht sehen.

Übung 3: Experimentieren mit Rang

1. Gehen Sie den Kreis der Menschen durch, mit denen Sie zurzeit viel zu tun haben. Suchen Sie sich jemanden aus, mit dem Sie aktuell schlecht klarkommen oder sich eventuell auch schon länger schwertun – also jemanden, mit dem Sie sich wahrscheinlich gedanklich viel beschäftigen. Wir nennen ihn Ihren Kontrahenten. Sollte Ihr Fall aus Übung 2 noch schwelen, arbeiten Sie mit diesem Kontrahenten weiter.
2. Wir wollen herausfinden, in welchem kontextübergreifenden Rangverhältnis Sie zueinander stehen, wenn man die verschiedenen Dimensionen berücksichtigt. Wir gehen dazu die fünf Rang-Dimensionen einzeln durch und Sie weisen für jede Dimension zuerst sich selbst und dann Ihrem Kontrahenten einen bestimmten Wert zu. (Sollten Ihnen alle fünf Dimensionen zu unübersichtlich erscheinen oder einzelne für Ihren Fall irrelevant sein, so reduzieren Sie sie einfach. Nehmen Sie aber nicht weniger als drei.)

[4] Ebd. S. 52.

Sozio-ökonomischer Rang

Wenn Sie an Einkommen, Hierarchie-Stufe, Vermögen, Zeichen von Wohlstand, soziale Herkunft, Bildungsstand u. ä. denken, welchen Wert weisen Sie sich zu? Welchen Wert Ihrem Kontrahenten?
Ermitteln Sie die Differenz!

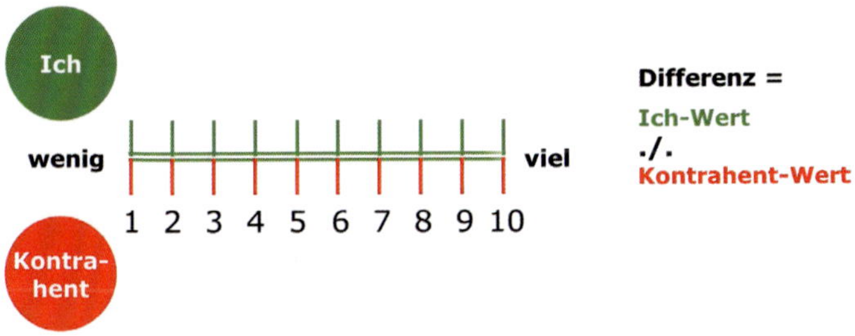

Psychologischer Rang

Wenn Sie an Einfühlsamkeit, Umgang mit Konflikten, Balance von Nähe und Distanz, Kontinuität, Vertrauen und Sicherheit im Gestalten von Beziehungen u. ä. denken, welchen Wert weisen Sie sich zu?
Welchen Wert Ihrem Kontrahenten?
Ermitteln Sie die Differenz!

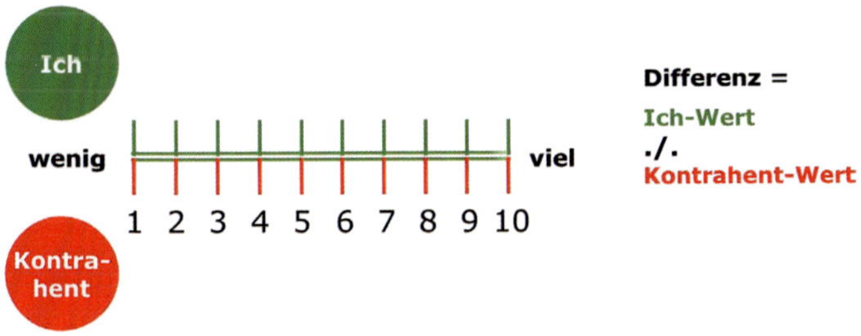

Spiritueller Rang

Wenn Sie an die Einstellung zu Leben und Sterben, an den Zugang zu Glück und Zuversicht, an innere Ruhe und Frieden, an geistliche Orientierung, an die Fähigkeit zum Vergeben u. ä. denken, welchen Wert weisen Sie sich zu?
Welchen Wert Ihrem Kontrahenten?
Ermitteln Sie die Differenz!

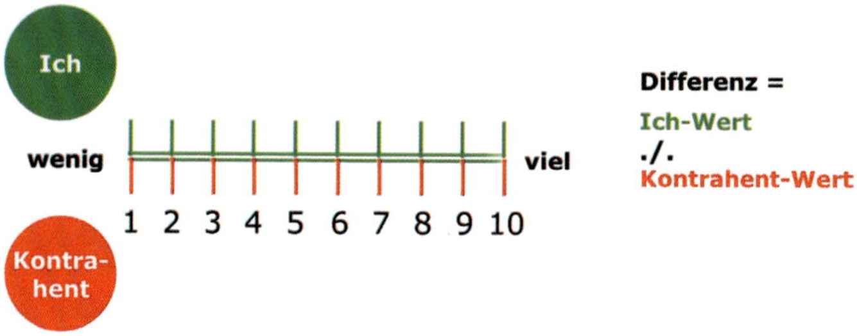

Unternehmerischer Rang

Wenn Sie an die Fähigkeit denken, Dinge ins Leben zu bringen, etwas für andere zugänglich und nutzbar zu machen, an Verantwortungsbewusstsein u. ä., welchen Wert weisen Sie sich zu?
Welchen Wert Ihrem Kontrahenten?
Ermitteln Sie die Differenz!

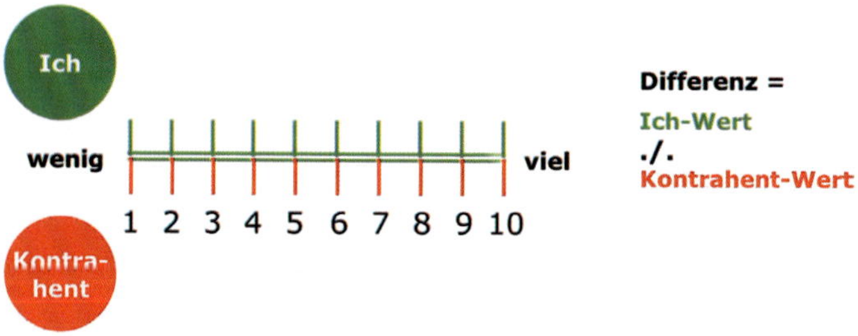

Künstlerisch-transformativer Rang

Wenn Sie an Fähigkeiten denken wie mit Träumen umzugehen, aus schmerzlichen Situationen lebensbejahende zu machen, sich von der Natur und von Mythen inspirieren zu lassen, in Geschehnissen eine Bedeutung spüren zu können u. ä., welchen Wert weisen Sie sich zu?
Welchen Wert Ihrem Kontrahenten?
Ermitteln Sie die Differenz!

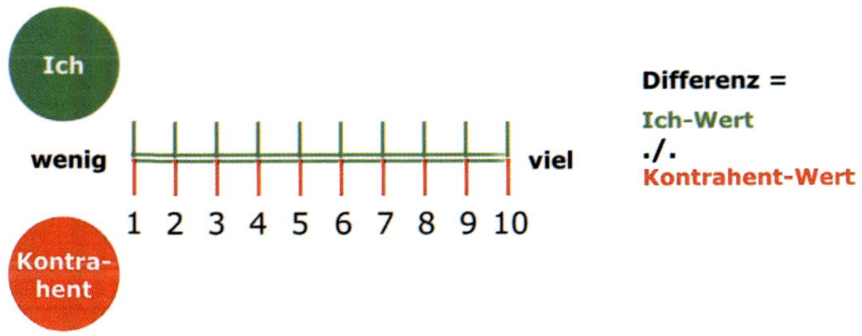

---

3. Vielleicht sind Sie schon jetzt erstaunt, wie unterschiedlich Sie und Ihr Kontrahent sich in den verschiedenen Dimensionen darstellen, aber vielleicht stellen Sie auch eine große Ähnlichkeit zwischen Ihnen beiden fest. Bewerten Sie nichts, denn es geht hier nicht um besser oder schlechter, sondern „nur" um Rang.
4. Ermitteln Sie jetzt durch Addieren der Differenzen den Gesamt-Rangunterschied zwischen Ihnen beiden. Wenn die ermittelte Zahl ein negatives Vorzeichen hat, ist Ihr Kontrahent ranghöher, wenn die Summe ein positives Vorzeichen hat, sind Sie die oder der Ranghöhere.
5. Könnte es stimmen? Gefühlsmäßig? Verursacht es Ihnen Unbehagen? Fällt es Ihnen schwer, das Ergebnis zu akzeptieren? Negative Reaktionen können ein starkes Indiz dafür sein, dass Sie mit Ihrem Kontrahenten bisher eine „Rangelei" ausgetragen haben. Probieren Sie auf jeden Fall einmal im Alltag aus, was es bewirkt, wenn Sie aus Ihrer ermittelten Rangposition heraus mit Ihrem Kontrahenten agieren. Schärfen Sie dabei Ihre Wahrnehmung mehr als Ihr Urteil über sich und den Kontrahenten, und verurteilen Sie vor allem nicht sich selbst.
5. Es gibt noch einen wichtigen Aspekt: Nehmen wir an, Sie begegnen Ihrem Kontrahenten im Alltag immer im selben Kontext, in dem nur eine einzige Dimension wie zum Beispiel die sozio-ökonomische regiert, und Sie sind in dieser Dimension rangniedriger, insgesamt aber ranghöher als er. Testen Sie in diesem Fall, ob Sie sich eventuell insgeheim immer als den Ranghöheren ansehen, obwohl Sie das im gemeinsamen sozio-ökonomischen Kontext nicht sind.

Falls Ihre Ergebnisse Sie nachdenklich oder sogar zornig machen, so sind Sie damit immerhin in guter Gesellschaft, denn viele liebenswürdige, kluge, erfolgreiche und temperamentvolle Menschen haben bereits mit dieser Übung ähnliche Erfahrungen gemacht. Wie Sie weiter damit umgehen können, erfahren Sie auf den nächsten Seiten.

4 Das Führungs-Dreieck: Gäste & Gastgeber arbeiten zusammen

Hier wird kombiniert und zusammengebaut: Wir bringen das Besondere des Dreiecks mit den Besonderheiten von Rang zusammen. Dabei entsteht etwas, das wir Rang- oder Führungs-Dreieck getauft haben.

Abb. 4 Das Rang- oder Führungs-Dreieck

Die Grundidee: Jede Position in einem Dreieck unterhält zur einen Seite hin eine Beziehung, in der sie ranghöher, also Gastgeber ist. Und zur anderen Seite unterhält sie eine Beziehung, in der sie Gast, also rangniedriger ist. Jede Position führt folglich ein zweigleisiges Leben, einmal als Gast und einmal als Gastgeber. Das ist ganz einfach und führt doch zu erstaunlichen Ergebnissen. Zunächst einmal ergibt sich durch die Herausforderung für jeden, Gast und Gastgeber zugleich zu sein, eine Gleichwertigkeit aller drei Positionen. Alle Positionen sind gleichermaßen auf die Zusammenarbeit mit den anderen angewiesen. Ein weiteres Phänomen, das das Dreieck deutlich macht: Es ergibt sich eine Rangrichtung. Wenn im Rang-Dreieck die Beziehungen mit Leben gefüllt werden, arbeiten die Positionen in einer Rangrichtung: entweder links herum oder rechts herum. Und sie arbeiten an dem, um das es wirklich geht – das füllt den Raum in der Mitte.

Was wir in unseren praktischen Anwendungen über die Jahre hinweg festgestellt haben: Das Einnehmen der Gast- und Gastgeber-Position reicht aus, um Gleichwertigkeit unter den Beteiligten herzustellen – egal, um was es gerade in der gemeinsamen Mitte geht. Die besondere Kraft des Rang-Dreiecks liegt darin, dass auf diese Weise drei unter Umständen sogar gegensätzliche Positionen rangmäßig ausbalanciert sind: Alle drei sind gleich stark, keiner ist mehr „gleicher". Das gilt auch bei einem Chef und zwei Mitarbeitern, oder bei zwei Chefs und einem Mitarbeiter, oder auch bei drei gleichberechtigten Chefs – sobald sie beschlossen haben, zusammenzuarbeiten. Oder, anders ausgedrückt, wenn sie ein verbindendes Etwas, um das es wirklich geht, in ihrer Mitte haben wollen.

Eine weitere Besonderheit, die ein extrem wichtiger Faktor für Wachstum und konfliktreiche Dynamiken ist, kommt im Rang-Dreieck zum Ausdruck: Es gibt immer etwas, das da ist, das wichtig ist, auf das man selbst aber keinen direkten Zugriff hat. Man kann es nicht kontrollieren, und doch durch eigene Aktivitäten indirekt beeinflussen. Es ist die jeweils dritte Beziehung zwischen dem eigenen Gast und dem eigenen Gastgeber. Eine Beziehung, die nur diesen beiden gehört.

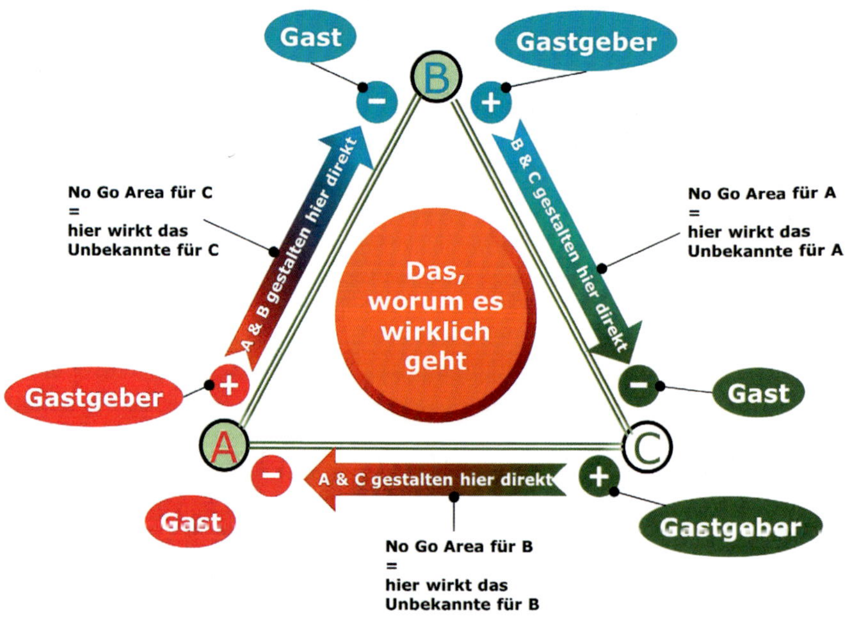

Abb. 5 Das Rang-Dreieck und das Unbekannte spielt mit

Jeder im Dreieck hat zwei Beziehungen zu pflegen, eine aus der Position des Gastgebers und eine aus der des Gastes. Die dritte Beziehung, die zwischen den beiden anderen besteht, kann er nicht direkt beeinflussen. Nur indirekt nimmt er darauf Einfluss, indem er seine beiden direkten Beziehungen gut pflegt.

Das klingt vielleicht ein bisschen kompliziert und sieht vielleicht in der Abbildung auch kompliziert aus, ist aber im wirklichen Leben gut spürbar und deshalb schnell zu lernen. Wenn man es gelernt hat, spürt man schnell, ob sich die Beziehungen im Dreieck in einer gemeinsamen Rangrichtung organisieren lassen oder ob es zu Störungen kommt, weil zum Beispiel einer nur Gastgeber sein will und damit die beiden anderen zu seinen Gästen macht. Oder wenn einer nur Gast sein will und dadurch versucht, die beiden anderen zu seinen Gastgebern zu machen. Jeder Versuch, andere für eigene Zwecke zu benutzen, wird im Dreieck sofort spürbar. Damit wachsen auch die Möglichkeiten, mit solchen Dynamiken umzugehen.

Ein weiterer Vorteil der Arbeit im Rang-Dreieck ist, dass zwar das, was in den Beziehungen zwischen den Positionen geschieht, den Großteil an Energie und Zeit in Anspruch nehmen wird, dass aber das, was in der Mitte liegt und um das es wirklich geht, durch das Geschehen in den Beziehungen fast indirekt weiterentwickelt wird. Es kann wachsen, qualitativ wachsen, denn die drei Positionen wirken zusammen, weil sie im weitesten Sinne vorankommen und etwas Neues erreichen wollen. Das kann sich im Unternehmenskontext im Nachhinein quantitativ messbar in einer Umsatz- oder Gewinnveränderung niederschlagen, aber auch in der Kultur, im Miteinander, in der Qualität der Produkte, in der Lösung eines Konflikts, in der Sinnhaftigkeit oder auch Nachhaltigkeit des Unternehmenszwecks im größeren Zusammenhang — in allem, was an alltäglichen oder auch außergewöhnlichen Anliegen weitergebracht werden soll.

Etablieren der Beziehungen und der Rang-Richtung

Die Rangrichtung bestimmt sich aus dem sachlichen Inhalt, um den es in der Dreierkonstellation geht. Nur die erste Rangbeziehung muss zunächst festgelegt werden, damit es losgehen kann, die anderen beiden ergeben sich sozusagen natürlich daraus. Wir haben festgestellt, dass es hilfreich ist, intuitiv zu schauen, ob es eine Beziehung gibt, bei der klar ist, wer Gastgeber und wer Gast ist, zum Beispiel durch die Beantwortung einer Frage nach dem Gastgeber, wie: „Wer gibt mir im aktuellen Kontext Sicherheit?“ Oder, um den Gast zu finden: „Wer bewegt sich in meinem Terrain?“ Bei einem Dreieck von einem Vorgesetzten und zwei seiner Mitarbeiter wäre die Frage hilfreich, für wen der beiden der Vorgesetzte der Gastgeber ist — also derjenige, der persönliche Sicherheit gibt und die Beziehung hält. Weiterhin könnte zur Klärung beitragen: Wer versteht mehr vom Thema als ein anderer, wer ist eine moralische Autorität, wer ist länger in der Firma als ein anderer — was auch immer im Kontext eine Rolle spielen mag.

Wenn man die erste Beziehung von Gastgeber und Gast intuitiv ermittelt hat, dann bauen sich die anderen Beziehungen automatisch auf. Es kommt oft vor, dass eine Gastgeber-Gast-Beziehung sehr überraschend bis undenkbar oder abwegig erscheint, aber dennoch spürbar stimmt.

BEISPIEL

Sie sind Mutter einer neugeborenen Tochter, halten diese auf dem Arm und fragen sich, wer wohl hier mehr über Glück und Ewigkeit weiß — Sie oder Ihre Tochter. Es dürfte spürbar sein, dass Ihre Tochter da näher dran ist. Also ist Ihre neugeborene Tochter Ihre Gastgeberin. Wenn Sie nun noch den Vater Ihrer Tochter hinzunehmen, bedeutet das in der Logik des Dreiecks: Ihre Tochter ist Gastgeberin für Sie — Sie sind Gastgeberin für den Vater — der Vater ist Gastgeber für Ihre Tochter. Wenn Sie den gleichen Test mit Ihrem neugeborenen Sohn machen, dann werden Sie vielleicht etwas unsicher sein (warum auch immer) — also lassen Sie den Vater den Test machen. Er wird vermutlich auch zu dem Schluss kommen: Mein Sohn ist in diesem (spirituellen) Kontext mein Gastgeber. Also heißt das Dreieck hier: Der neugeborene Sohn ist Gastgeber für den Vater — der Vater ist Gastgeber für die Mutter — die Mutter ist Gastgeber für den Sohn. Wenn Sie mehrere Kinder unterschiedlichen Geschlechts haben, schütteln Sie bei diesem Beispiel vielleicht den Kopf, haben aber vielleicht eine neue Erklärung dafür, warum Sie als Elternpaar mit Ihren einzelnen Kindern so unterschiedliche Situationen erleben und warum Ihre innerelterlichen Konflikte Sie manchmal so hilflos machen. Testen Sie in diesen Fällen einfach mal eine andere Rangrichtung.

Agieren als Gast und Agieren als Gastgeber

Im Geschäftsleben kommen Dreiecks-Konstellationen ständig vor:

- Kunde — Vertrieb — Produktion
- Eigentümer — Aufsichtsrat — Vorstand
- Geschäftsleitung — Betriebsrat — Mitarbeiter
- F&E — Produktion — Vertrieb
- Berater — Klient — Kunde des Klienten
- Verkäufer — technischer Kundendienst — Kunde
- Küche — Service — Gast
- Fachabteilung — HR — Mitarbeiter usw.

Wenn man sie sich als Rang-Dreieck veranschaulicht, lassen sich wertvolle und oft auch erstaunliche Hinweise für alle Dynamiken im Unternehmensalltag und für viele Fragestellungen in strategischen Entscheidungen gewinnen.

Wie agiert man in einem konkreten Fall? Nehmen wir an, jemand möchte ein Coaching, wählt einen Coach aus, und die Firma bezahlt dieses Coaching. Dann ist der Chef des Coachee der Dritte im Bunde. Der Zweck eines Coachings ist immer der, dass der Coachee neue Potenziale entdeckt und seine Möglichkeiten ausweitet.

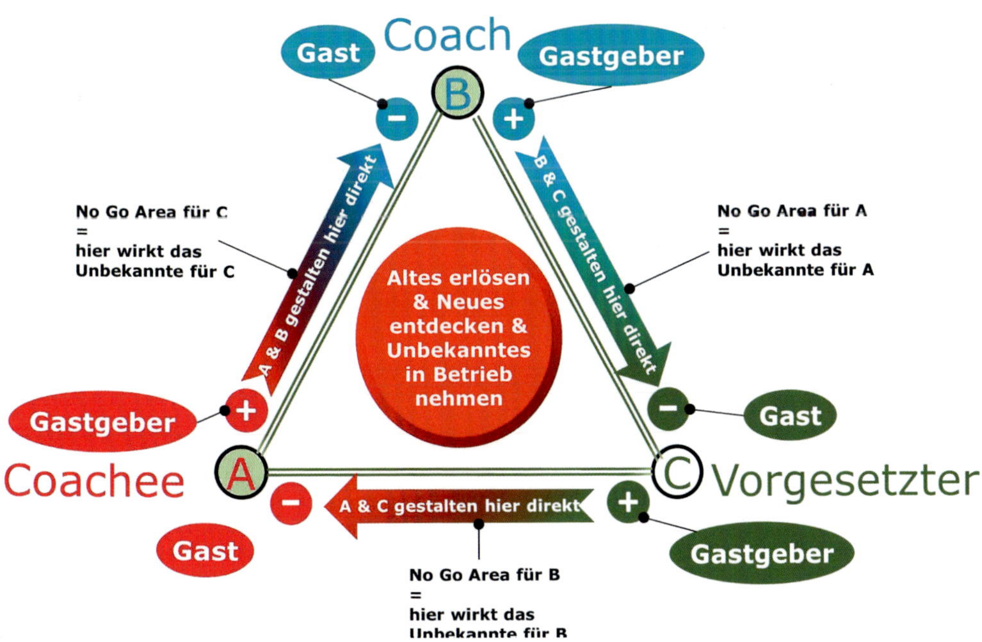

Abb. 6 Das Rang-Dreieck: Coachee – Coach – Vorgesetzter

Wenn der Coachee zugestimmt hat, das Coaching zu machen, ist er ranghöher als der Coach. Warum? Weil er sein Terrain öffnet und bereit ist, darin mit einem anderen zu arbeiten. Er geht den Weg und wird sich von seinem Coach herausfordern lassen, ohne die Beziehung aufzukündigen. Der Coach ist also rangniedriger als der Coachee, und in unserem Modell folglich ranghöher als der Chef des Coachees. Gegenüber dem Chef ist er der Sachverständige in Sachen Coaching, hält die Beziehung und sichert einen guten Verlauf. Als Gast seines Coachees respektiert und schützt er dessen Grenzen: Er wird mit dem Chef nicht über den Coachee reden. Wenn der Coachee auf seinem Weg voranschreitet, wird sich auch die Situation für den Chef verändern. Und wenn der Chef im Coach einen guten Gastgeber hat, wird er erkennen, dass auch er selbst davon profitiert. Und die dritte Seite des Dreiecks: Der Chef ist Gastgeber des Coachee und damit ranghöher als dieser. Er gibt dem Coachee die Sicherheit und den Raum, sich im Rahmen des Coachings mit allem zu beschäftigen, was ihn weiterbringt, und stellt die für den Prozess nötigen finanziellen Ressourcen zur Verfügung. Er signalisiert seinem Mitarbeiter auch: „Du hast für diese Arbeit meinen Segen, und ich möchte, dass die Ergebnisse auch mir und dem Unternehmen zugutekommen." So sind alle drei Beziehungen hergestellt, und jeder der Beteiligten kann (und sollte) zwei davon direkt gestalten, von der dritten aber unbedingt die Finger lassen.

Sollte der Coach zum Beispiel feststellen, dass es zwischen dem Coachee und seinem Chef einen schwerwiegenden Konflikt gibt, so kann er den nicht lösen, indem er an beide appelliert, vernünftig zu sein oder sich großzügig zu erweisen. Stattdessen wird er mit dem Coachee als dessen Gast an diesem Konflikt arbeiten. Er wird den Gedanken des Coachee folgen; er wird berichten, was er wahrnimmt; er wird intervenieren, wenn er bemerkt, dass etwas Wichtiges keine Beachtung bekommt; er wird vielleicht den Vorschlag machen, einige Elemente anders miteinander zu verknüpfen als bisher. Es kann sein, dass der Konflikt dann „irgendwie" an Impetus verliert und dass der Coachee neue Handlungsweisen entdeckt und umsetzt, die auch für seinen Vorgesetzten und das Unternehmen neuen Spielraum erschließen. Falls dieser Konflikt ein wichtiges Thema auch für den Vorgesetzten ist, wird der Coach ihm in diesem Kontext als Gastgeber dienen. Er wird sich so verhalten, dass der Vorgesetzte ausprobieren kann, ob es auch für ihn selbst alternative Vorgehensweisen gibt. Der Coach wird den Chef auch dabei unterstützen, für seinen Mitarbeiter, den Coachee, ein guter Gastgeber zu sein. Der Chef wird eventuell zu dem Schluss kommen, dass der Konflikt weniger mit Schwächen des Mitarbeiters zu tun hat, als vielmehr mit Verbesserungspotenzialen im umgebenden Feld, die bisher nicht angesprochen wurden. Als Resultat kann das Miteinander von Chef und Mitarbeiter vertrauensvoller werden, was auch im Umfeld nicht ohne Folgen bleiben wird.

Das unsichtbare Führungs-Dreieck

Das Dreieck lässt sich auch anwenden, ohne dass die übrigen Beteiligten davon etwas wissen müssen. Im täglichen Zusammenarbeiten ist es nicht nötig (und meistens auch unmöglich), das Rang-Dreieck zu erklären, alle darauf zu verpflichten und seine Einhaltung dann „einzuklagen". Genau das entspräche nicht dem Spirit dieses Werkzeugs. Entscheidend ist vielmehr die innere Arbeit an sich selbst, um die Situation in der Beziehung zu erspüren. Dann kann man die entsprechende Position beziehen und in der konkreten Situation angemessen kommunizieren und handeln.

Man hat das Dreieck also nur im eigenen Kopf, stellt sich selbst Fragen und beantwortet sie: Welche Position habe ich hier? Wer hat eine andere Position und welches ist diese andere Position? Wie fühlt es sich an: Bin ich Gastgeber in die eine oder in die andere Richtung? Wie kommuniziere ich als Gast? Wie kommuniziere ich als Gastgeber? Was ist das, was in der Mitte liegt, das, worum es wirklich geht? Für alle Beteiligten? Was ist jetzt als Nächstes konkret dran? Bin ich schon in dem Zustand, es zu tun oder geschehen zu lassen? Kann ich schon Gefühl und Bewusstsein für das ganze Feld und die darin agierenden Positionen und Beteiligten entwickeln? Das Schöne an diesem Werkzeug ist, dass es sich tendenziell selbst etablieren will – so sind zumindest unsere Erfahrungen.

Übung 4: Experimentieren mit dem Rang-Dreieck

1. Nehmen Sie sich noch einmal Ihre Ergebnisse aus Übung 1 vor. Sie erinnern sich: Sie hatten dort zu zwei bekannten Positionen A und B die dritte Position C gefunden.
2. Versehen Sie auf der Abbildung die Positionen A, B und C mit den Namen oder Bezeichnungen, die Sie für Ihren Fall in Übung 1 ermittelt hatten:

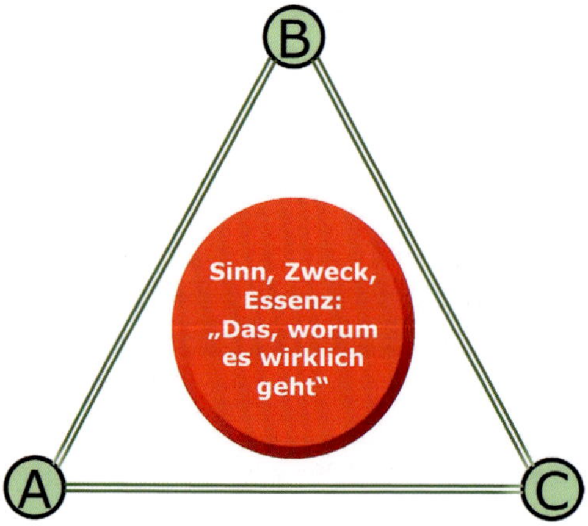

3. Schreiben Sie in die Mitte auch das hinein, worum es in Ihrem konkreten Fall wirklich geht.
4. Wenn Sie nun Ihr Dreieck mit den konkreten Bezeichnungen vor sich sehen: Welches ist die Beziehung, über die Sie klar sagen können: „Hier ist diese Position Gastgeber für die andere“? Markieren Sie die Positionen mit einem Pluszeichen auf der Gastgeber-Seite und mit einem Minus-Zeichen auf der Gast-Seite.
5. Spüren Sie sich noch einmal hinein in die Beziehung, die Sie gerade definiert haben. Ist das so o. k.? Wenn ja, machen Sie noch einen Pfeil vom Gastgeber zum Gast hin und folgen Sie nun dem Dreieck weiter: Die Position, die zur einen Seite Gast ist, ist nun zur anderen Seite Gastgeber für die dritte Position. Markieren Sie das Plus-Zeichen und bei der dritten Position auf der dem Gastgeber zugewandten Seite das Minus-Zeichen als Symbol für das Gast-Sein.
6. Wie fühlt sich das an? Wenn es o. k. ist, machen Sie wieder den Pfeil für die Rangrichtung vom Gastgeber zum Gast.
7. Verfahren Sie auf der dritten Dreiecksseite zwischen der dritten und der ersten Position ebenso. Bleiben Sie aufmerksam und spüren Sie, ob sich alles stimmig anfühlt. (Überrascht zu sein, ist kein Widerspruch zu Stimmigkeit.)
8. Sie haben nun ein komplettes Rang-Dreieck für Ihren Fall erstellt. Wie fühlt sich das für Sie an? Gibt es konkrete Konsequenzen, die Sie daraus für Ihren Alltag ableiten können? Möchten Sie sich etwas vornehmen? Machen Sie sich eine Notiz dazu.
9. Bauen Sie Ihr Ergebnis in Ihre Alltagsaktivitäten ein und freuen Sie sich daran, wenn Sie neue gute Resultate erzielen!

5 Der Emergenz-Weg: eine Route für Entstehungsprozesse

Zusammenarbeiten, Führen und Managen – wie Leben und Sterben ganz allgemein – beschäftigen sich immer damit, dass etwas zustande kommt, dass etwas einen Ablöseprozess auslöst und dass etwas zu Ende geht. Eigentlich eine ganz normale Entwicklung: Am Anfang steht eine Idee, dann reift sie zu einem Produkt oder einer Dienstleistung heran, und am Ende geht sie in Serie. Menschen entwickeln sich weiter, während sie etwas entstehen lassen, und zwischen ihnen entstehen während eines Prozesses Beziehungen, die es sonst so nicht gäbe. Wer also vorankommen will und Wachstum erreichen möchte, muss sich mit dem Prozess beschäftigen, der dazu führt. Da gibt es die Erfahrungen, die klug machen. Da gibt es Ahas zu erleben, Ahnungen zu bestätigen, Vertrauen und Zuversicht zu festigen.

2007 bekamen wir einen entscheidenden Impuls von Max Schupbach, einem von uns sehr geschätzten Lehrer, als er uns den Emergenz-Weg in drei Phasen vorstellte.[1] Wir erinnern uns noch gut an die Fragezeichen in unseren Gesichtern, als wir das hörten, und wir begegnen ähnlichen Fragezeichen, wenn wir in die Augen von Workshop-Teilnehmern und Führungskräften sehen, denen wir den Emergenz-Weg als eine Art Wanderroute präsentieren. Aber sobald klar wird, dass man darin Orientierung finden kann, um das Ziel nicht aus den Augen zu verlieren, wird es einfacher.

1 Wir wissen nicht mehr, ob er es damals Emergenz-Weg nannte oder ob der Name in unserer täglichen Praxis entstanden ist. Vieles zu Max Schupbach findet man unter http://www.maxfxx.net.

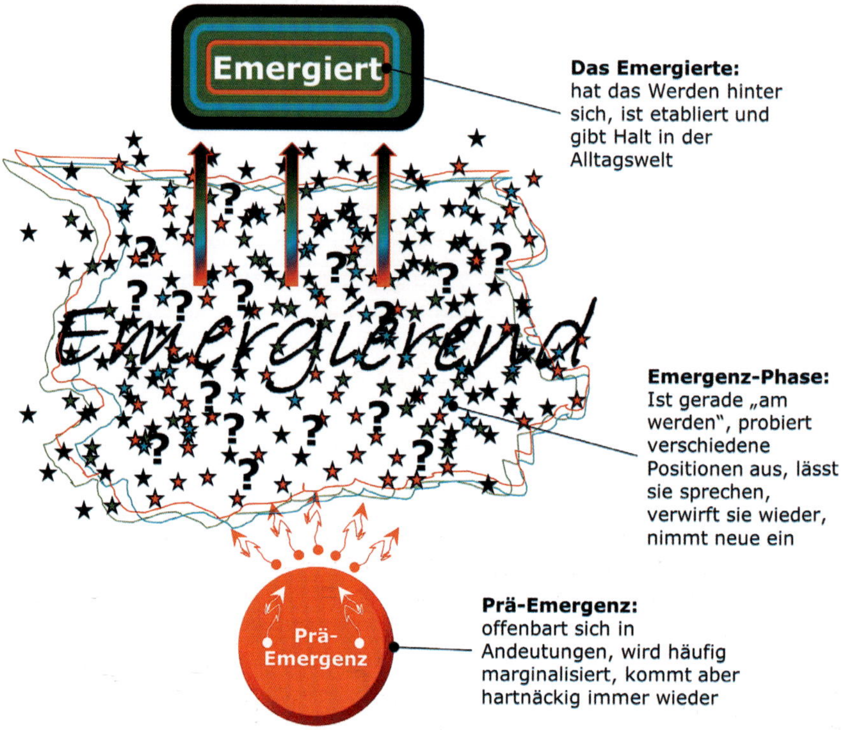

Abb. 8 Der Emergenz-Weg

Phase 1: Prä-Emergenz

In der Phase der Prä-Emergenz ist noch nichts Greifbares da. „Es lag damals in der Luft“, wird man später sagen. „Alle Zeichen haben darauf hingedeutet“, schreiben dann die Geschichtsschreiber. Und die Erfinder werden sich um die Anmeldung zum Patent prügeln. In der Prä-Emergenz-Phase deutet etwas sich an, aber es zeigt sich anders, als der oder die Beteiligten es erwarten. Sie sind vielleicht gerade nicht „auf Empfang“, nicht am passenden Ort, beschäftigen sich gerade mit etwas völlig anderem. Prä-Emergenz wird oft gerade von denen wahrgenommen, die nicht das tun, was man nach Einschätzung der Mehrzahl der Beteiligten jetzt „vernünftigerweise“ und von der Sachlogik her tun müsste. Das Neue, das Überraschende, das

Quantensprung-Fähige landet nicht da, wo man es erwartet oder wo die Mehrheit ihre Sprungtücher aufgespannt hat.[2]

Abb. 9 Prä-Emergenz

Die Prä-Emergenz taucht also in einer überraschenden und sich zunächst auch schnell wieder verflüchtigenden Form auf. Fast sieht es so aus, als sei sie nicht fassbar. Sie kommt ungefragt, unerwartet, als Geistesblitz, als Assoziation, als Idee, als Traum, als Spinnerei. Sie meldet sich da, wo Neugier, Offenheit und unter Umständen eine ganz besondere Begabung vorhanden sind. Fast schmerzhaft kann diese Begabung manchmal sein, wenn sie nicht gelebt und vom Mainstream als eher dubios angesehen wird — sie liegt nicht in der Logik des Bewährten und ist nicht „wie es sein soll". Dem so Begabten wird oft erst spät klar, dass er hier ein besonderes Privileg und damit auch eine Pionieraufgabe hat.

Das Prä-Emergente will also erst noch werden. Sehr oft wird es zunächst gar nicht wahrgenommen, sofort wieder vergessen, marginalisiert (für unbedeutend erklärt). Wenn man aber aufmerksam ist, empfänglich auch für Unerwartetes, kann man es aufschnappen, in fruchtbaren Boden pflanzen und ihm dabei helfen, sich zu etwas zu entwickeln, das dann vielleicht einmal Kulturveränderung heißen wird oder Umdenken, vielleicht auch Halbleiter, Schulreform, Quantentheorie oder Cyberlaw. Wie passiert das? Nach unserer Erfahrung, und so haben wir es auch in der Prozessorientierten Psychologie[3] gefunden, beginnt es in traumähnlichen Zuständen. Traum in dem Sinne, dass man etwas außerhalb der Alltagslogik erlebt, dort, wo Zeit und Raum keine große Rolle spielen. Es hinterlässt starke Eindrücke, klingt nach, und wenn man sich dessen bewusst wird, hat man das Gefühl, es nicht

[2] Wir empfehlen deshalb immer, auf das zu achten, was die Minderheit sagt oder tut.

[3] Arnold Mindell, Working with Dreambody, Laotse Press, Portland 2002, Chapter 7 ff.

greifen zu können. In dem Moment beginnt es sich zu verändern, und gleichzeitig spürt man, dass etwas sehr Klares und „Richtiges" geschehen ist.[4]

BEISPIEL

Der Inhaber eines sehr innovativen Unternehmens im Bereich der Landwirtschaft erzählte folgende Geschichte: Er hatte sich auf eine Aktivität rund um Wasser und Wasseraufbereitung fokussiert. Diese Aktivität wurde einerseits gut aufgenommen, und alle Berater fanden, das sei „strategisch genau richtig". Auf der anderen Seite hatte der Unternehmer an dem Ganzen keinen rechten Spaß, weil es immer mühsam blieb; die Geschäftspartner verstanden es nicht, seine innovativen Konzepte und Produkte wirklich nutzbar zu machen. So nahm die Geschäftsentwicklung nicht richtig Fahrt auf. Der Unternehmer wurde eines Nachts wach und hatte den Eindruck, eine Formel geträumt zu haben. Er machte sich Notizen, ging noch in der frühen Morgendämmerung nach draußen und sah auf die umliegenden Äcker und Felder. In diesem Moment wurde ihm klar, dass die Formel, die er geträumt hatte und die Erde, die er gerade vor sich sah, zusammengehörten. Er begann sofort mit der Entwicklungsarbeit und ist heute gemeinsam mit anderen in der Veredelung von Ackerböden tätig.

Noch einmal zurück zu Max Schupbach: Als er damals zur Flüchtigkeit des Prä-Emergenten gefragt wurde, sagte er zum Erstaunen der Workshop-Teilnehmer: „Prä-Emergenzen sind das Stabilste, was es gibt. Sie wollen nämlich werden, und daran lassen sie sich langfristig nicht hindern." Wir haben das beobachtet und daraus ist für uns einer der wichtigsten Aspekte im Coaching geworden. Es lohnt sich, ein Bewusstsein für Prä-Emergenz zu entwickeln, und es kann sogar zu einer Quelle von Lebenssinn werden. Max Schupbach sagte damals auch noch etwas, das uns nachhaltig beeindruckte und zum Ausprobieren einlud: „Mit Prä-Emergenz zu arbeiten, hat einen kleinen Nachteil: Die Bestätigung dafür, dass du auf dem richtigen Weg bist, bekommst du immer wieder auf der Prä-Emergenz-Ebene. Das kann dazu führen, dass du deiner Umgebung mehr oder weniger verrückt vorkommst." Wer also einmal sein Bewusstsein für Prä-Emergenz geschärft hat, wird immer mehr Signale dieser Art empfangen. Wir werden darauf zurückkommen.

4 Vergleiche hier zum Beispiel Petra Gehring, Traum und Wirklichkeit: Zur Geschichte einer Unterscheidung, Campus, Frankfurt 2008.

Phase 2: Emergieren

! WICHTIG

In Kürze: Wer ein Ziel erreichen will, muss einen Weg gehen.

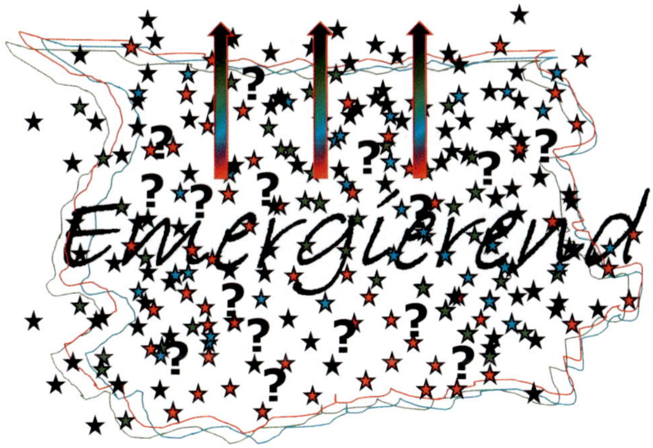

Abb. 10 Emergierend oder „am werden“

Dieser Weg ist die Phase des Emergierens, des Heranreifens, des Unterwegs-Seins. Ein Impuls, eine Idee, etwas Prä-Emergentes nimmt langsam Gestalt an. Dabei gibt es etwas zu sehen und zu erleben. Es gibt viele unterschiedliche Positionen und Perspektiven, es gibt Widersprüche, „alte“ Probleme tauchen auf, völlig neue Sichtweisen werden formuliert. In Köln, wo wir unter anderem sprechen gelernt haben, würde man sagen „et is am emerjieren“. Das macht deutlich, dass etwas, das „am geschehen“ ist, zwar begonnen hat, aber sein Ziel noch nicht erreicht hat, sondern noch dorthin unterwegs ist.

Wichtige Merkmale dieser Phase: Die Positionen sind hoch-subjektiv, die Beziehungen zwischen ihnen tendenziell in der Testphase, Holperstrecken eingeschlossen. Vieles wird probiert und auch wieder verworfen. Alles bewegt sich, aber es gibt auch Stillstand. Bewusstsein und Fokussierung sind gefragt und gleichzeitig gar nicht einfach. Wer forscht und entwickelt, kennt das. Eigentlich ist dies also ein ganz normaler Entwicklungsprozess, hier nur aus einer etwas anderen Perspektive betrachtet.

Wer an diesem Werden nicht teilnehmen will, kann sein Ziel nicht erreichen. Das ist ein Grund dafür, dass viele Neuorganisationen, Merger und Fusionen keine Sinnerfüllung geben: Große Teile der Emergenz-Phase sind entweder ganz herausgeschnitten worden oder werden unterdrückt. Für sie gibt es weder Raum noch Bewusstsein, oder beides ist durch ein bewusst verkürztes Verfahren ausgeblendet, nach dem Motto „Keine neuen Fässer aufmachen!"
Man sucht nach der neuen Organisationsform, nach den neuen Strukturen, nach den neuen Verantwortungen und Hierarchien – und zwar ganz schnell, am liebsten mit Stichtag. Wenn dann alles verkündet ist und das Leben losgehen soll, herrschen zuerst einmal Leere und Schweigen. Dann geht die Effektivität verloren, die Beweglichen und eher Eigenwilligen finden keinen Sinn mehr und gehen. Die Präsenz bei den Kunden ist nur noch mäßig, alles wird immer mühsamer und schließlich ist man immer öfter nur zweiter Sieger. Was ist da los? Im Veränderungsprozess war die Sehnsucht nach dem Ergebnis (dem Emergierten) so stark, dass man den Bezug zu dem verloren hat, was einmal den Sinn ausmachte und wozu es das Unternehmen oder das Team überhaupt gab. Dabei ging dann auch der Bezug zum aktuellen Werdeprozess verloren.
Ist es wirklich nur der Zeitdruck? Unsere These: Man versucht abzukürzen und Schwierigkeiten zu vermeiden, weil man befürchtet, es könnte sonst nichts daraus werden und/oder weil Unsicherheit und Veränderungsschmerz nicht mehr zu ertragen sind. Das drückt sich dann „logisch und rational" darin aus, dass „die anderen nicht genügend qualifiziert sind, um mit all diesen Hindernissen, Blockaden und Konflikten ergebnisorientiert umzugehen". Zusätzlich kommt der Kontrollgedanke: „Wenn wir die alle mit einbeziehen wollen, erreichen wir unsere Ziele nie. Höchstwahrscheinlich merken die es sowieso jetzt nicht. Und am Ende des Tages können sie froh sein, dass wir das hier alles machen."

Wenn das Emergieren gut funktionieren soll (man könnte auch sagen: wenn man es nicht stören will), dann sind einige Handlungs-Prinzipien hilfreich. Eines ist, dass man eine Position einnehmen und auch wieder verlassen können sollte. Wenn man den Eindruck hat, etwas stimmt nicht mehr, braucht man es nicht länger zu verteidigen. Ein zweites Prinzip ist, Vielfalt als eine wichtige Größe für das Gelingen zu sehen. Wo Vielfalt sein darf, gibt es die Chance, dass das ganze Spektrum des Feldes zu Wort kommt. Es sinkt die Wahrscheinlichkeit, dass Unerledigtes mitgeschleppt werden muss und dass Schattenpositionen[5] für Irritation sorgen. Außerdem erhöht Vielfalt die Wahrscheinlichkeit von Coolspots, in denen die Beteiligten

[5] Siehe hierzu im Detail Kapitel 6.

die verbindende Kraft spüren, die in solchen Entwicklungs- und Reifeprozessen steckt. Da wird es richtig lebendig. (Also auch die Verrückten und die Spinner anhören, die Bedenkenträger, die Bremser, die Zerstörer, die Überflieger.) Ein drittes Prinzip ist der Wille zu sauberen Zielen.[6] Sie sorgen für Klarheit, sodass man sich für oder gegen etwas entscheiden kann. So können alle, die sich mit auf diesen Weg machen, auch wirklich Verbündete sein, das konzentriert die Energie. (Niemanden gegen seinen Willen „in die Pflicht nehmen", sich nicht auf Kosten anderer Lorbeer verdienen wollen, wahre Absichten nicht verbergen, innere Konflikte nicht übergehen.) Ein viertes Prinzip ist ein Miteinander, das diesen Namen verdient. Da werden Coolspots und andere besondere Momente genutzt, um innezuhalten, und Erreichtes wird festgehalten und gerahmt, sodass alle an den Fortschritten teilhaben können. (Klare Kommunikation, ehrlicher Umgang mit sich selbst und anderen, Respekt, Aufmerksamkeit, Erreichtes würdigen.) Das beinhaltet auch, dass das Unbekannte, das noch vor einem liegt, ein positives Vorzeichen, einen „Segen" bekommt, sodass es geschehen darf und nicht mit negativen Erwartungen und düsteren Prophezeiungen belegt wird. Das erweitert die Möglichkeiten, mit dem umzugehen, was geschehen wird. (Es wirkt so ähnlich wie beim Sprechen oder Singen die Vorstellung, man würde den Ton oder Klang in den Raum vor dem Mund hinausschicken, was zu einer erheblichen Verbesserung von Klang und Verständlichkeit führt.) Ein fünftes Prinzip ist das Kultivieren von Vergeben. Das ist eine mentale und auch körperliche Auflösung von Festgezurrtem, Festgelegtem, von Vorwürfen, sogenannten Fakten und Dingen, von denen man glaubte, dass sie unter keinen Umständen passieren dürften. Der Charakter dieser Auflösung ist eine Perspektive, die sagt: „Es könnte auch ganz anders gewesen sein" oder „Es könnte sein, dass es ganz anders werden will, als ich sehen kann." Das kleine Zusatz-Bonbon in der Anwendung dieses Prinzips liegt in der Entdeckung von etwas, das wie ein Geschenk wirkt. „Jenseits" der vorherigen Grenze des Festgezurrten, Festgelegten, den Vorwürfe etc. liegt etwas, das entdeckt und dann – das ist wichtig – in das nun Folgende eingebaut werden will. Wenn es eingebaut und genutzt wird, entfaltet es seine Wirkung für das Fortkommen des Prozesses und verändert die Situation nachhaltig. So, wie ein gutes Geschenk eben wirkt.

! WICHTIG

Da Werde-Phasen Menschen zusammenbringen, sie zusammenschweißen oder trennen, sind diese Phasen elementar wichtig für die Kultur eines Teams oder einer Organisation, auch weil dabei Unternehmens-, Team- und Organisations-Mythen entstehen.

6 Siehe hierzu Kapitel 12.

Phase 3: Emergiert

Wenn das Werden erfolgreich sein soll, muss der Endpunkt „Emergiert", das Ergebnis, erreicht werden. Das ist der Punkt, an dem man sagt: „Fertig!"

Abb. 11 Emergiert

Der emergierte Zustand schließt nicht nur einen Werdeprozess ab, sondern ist gleichzeitig eine aufgeladene Basis für das, was in Zukunft kommt – also für den nächsten Werdeprozess. Je nachdem, wie diese Basis aufgeladen ist, funktioniert dieser manchmal besser, manchmal aber auch schlechter. Vielleicht kommen Ihnen einige der folgenden Varianten bekannt vor:

Wenn es positiv aufgeladen ist

Wenn der emergierte Zustand positiv aufgeladen ist, ist er robust, gibt Sicherheit und Raum für Kreativität (und erneute Prä-Emergenz). Er ist aufgeladen durch die Qualität der durchlaufenen Emergenz-Phase, in der sauber und vollständig gearbeitet und Gemeinsamkeit entwickelt wurde. Dann zeigt sich in (mindestens) einem Coolspot, dass der Prozess „aus-emergiert" und das Ziel erreicht ist. Das ist die beste Basis für den nächsten Prozess.

Wenn es negativ aufgeladen ist

Wenn der emergierte Zustand negativ aufgeladen ist („Jetzt haben wir das zwar erreicht, aber wozu soll das gut sein?" oder „Das hätte viel früher passieren müssen, jetzt hilft es auch nicht mehr"), dann leiden die Beteiligten unter „alten Krankheiten", oder nicht aufgedeckte Schattenpositionen[7] sind weiterhin virulent. Wenn

[7] Wenn in einem Unternehmen zum Beispiel gelten soll „Wir gehen alle offen miteinander um", dann wird Verschlossenheit de facto verboten und für nicht existent erklärt. Wenn dann jemand etwas für sich behält, darf das nicht angesprochen werden und wird unsichtbar. Damit haben Geheimniskrämerei, Übergriffe, Intrigen, Mobbing und vieles mehr einen geschützten Raum und können sich entfalten - weil nicht sein kann, was nicht sein darf. Die Organisation wird auf diesem Auge blind.

Schattenpositionen weiter wirken, ist die Ausrufung eines emergierten Zustands oder die Behauptung, das Ziel sei erreicht, der Versuch, die Emergenz-Phase abzukürzen oder sie zum Teil zu verhindern. Da gibt es keinen gemeinsamen Coolspot, und das Gegenteil des Gewünschten tritt ein: Die Emergenz-Phase läuft unter der Oberfläche weiter, während so getan wird, als sei alles abgeschlossen. Solche So-tun-als-ob-Situationen sind lähmend und frustrierend. Der Prozess hängt fest, die Beteiligten werden ausgelaugt und verzweifeln.

Eine andere Form negativer Aufladung ist ebenfalls weit verbreitet: Irgendetwas kommt und kommt nicht zum Ende. Statt eines Abschlusses gibt es immer neue Einwände, immer wieder werden Termine abgesagt, immer wieder zeigen sich überraschende Kommunikationslücken. Typisches Phänomen an dieser Stelle: Jemand soll führen, will es aber nicht. Eine seltsame Situation, und oft sind die Erklärungen, warum das alles so ist, sehr technisch, erklären aber nicht das, was passiert. Aus unserer Sicht: Hier wirken Schattenpositionen, was bedeutet, dass irgendetwas noch dringend erledigt werden muss. Die Emergenz-Phase hat nicht genug Aufmerksamkeit bekommen, es wurde etwas übersehen oder sogar bewusst ausgespart.

Die Zukunft nach dem Emergenz-Weg

Der Zustand des positiv aufgeladenen Emergierten hat viel mit Zufriedenheit zu tun. Zufriedenheit blickt zurück und freut sich am Erreichten, an dem Weg, der dabei zurückgelegt wurde, und auch daran, dass es jetzt zu Ende ist. Manchmal hört man allerdings von Führungskräften, die sich selbst gern als sehr anspruchsvoll und leistungsorientiert präsentieren, den Satz: „Man darf nie zufrieden sein." Den könnte man auch übersetzen mit: „Ihr wollt ernten? Vergesst es!" Mythisch könnte man es nämlich so sehen, dass im Emergierten die Ernte zum Ausdruck kommt. Wer aber nicht erntet, kann sich nicht nähren und könnte auf die Idee kommen, Raubzüge zu unternehmen und anderen die Ernte zu stehlen. Wenn so etwas in die Unternehmens- und Teamkultur eingebaut ist, hat das fatale Effekte. Im Emergierten kommt das Ausgereifte zum Ausdruck, das Sicherheit und eine Art Zuhause gibt. Etwas, worauf man immer zurückgreifen kann. Dem man vertrauen und auf das man sich verlassen kann. Das man weitergeben kann. Wenn das fehlt, entsteht ein Loch.

In Veränderungsprozessen in Unternehmen beobachten wir manchmal, dass man schnell zu Struktur, Organisation, der fertigen Lösung kommen will. „Wenn wir es in PowerPoint als Organigramm zeigen können, ist es geschafft!" Die Wege, die zur neuen Struktur führen — das Auflösen lahmer Standard-Sichtweisen, das Entdecken neuer Möglichkeiten, das Entwickeln von wirklichem Kundennutzen und von Markt-Expertise —, werden dann bereits sehr früh durch eine möglichst komplexe, alles erfassende Struktur festgezurrt und erstickt. In diesem Fall ist das Emergierte eher eine Flucht und ein Hilfeschrei als etwas, mit dem man Kunden und Mitarbeitern Orientierung und Sicherheit gibt. Der Alltag zeigt es: Man kommt leicht in diese Situation. Wenn sie eintritt, gilt es, die Kunden-Orientierung und das, worum es wirklich geht, in den Vordergrund zu stellen. Und es gilt, prä-emergente Signale wahrzunehmen und mit ihnen einen neuen Emergenz-Weg zu starten, der sowohl Sicherheit als auch Neugier für noch Unentdecktes miteinander wirken lässt.

Begegnung mit dem Vergänglichen

Sobald etwas emergiert ist, begegnet man dem Vergänglichen: Wenn etwas fertig und ausgereift ist, ist nichts mehr daran zu tun. Der Prozess ist zu Ende. Es kann jetzt funktionieren, es wird kontrolliert, und irgendwann wird ein neuer Prozess etwas Neues emergieren, das irgendetwas Altes, früher Emergiertes, ablöst. Vielleicht ist Ihnen beim Betrachten unserer Abbildung aufgefallen, dass wir die rote Farbe mit Prä-Emergenz verbunden haben, sie aber auch im Emergierten noch mitspielt. Darin kommt zum Ausdruck, dass das Prä-Emergente auch im Emergierten noch präsent ist. Wenn es verlorengeht, im Unternehmensalltag in Strukturen und Routinen nicht mehr erkennbar ist, geraten Spirit und Essenz des Unternehmens außer Sicht, die rote Farbe verschwindet. Dann ist es an der Zeit, etwas zu erneuern oder auch etwas zu Ende zu führen. Festhalten führt immer zu weniger Leben und zu Verlust von Sinnhaftigkeit. Dann ergibt sich wieder eine So-tun-als-ob-Situation, und das Leben wird für die Beteiligten mühsam und schwer zu ertragen. Besonders wichtig ist dieses Phänomen, wenn man sich mit der Übergabe an einen Nachfolger beschäftigt oder selbst in der Situation ist, eine Nachfolge anzutreten.

Coaching als Emergenz-Weg

Ein Coaching-Prozess für einen Einzelnen oder für ein Team ist ein anschauliches Beispiel für einen Emergenz-Weg. Die Mitarbeit und das Mitgehen des Coachs oder Facilitators hilft, dass der Weg hin zum Ergebnis Aufmerksamkeit bekommt: damit alles mitarbeiten kann, was zur Verfügung steht; damit Geschehnisse einbezogen werden, die auf den ersten Blick mit dem Ziel nicht kausal verknüpft sind; damit sich etwas entfalten kann, das wirklich gebraucht wird. Wir empfinden Coaching-Prozesse als gemeinsame Reisen.

Emergenz-Phasen oder Werdeprozesse mit all ihrer Subjektivität, ihrer Vielfalt von Erlebnissen und auch ihrer Verwirrung sind ein maßgeblicher und alltäglicher Bestandteil unseres Lebens. Je tiefer man einsteigen und je gelassener man sich dabei auch beuteln und schütteln lassen kann, desto besser und schneller kommt das Ganze weiter.

Geduld ist sicher die hilfreichste Eigenschaft oder Qualität beim Erleben und Begleiten von Emergenz-Prozessen. Die im folgenden Kapitel vorgestellten drei Management-Dimensionen Innere Arbeit, Gestalten von Beziehungen und Umgang mit dynamischen und komplexen Feldern können ebenfalls dabei helfen, in Werdeprozessen einen klaren Kopf zu behalten und das Ziel nicht aus den Augen zu verlieren. Eine weitere Hilfe ist die Sichtweise, dass sich alles auf verschiedenen Ebenen mit sehr unterschiedlichen Wirkungsmechanismen und Handlungsprinzipien abspielt. Für uns hat sich ein Modell von fünf Ebenen[8] bewährt, das die Möglichkeit bietet, auch in beruflichen Kontexten als ganzer Mensch und mit allen Sinnen zu handeln, zu erleben und wahrgenommen zu werden. Auch eine Kommunikation, die darauf ausgerichtet ist, wissen zu wollen, besser zu verstehen und neue Antworten zu finden, ist hilfreich.

Übung 5: Ein aktuelles Projekt sich entfalten lassen

1. Wählen Sie ein überschaubares Projekt, das gemeinsam mit anderen Mitarbeitern/Kollegen in einem definierten Zeitraum abzuwickeln ist. Es könnte zum Beispiel eine Marketingaktion sein, eine Veranstaltung oder ein Workshop. Auf jeden Fall sollte es Nutznießer im Sinne von Abnehmern oder Empfängern geben. Gut, wenn es bei Ihnen schon funktionierende Strukturen und Routinen für solche Projekte gibt, sodass die nun folgende nicht-lineare Arbeitsweise ein Kontrast ist.
2. Treffen Sie sich in Ihrem Team und entscheiden Sie sich dafür, diesmal etwas anders zusammenzuarbeiten. Seien Sie bereit, mental alles zu nutzen, was Ihnen im Rahmen Ihrer Organisation und Ihrer Gegebenheiten zur Verfügung steht. Am besten arbeiten Sie im Kreisformat und schaffen Möglichkeiten, um Ihre kreativen Ergebnisse einzufangen (Flipcharts, Karten, Mindmaps etc.).

[8] Siehe Kapitel 7.

Prä-Emergenz

3. Beschließen Sie gemeinsam, dem Aufmerksamkeit zu geben, was „in der Luft liegt" und erst noch werden will – also Prä-Emergenzen. Verzichten Sie in dieser Etappe auf „Vernunft", Urteile wie „nicht machbar" und „entweder – oder". Lassen Sie die Ideen kommen und fließen. Wie im Traum geht es hier im Und-Und-Und-Verfahren (und nicht im Entweder-Oder-Stil). Setzen Sie einen Zeitrahmen mit Anfang und Ende. Sind alle Team-Mitglieder bereit?
4. Stellen Sie sich Ihren Zielraum vor: Wenn Sie bereits ein vorläufiges Ziel formuliert haben, schreiben Sie es auf. Wenn Sie es nur ungefähr kennen, schreiben Sie es ungefähr auf. Wenn Sie es nicht kennen: auch gut. Was gibt es da alles in diesem virtuellen Zielraum? Sehen Sie hin! Hören Sie es! Spüren Sie sich hinein! Halten Sie spielerisch alle Impulse, Ideen und Signale fest. Lassen Sie ein Bild entstehen. Oder eine Mindmap. Oder etwas anderes, das gut zu Ihrem Arbeitsstil passt. Leserlichkeit ist schön, Ausdruckstärke und Inspiration sind das Wichtigste. Wenn alles gesagt ist, beenden Sie diese Arbeit ausdrücklich. Wenn es möglich ist, lassen Sie sie bis zum nächsten Schritt einige Stunden oder eine Nacht ruhen.
5. Jetzt wird das Ziel entstehen: Auf Basis Ihrer Materialsammlung machen Sie sich an die Arbeit. Versetzen Sie sich in einen ruhigen inneren Zustand und versammeln Sie Ihr Team um das gemeinsame Zentrum. Seien Sie fokussiert. Die nächsten Schritte finden in Stille statt. Eine(r) fängt an und schreibt das Ziel des Projekts auf ein Flipchart – so wie er/sie es in diesem Moment richtig findet. Wer dann daran etwas ändern will, streicht bei dem Geschriebenen alles Überflüssige durch und fügt die eigene Ergänzung ein. Lassen Sie nach jeder Änderung das Neu-Geschriebene wirken. Spüren Sie anhand Ihres Zielraums und der Orientierung auf die Akteure und die Empfänger Ihres Projekts, wie die Zielformulierung noch verbessert werden kann. Spüren Sie auch den „Schmerz", wenn Ihre eigene Zielformulierung modifiziert wird. Können Sie da mitgehen? Warten Sie auf die nächste Veränderung und lassen Sie sie auf sich wirken. Alles geschieht still, bis irgendwann plötzlich die richtige Zielformulierung auf dem Blatt steht und alle Beteiligten spüren: O. k., das ist es. Hier endet die Phase der Stille. Schreiben Sie das Projektziel sauber auf ein neues Blatt und lassen Sie es wirken. Feiern Sie es. Sehen Sie die Verbindung zum Zielraum aus Schritt 4.
6. Sammeln Sie nun alles ein, was zum Projekt dazugehören und realisiert werden will. Braucht das Projekt noch einen besonderen Namen? Beschließen Sie, es gemeinsam ins Leben zu bringen. Was könnte dafür essentiell sein? Notieren Sie dazu Stichworte, machen Sie eine Skizze, und halten Sie im Projektverlauf beides für das Team verfügbar. So können sich alle Beteiligten immer wieder in den Kern des Projekts hineinträumen.

Emergieren

7. Beschließen Sie nun, dass Sie an die Umsetzung der Idee gehen wollen. Benutzen Sie dazu die in Ihrer Zusammenarbeit üblichen Organisationsformen, Wege und Werkzeuge. Versammeln Sie sich immer wieder im Team (am besten im Kreis), dessen gemeinsamer Mittelpunkt der Sinn Ihres Projekts ist. Denken Sie daran: Diese Phase ist hochsubjektiv und braucht die Vielfalt der Positionen. Arbeiten Sie in Konflikt-Phasen bewusst im Und-Und-Und-Modus. Lassen Sie Teil-Entwicklungswege zu. Setzen Sie sich für Teilschritte zeitliche Anfangs- und Endpunkte. Wenn Sie sich den Endpunkten nähern, entscheiden Sie im Team: Haben wir diese Etappe zu Ende gebracht? Ist es das? Haben wir vielleicht sogar eine Punktlandung gemacht? Oder brauchen wir mehr Zeit? Geben wir uns die? Wann soll der neue Endpunkt sein? Beobachten Sie, wie vieles sich fügt. Feiern Sie es. Beobachten Sie, wie sich Widerstände formieren. Akzeptieren Sie sie als neue Potenziale und durchwandern Sie sie gemeinsam. Oder beschließen Sie, sie zu ehren, aber jetzt erst einmal zu parken.

Emergiert

8. Bringen Sie Teilschritte zu Ende. Spüren Sie die Momente, in denen das Team sagt: Fertig. Tauschen Sie sich über Ihre Empfindungen aus. Feiern Sie, indem Sie Zufriedenheit über das Erreichte zum Ausdruck bringen und als eine Art Segen auf das übertragen, was noch vor Ihnen liegt.
9. Halten Sie fest, was die Empfänger und Nutznießer von Ihrem Projekt haben werden. Spüren Sie, wie Nutzen und Zuwachs bei den Empfängern ankommen. Ist noch etwas anzupassen, damit Nutzen und Zuwachs die Empfänger ohne Druck erreichen?
10. Wenn Sie Ihr Gesamtziel erreicht haben: Betrachten Sie im Team noch einmal die zurückliegende Zeit und Ihren ursprünglichen Zielraum. Machen Sie sich Ihre Zielformulierung noch einmal bewusst. Spüren Sie Ihre Zufriedenheit. Und fragen Sie sich als Teammitglied: Was nehme ich als persönliches Geschenk für nächste Projekte mit? Notieren Sie es, finden Sie ein Symbol, wenden Sie es in Ihren nächsten Aktivitäten an.

6 Drei Management-Dimensionen: sich selbst und andere führen

In den vorangegangenen Kapiteln haben wir schon einige Male davon gesprochen, wie wichtig es ist, eine Position einzunehmen. Tatsächlich lassen sich Beziehungen nicht gut gestalten und Ergebnisse nicht erzielen, wenn es nicht gelingt, eine klare Position einzunehmen. Was genau wir damit meinen und wie man das lernen kann, davon handelt dieses Kapitel.

BEISPIEL

Vielleicht kennen Sie das folgende Szenario: Nach einem schönen Wochenende kommt man am Montagmorgen ins Büro, tatenhungrig und guter Laune. Doch plötzlich ist alles ganz anders. Ein unüberwindbar erscheinendes Problem stellt sich in den Weg. Das kann die E-Mail eines Kunden sein, der mitteilt, dass er in letzter Minute doch abspringt, oder ein hoffnungslos hoher Berg von Arbeit türmt sich auf, denn ein Mitarbeiter hat eine wichtige Aufgabe nicht erledigt und sich gerade heute krank gemeldet. Es gibt so viele Probleme und Geschehnisse, die einen Montagmorgen eher unschön machen.

Fürs Erste gilt es, eine grundlegende Unterscheidung zu treffen: Das, was passiert, ist das eine. Wie man damit umgeht, ist etwas anderes. Oder anders gesagt: „Es sind nicht die Dinge, die die Menschen erregen, sondern ihre Auffassungen von den Dingen“, ein Satz, der u. a. Epiktet zugeschrieben wird.[1] Man kann diese Feststellung einfach nicht hoch genug einschätzen, so groß ist ihre Reichweite. Wenn wir das kleine Beispiel oben betrachten, ergibt sich daraus schon eine riesige Spannweite des Handelns. Sie reicht von kopfloser Flucht über Verzweiflung, Zorn und Schuldzuweisungen bis hin zu planvollem und effizientem Krisenmanagement. Der eine macht es so und die andere macht es ganz anders, und wie jemand es macht, das muss nicht immer gleich bleiben. Man kann die Entscheidung treffen, die eigene „Auffassung von den Dingen“ zu verändern. Der erste Schritt ist dann, sich von dieser eigenen Auffassung ein Bild zu machen. Dadurch entsteht ein Bewusstsein der Position, die man einnimmt. Bewusstsein ist ähnlich, wie beide Füße auf den Boden zu stellen, bevor man startet. Die Wirkung könnte ein Quantensprung sein.

[1] So zahlreich sind die möglichen Quellen für diesen Satz, dass man ihn schon fast als Volksweisheit bezeichnen könnte. In dieser Form ist er jedenfalls nicht von uns.

Erste Management-Dimension

Innere Arbeit, Arbeit mit und an sich selbst, ist die **erste Management-Dimension**. Danach, und wirklich erst danach, kann man die eigene Position und das eigene Handeln so verändern, dass neuer Spielraum entsteht.

Innere Arbeit – manche nennen sie auch Selbstreflexion – könnte der erste Schritt sein, den man in einer Situation wie dem oben geschilderten Montagmorgen macht. Damit lassen sich negative Ereignisse gestalten, erträglich machen und im besten Fall sogar in gute Ergebnisse und gute Erfahrungen umwandeln. Andernfalls kann man leicht in einen Zustand geraten, den wir als weggezogen bezeichnen: Man wird vom eigenen Inneren aus dem Geschehen herausgezogen, steht plötzlich „neben sich", „verlässt die Spur", „kippt aus dem Gleis" – lauter Bilder, die das sehr präzise beschreiben. Und dann ist man nicht mehr mit dem Geschehen beschäftigt, sondern man kämpft ums eigene innere Überleben, ohne sich dessen aber bewusst zu sein.

Wenn man die Beziehung zu sich selbst gefunden und sie in einen inneren Balancezustand gebracht hat, ist man nach außen handlungsfähig und beweglich. Dann ist es an der Zeit, die Beziehungen zu denen zu betrachten, mit denen man im aktuellen Kontext potenziell zu tun hat. Da gibt es eigentlich immer etwas klarzustellen, und es sei es nur „Was meldet sich, wenn ich dem anderen näherkomme?", „Geht das überhaupt?", „Bin ich Gast oder Gastgeber in diesem Kontext?" „Wer hat den höheren Rang?"

Zweite Management-Dimension

Die Beziehungen im direkten Umfeld wahrzunehmen, sie genauer zu betrachten und die eine oder andere auszubalancieren, ist **die zweite Management-Dimension**: das Gestalten von Beziehungen.

Das ist die unbedingt nötige Vorbereitung für die dritte Management-Dimension. In dieser findet sich der Kontext, der auf die beiden anderen Management-Dimensionen ausstrahlt.

Dritte Management-Dimension

Die dritte Management-Dimension braucht die größte Beweglichkeit. Der Blick ist auf das Feld gerichtet, das man bespielt; alles ist größer und unübersichtlicher; man hat es mit komplexen Situationen und vielen Beteiligten zu tun: in einem Projekt, einem Unternehmen, einer Organisation oder auch einem Markt. In einzelnen Etappen des Geschehens hat man keine direkten Beziehungen mehr zu einzelnen Beteiligten, sondern setzt mit dem eigenen Handeln so etwas wie Kettenreaktionen in Gang. Die können zu Verlagerungen des Schwerpunkts führen, sodass sich das Feld neu balanciert und dadurch voran bewegt.[2]

Wir folgen hier einer Quantenperspektive, die davon ausgeht, dass die Elemente eines Feldes miteinander verknüpft sind: Eine Änderung bei einem Element löst bei einem anderen Element ebenfalls eine Veränderung aus, ohne dass unbedingt eine direkte Verbindung zwischen beiden zu erkennen sein muss.

Derzeit hören wir von Führungskräften häufig die Erwartung, alles werde immer schneller und komplexer. Fachzeitschriften beschäftigen sich mit der Frage, wie das alles weitergehen solle. Zugegeben: Die derzeit gebräuchlichen Medien und die Art, wie Informationen hochkochen und plötzlich wieder verschwinden, führen dazu, dass der Irrwitz und der Druck des Tempos leicht sichtbar werden. Aber war das Leben nicht immer schon so komplex, nur ohne dass das thematisiert worden wäre? Wenn das zutrifft – und das ist unsere Position –, dann geht es jetzt darum, Methoden, Werkzeuge sowie die Nutzung des eigenen Potenzials diesem Umstand anzupassen. Unsere Antwort zum angepassten Umgang mit Komplexität und Dynamik heißt: von innen nach außen arbeiten. Fangen wir also innen an.

2 Wir sagen hier „voran“, weil wir die Sicht haben, dass Felder sich immer irgendwo hinbewegen wollen. Weil es immer um irgendetwas geht.

Erste Management-Dimension: innere Arbeit

Abb. 12 Innere Arbeit

Zur inneren Arbeit gehört alles, was sich aus der Forderung ergibt, beim Führen mit sich selbst anzufangen. Je flüssiger der Umgang mit sich selbst funktioniert, desto leichter kann man auch mit anderen umgehen. Wenn Sachlichkeit, Analyse, Disziplin und Kontrolle gefragt sind, schwingt dabei häufig mit, man solle alles Persönliche, Emotionale, Nicht-Analytische oder gar Unerklärliche draußen lassen. Das hat allerdings zur Folge, dass man nur mit einem Bruchteil der eigenen Kräfte und Möglichkeiten bei der Arbeit ist. Ein großer Teil der individuellen Potenziale und damit auch der Potenziale eines Teams steht dann nicht zur Verfügung, und die Wahrscheinlichkeit kreativer Lösungen ist eingeschränkt.

Mit Körper und Geist zusammenarbeiten

Wenn Ärgerliches, Unpassendes oder auch Furchterregendes passiert, ob in Unternehmen, Vereinen oder Familien, sind fast immer andere Menschen nicht nur involviert, sondern sogar verantwortlich oder gar schuldig – zumindest ist das eine häufige Sichtweise. Es ist schwer zu bestreiten, dass es angenehmer ist, wenn eine andere Person als man selbst für ein Unglück verantwortlich gemacht werden kann. Da, wo Menschen zusammenarbeiten und der Erfolg von dieser Zusammenarbeit abhängig ist, entstehen allerdings die wenigsten Probleme aufgrund einer einzigen Person.

Dennoch ist der Moment des Schreckens, wenn die E-Mail eines fest eingeplanten Kunden dessen Abspringen mitteilt, zunächst einmal ein einsames Erlebnis. Der Schreck, die Angst, die Wut, die Trauer gehen als Erstes durch das eigene Mark und Bein. Aus diesem Grund ist es wichtig, diesen Empfindungen Raum zu geben, sie im eigenen Körper zu spüren und sich entfalten zu lassen. Das klingt vielleicht befremdlich oder sehr theoretisch, aber tatsächlich gehört es mitten hinein in die tägliche Praxis. Wenn man wach und bewusst ist, dann spürt man die körperliche Reaktion als Allererstes – warum nicht dann auch als Allererstes damit arbeiten? Hier gibt es ein Hindernis: Sensitivität, Bewusstsein und etwas Training[3] sind nötig, damit es zur individuellen Gewohnheit wird.[4] Nur durch aufmerksames Spüren ist es möglich, sich mit körperlichen Empfindungen auseinanderzusetzen, sie wahrzunehmen und den Ort im eigenen Körper zu identifizieren, an dem sie besonders prägnant sind. Wenn man wirklich spürt, *denkt* man nicht, denn denkend würde man sofort alles bewerten und einordnen. Dieses Spüren ist es, das Training und Gewohnheit braucht, denn Bewerten, Einsortieren, Vergleichen und Beurteilen sind bereits bestens trainiert und stellen sich an dieser Stelle vollautomatisch ein. Die Urteile sind das, was im oben zitierten Satz die „Auffassung von den Dingen" genannt wird. Wenn es gelingt, aus diesem Urteilsmodus herauszukommen, hat man die Chance, das Geschehen mit einer gewissen Offenheit und vielleicht sogar mit Wohlwollen wirksam mitzugestalten.[5]

! **WICHTIG**

Eine entscheidende Basis für innere Arbeit ist es, körperlich spürend präsent zu sein. Wir gehen mit Arny Mindell noch einen Schritt weiter[6] und sagen: Unser Körper in seiner Vielfalt und seinem Reichtum ist das Zuverlässigste, das uns Menschen zur Verfügung steht. Wenn es um Führung und Wirksamkeit geht, sollten wir das also unbedingt nutzen. Der Körper ist wie der Resonanzraum eines Instruments, ohne den es nicht klingen kann.

3 „Etwas" ist so gemeint, dass es hilfreich ist, eine persönlich passende und praktizierbare Meditationspraxis zu entwickeln. Eine Übersicht gibt es bei: David Fontana, Kursbuch Meditation, Fischer, Frankfurt, 5. Aufl. 2001. Wir haben ausgezeichnete Erfahrung mit dem Stil von William Bloom gemacht: William Bloom, The Endorphine Effect, Judy Piatkus Publishers, London 2001.

4 Man könnte auch sagen, damit „es in Fleisch und Blut übergeht".

5 Siehe hierzu C. Otto Scharmer: Theory U, 2009, der ein umfangreiches und tiefgehendes Modell entwickelt hat.

6 Arnold Mindell, The Quantum Mind and Healing, Hamptons Road Publishing Company, Charlottesville 2004.

Die wichtigste Aufgabe für Führende liegt darin, wahrzunehmen, was in ihnen selbst und um sie herum vor sich geht. Und die zweitwichtigste: beides voneinander zu unterscheiden. Wenn man glaubt, das, was man spürt, sei ausschließlich das Ergebnis äußerer Einflüsse, dann trifft man diese Unterscheidung nicht und vermischt das eigene Innere mit dem, was von außen kommt. Sehr häufig entstehen daraus unglückliche Mischungen, die dann leicht zu immer wiederkehrenden Schleifen und Mustern führen. Um Klarheit und Offenheit zu erreichen, ist es also nötig, sich körperlich in einen zentrierten und gleichzeitig mit der Außenwelt verbundenen Zustand zu bringen, d. h. in einen Zustand, der aufnahmebereit ist für das, was passieren und sich entfalten will.

Zentriert zu sein heißt, man ruht in sich selbst. Das ist sehr stark körperlich: Man atmet gleichmäßig, spürt den Atem und steht mit beiden Füßen gut auf dem Boden. Dabei mit der Außenwelt verbunden zu sein, heißt, dass man in Verbindung mit etwas steht, das inneren Frieden und Wohlwollen ausstrahlt. Das können Bäume, Berge, Wasser, Tiere, Naturereignisse oder Naturkonstellationen sein. Wenn man im Büro sitzt, sind es vielleicht Steine, Bilder oder andere Gegenstände, mit denen man einen tiefen Sinn verbindet, die man gerade physisch erlebt oder zu denen man gerade einen inneren Zugang hat. Manchmal kann man dabei sogar körperlich spüren, Teil eines größeren Ganzen zu sein. Zentrieren und Verbinden: Das sind die Kernelemente innerer Arbeit. Einen guten Trainingszustand erreicht man durch regelmäßiges, am besten tägliches Praktizieren und Anwenden. Und wenn das nicht immer oder nur zum Teil möglich ist? Dann ist das auch in Ordnung: Man spürt, dass es nicht geht und bleibt sich dessen mit einem kleinen Teil der eigenen Aufmerksamkeit bewusst. Man ist zurzeit eben nicht zentriert oder/und nicht verbunden[7], ein Zustand, der sich in absehbarer Zeit wieder ändern kann.

Das Lineare und das Nicht-Lineare akzeptieren

Manchmal, besonders in beruflichen Situationen, wird man aufgefordert (oder man selbst fordert andere dazu auf), „die Emotionen aus dem Spiel" zu lassen und „sachlich" zu bleiben. Emotionen gelten als unprofessionell, privat, der Sache nicht dienlich, unberechenbar, zeitraubend, schlecht zu handhaben. Man soll sie nicht nur nicht äußern, sondern am besten soll man sie gar nicht erst haben. Emotionen ebenso wie Träume und körperliche Empfindungen sind sehr subjektiv und nicht linear. Aber sie sind da, sie sind spürbar und wahrnehmbar. Und sie wirken — ob man

[7] Durch das Halten der Aufmerksamkeit respektiert man den jetzigen zweitbesten Zustand und ist zentriert durch Nicht-Zentriert-Sein und/oder verbunden durch Nicht-Verbunden-Sein. Gleichzeitig ist man bereit für den besten Zustand, sobald er wieder möglich wird.

sie zulässt oder nicht. „Diese Gefühle sind hier völlig unangebracht", bekommt man vielleicht zu hören, wenn man ihnen Luft macht. Das Gegenüber möchte davon nichts hören, fürchtet sich vielleicht davor – und bringt damit, ohne es zu wissen, ein eigenes Gefühl zum Ausdruck, nämlich Furcht.

Die Lösung kennen Sie sicherlich schon: sich der eigenen Furcht, der Empfindungen, Emotionen oder Gefühle *bewusst* zu werden. Wahrnehmen, was im eigenen Inneren geschieht. Zulassen, dass da etwas passiert. Auch das ist ein wichtiger Schritt, um die eigene Position einzunehmen. Denn wie soll man sie einnehmen, wenn man große Teile davon gar nicht akzeptiert? In Kapitel 7 über die fünf Ebenen werden wir darauf näher eingehen.

Linear und nicht-linear?[8] Die lineare Wahrnehmung sagt: Weil dieses passiert ist, wurde jenes ausgelöst. Und weil jenes ausgelöst wurde, konnte dieses zustande kommen usw. Eins liegt vor oder nach dem nächsten und die Erklärungskette scheint klar – logisch eben. In ökonomischen Kontexten hat man das am liebsten, denn damit lässt sich gut planen und wirtschaften. Dem Linearen steht das Nicht-Lineare gegenüber: das, was man nicht erklären oder zuordnen kann. Das, was einfach auftaucht. Das, was nicht greifbar ist. Das, was aus dem Unbewussten kommt. Das, was sich künstlerisch ausdrückt. Das, was in Träumen zum Ausdruck kommt. Das, was sich in überraschenden Synchronizitäten zeigt. Das, was einfach auftaucht und sich entwickeln will. Als experimentierfreudige Laien-Forscher gehen wir davon aus, dass die Realität, in der und mit der man als „normaler" Mensch lebt, sich aus 7% linearen und etwa 93% nicht-linearen Anteilen zusammensetzt. Aus dieser Perspektive wäre es ziemlich irrational, sich nur auf das Lineare oder Rationale zu beschränken. Die eigenen Möglichkeiten sind dann stark eingeschränkt, und das Leben wird belastend, mühsam und vielleicht sogar bedrohlich. Für eine Führungskraft, die Menschen erreichen und mit ihnen zusammenarbeiten möchte, wäre das ein auslaugender Zustand. Auch für Menschen, die sich dabei wohlfühlen, mit hohen materiellen Werten und Risiken zu arbeiten, wäre das eine eher kontraproduktive Sichtweise. Daher sollte man die eigene Aufmerksamkeit für das Nicht-Lineare gut trainieren, um auch dann handeln zu können, wenn man es eigentlich für unmöglich hält.

[8] Wer in diese Thematik und die Verbindung zwischen Quantenphysik, Psychologie und schamanischen Sichtweisen eintauchen will, kommt an Arnold Mindell, Quantum Mind, nicht vorbei.

Sich selbst mit Wohlwollen behandeln

Eine Frage, die sich mit Coachees häufig schon zu Anfang eines Coachings stellt, ist: Wie wäre es, wenn Sie sich selbst wie einen Menschen behandeln, den Sie schätzen und lieben? Die überraschende Antwort: In den meisten Fällen (uns selbst eingeschlossen) ist das gar nicht so einfach. Die meisten Menschen mögen vieles an sich selbst nicht, trauen sich manches nicht zu, sind unzufrieden mit ihren Ergebnissen, fürchten sich vor so manchem, mögen bestimmte Menschen nicht und vieles passt für sie nicht „rein". Das Schwierige daran: Tendenziell akzeptiert man sich selbst nicht. Man möchte lieber besser, netter, erfolgreicher oder furchtloser sein, als man ist, und lehnt deshalb sich selbst an bestimmten Stellen ab. So beginnt man, vieles von sich selbst zu verstecken und glaubt vielleicht, damit sei es vom Tisch.

Aber das ist es nicht, im Gegenteil. Es wirkt weiter, und der Umstand, dass es im Verborgenen wirkt, macht es sogar noch komplizierter. Er führt dazu, dass man mit sich selbst nicht im Reinen ist, und das teilt sich mit, ob man will oder nicht. Man sendet Signale, wir nennen sie Sekundärsignale[9], die ein Gegenüber intuitiv wahrnimmt. Diese Signale führen zu Verwirrung im Miteinander, denn sie können dem, was gesagt wird, deutlich widersprechen. Das Dumme, gerade für Führungskräfte: Wenn man sich selbst nicht wohlwollend annehmen kann, kann man es tendenziell auch mit anderen nicht. Es mag sein, dass es zwischendurch mal recht gut gelingt, aber das wird nicht dauerhaft sein. Wenn man nämlich sich selbst zu einem Teil ablehnt, dann lehnt man auch andere teilweise ab, und man fürchtet sich ebenso vor deren Ablehnung. So ist man schließlich mit der Furcht beschäftigt, man könnte abgelehnt werden, aber nicht mehr mit dem, worum es eigentlich geht, ein typischer Zustand von Weggezogensein. Nur noch ein Teil der eigenen Aufmerksamkeit ist dann für den Gesprächspartner verfügbar, der andere Teil gilt einem selbst, und so nimmt ein unbefriedigendes Streitgespräch seinen Lauf. Vielleicht kennen Sie einen Menschen, in dessen Gegenwart Sie sich rundum wohlfühlen, von dem Sie sich aufmerksam und wohlwollend behandelt fühlen und von dem Sie keine hinterhältigen Überfälle befürchten. Wahrscheinlich betrachtet dieser Mensch Sie und auch sich selbst mit großem Wohlwollen. Deshalb fühlen Sie sich in seiner Gesellschaft sicher, können aufblühen, aus sich selbst das Beste herausholen und dabei noch Spaß haben.

9 Arnold Mindell unterscheidet Primär- und Sekundärsignale, in jüngster Zeit auch Tertiärsignale. Sekundärsignale erscheinen in einem Primärprozess immer als Störung, weil sie aus dem „Untergrund" kommen, aus dem Ausgeblendeten, Verbotenen, Unerwünschten.

! **WICHTIG**

Wenn Menschen mit Führungsaufgaben solches Wohlwollen ausstrahlen, sind sie einladend und inspirierend für alle, die mit ihnen arbeiten.

Verbindungen schaffen: sich selbst und andere führen

Wer andere führen will, beginnt also bei sich selbst. Das ist vielleicht ungewohnt, darf man doch als Führender endlich andere für sich arbeiten lassen. Aber vielleicht haben Sie selbst schon Situationen erlebt, in denen es schwierig war, anderen klare Führungssignale zu übermitteln, weil Sie selbst keine klare Sicht hatten. Sich selbst führt man, indem man die eigene Wahrnehmung schärft, Bewusstsein aufbaut, eine klare Position einnimmt (die sich natürlich verändern kann und auch verändern muss), Wohlwollen möglich macht und das alles zum Ausdruck bringt – vor allem auch dann, wenn dieses Führen gerade überhaupt nicht gelingt. Im Laufe der Zeit wird einem dann immer klarer, was von einem selbst ausgeht, und vor allem: *dass* immer etwas von einem selbst ausgeht. Man schafft *Verbindungen* nach innen und nach außen. Eine Verbindung nach innen ist ein Weg zum eigenen inneren Kern, zu dem, was einen zutiefst ausmacht, immer und unabhängig von allem, was um einen herum vor sich geht.

Bei sich selbst anzufangen und sich selbst in den Mittelpunkt der eigenen Aufmerksamkeit zu stellen, ist das nicht gerade besonders egozentrisch? Diese Frage hat es in sich, denn sie impliziert, dass es doch genug wäre, wenn es den anderen gut geht. Das stimmt nicht ganz: Ein Bergführer, der selbst in einer erbärmlichen Verfassung ist, riskiert, nicht mehr die Reserven zu haben, um anderen zu helfen. Jemand, der sich selbst vernachlässigt, gibt nicht das Signal, dass es auch anders geht. Wenn man sich selbst ablehnt, warum mutet man dann anderen zu, sie sollten einen schätzen oder sogar lieben? Was lässt einen das Glück für andere wünschen, wenn man es für sich selbst nicht will?

Wahrzunehmen, wo man selbst gerade ist, und das zu kommunizieren, hilft einem selbst und allen anderen Beteiligten. Immer. Das meinen wir, wenn wir davon sprechen, etwas zum Ausdruck zu bringen. All dieses Subjektive und Nicht-Lineare kann man zum Ausdruck bringen, indem man sagt, wo man gerade steht. Das ist etwas anderes, als es auszuleben und sich davontragen oder wegziehen zu lassen. Das Bewusstsein macht diesen Unterschied aus.

Die eigenen Bedürfnisse klären und balancieren

Es ist schwer, sich in einem Projekt oder Konflikt für eine konsensfähige Lösung einzusetzen, wenn man ein „eigenes Eisen im Feuer hat" — was bedeutet, dass man unter der Oberfläche ein persönliches Ziel verfolgt, dies aber nicht kommuniziert. Vielleicht hängt die eigene Reputation oder Glaubwürdigkeit vom Ergebnis ab, man fürchtet einen Gesichtsverlust, Privilegien stehen auf dem Spiel oder man will seine Schäfchen ins Trockene bringen. Oft ist man sich dieser persönlichen Bedürfnisse nicht einmal bewusst. Es ist die Pflicht einer Führungsperson, sich ihre eigenen Bedürfnisse bewusst zu machen! Andernfalls können sie eine Lösung sehr lange behindern. Fürchte ich, meine engste Mitarbeiterin sei scharf auf meine Position und warte nur auf eine Gelegenheit, sich auf meine Kosten zu profilieren? Rechne ich damit, dass ein Kunde die kleinste Schwäche, die ich zeige, ausnutzen und mich über den Tisch ziehen wird? Zwinge ich andere zu Bekenntnissen oder Commitments, in festgeschnürte Vereinbarungen, weil ich ihnen nicht vertraue? Glaube ich, dass jemand mein Vertrauen nicht verdient?

In jedem dieser Beispiele steckt ein Bedürfnis, dessen ich mir wahrscheinlich nicht bewusst bin und das ich nicht kommuniziere. Sollte mich jemand darauf ansprechen, werde ich es leugnen und mir solche Unterstellungen verbitten. *Da* ist es trotzdem, und wirken tut es auch. Mein Verhalten, meine Signale — das, was von mir ausgeht, zeigt, wo ich wirklich stehe. Wenn ich es mir nicht bewusst mache und nicht zum Ausdruck bringe, belüge und behindere ich als Erstes mich selbst. Und die anderen werden hoffen, dass mir möglichst bald jemand klarmacht, was ich da anrichte. Dieser Jemand kann aber auch ich selbst sein, indem ich mir ein wenig Zeit und Ruhe nehme, um herauszufinden, was mein Bedürfnis ist. In Kontakt mit mir selbst und einer höheren Instanz, von der ich mich führen lasse, kann ich dieses Bedürfnis stillen, in mir selbst Ruhe schaffen, die Qualität finden, die mir dann zur Verfügung steht, sie akzeptieren und entsprechend handeln. Nun wird etwas völlig anderes von mir ausgehen, und es kann sogar sein, dass in einer gemeinsamen Lösung auch alle meine Ziele erreicht werden.

Wenn es Konflikte gibt, Meinungsverschiedenheiten, unüberbrückbare Unterschiede oder Blockaden, dann sind das Signale, ein solches Selbst-Coaching zu machen und innere Klarheit zu schaffen. Diese erste Management-Dimension wirkt in alle anderen hinein und ist die Voraussetzung für den Umgang mit der zweiten und dritten. Nur wenn ich in mir selbst Klarheit habe, kann ich klar kommunizieren, gestalten, führen und wirksam sein.

Vergeben oder „Es könnte auch ganz anders gewesen sein“

Zu den entscheidenden Aspekten innerer Arbeit gehört das Vergeben. Vergeben bedeutet, etwas mental eindeutig Festgeschriebenes und oft auch Verankertes so zu behandeln, dass an derselben Stelle plötzlich eine Stimme möglich ist, die sagt: „Es könnte auch ganz anders gewesen sein.“ Damit entsteht an diesem mentalen Ort neue Beweglichkeit und vermutlich auch neue Beziehungsfähigkeit. Denn das Festgeschriebene ist häufig mit einer Schuldzuweisung verbunden. Man wirft jemand anderem vor, schuld an dem zu sein, was ist, und sieht sich selbst, den Absender der Vorwürfe, potenziell als Opfer. Im Wirtschaftsgeschehen kann man immer wieder erleben, dass anderen (Chefs, Kollegen, Konjunktur, Wettbewerb, Politik, untreuen Mitarbeitern, doofen Kunden etc.) die Schuld daran gegeben wird, dass etwas nicht klappt. Was macht man, wenn man solchen Phänomenen begegnet? Es ist innere Arbeit nötig, um die Beweglichkeit zu erhalten, die an dieser Stelle eine andere Perspektive erlaubt. Diese innere Arbeit ist auch wieder eine körperliche. Es gilt, in und mit dem Körper das aufzulösen, was unter Umständen schon uralt ist.

Wenn man ein wenig damit experimentiert, wird man feststellen, dass das Festgeschriebene eher kalt und isoliert ist. Wenn man tiefer und tiefer forscht, stellt man vielleicht sogar fest, dass es ursprünglich mit etwas sehr Schönem zu tun hatte, und dass man sehr verletzlich war. Und genau da, wo alles so festgeschrieben ist, gibt es etwas zu entdecken, von dem man gar nicht wusste, dass es einen Wert hat. Dann kann man etwas (wieder) in Betrieb nehmen, das lange Zeit nicht zur Verfügung stand. Und dabei passiert etwas ganz Besonderes: Die neue versöhnte Perspektive wirkt nicht nur nach vorn in die Zukunft, sondern sie wirkt auch in die Vergangenheit zurück, die dadurch in neuem Licht erscheint.

Vergeben ist ein innerer Umwandlungsprozess, der neue Möglichkeiten schafft, der Effizienz und Effektivität erhöht (ja, Sie können es betriebswirtschaftlich messen) und der vor allem erhöhte Prozessfähigkeit schafft. Leider, leider – und jetzt verlassen wir wieder die Betriebswirtschaft (oder nicht?) und wenden uns mehr dem Menschlichen zu – ist er ein absolut nicht-linearer Vorgang, den man nicht herbeizitieren kann. Er braucht Herz, Vertrauen und höchsten Respekt vor Verletzlichkeit. Er braucht einfach Menschlichkeit.

TIPP

Eine lebendige spirituelle Praxis ist außerordentlich hilfreich und wirksam, um das Alltagsleben zu meistern. Gerade auch dann, wenn es darum geht, Menschen zu führen und sich führen zu lassen – von Menschen, vom Geschehen und von den spezifischen Signalen, für die man eine Antenne hat. Das hält fit und beweglich, und wenn es gut läuft, wird es sogar lustiger.

Übung 6: Eine unternehmerische Reise: vom Bedürfnis zur Qualität

Es kann hilfreich sein, wenn Sie für diese innere Arbeit einen wohlwollenden Begleiter an Ihrer Seite haben. Er gibt Ihnen einen sicheren Raum und führt Sie behutsam durch die einzelnen Übungsschritte.

1. Denken Sie an Dinge, die Sie vielleicht schon länger beschäftigen: Was gibt es da, mit dem Sie am liebsten schnell weiterkommen wollen und – wenn Sie ehrlich sind – es sogar dringend müssten? Beschreiben Sie kurz den Fall und machen Sie sich Notizen. Legen Sie diese dann zur Seite.
2. Nun geht es um einen guten inneren Arbeitsmodus. Setzen Sie sich bequem hin, entspannt und balanciert. Spüren Sie, wie Ihre beiden Füße auf dem Boden stehen, spüren Sie die Berührung mit dem, worauf Sie sitzen. Spüren Sie Ihren Atem und lassen Sie ihn in Ruhe fließen. Genießen Sie diesen Zustand.
3. Nun wenden Sie sich mit einer gewissen inneren Distanz Ihrem drängenden Fall von eben zu und stellen sich folgende Frage: Wenn ich diesen Fall aus meinem jetzigen Zustand betrachte, was ist mein persönliches Bedürfnis darin? Was ist darin, das unbedingt gestillt werden will? Schreiben Sie es auf. Klar und kurz in einem Begriff.
4. Kehren Sie in Ihren friedlichen Zustand zurück. Spüren Sie noch einmal Ihre Füße, Ihren Körper, Ihren Atem und nun auch behutsam den Raum um Sie herum. Und nun erinnern Sie sich an einen Ort in der Natur, der für Sie etwas ganz Besonderes ist. Ein Ort, der Ihnen gut tut. An dem Sie sich vollständig fühlen. Reisen Sie in Gedanken zu diesem Ort. Kommen Sie dort an.
5. Stellen Sie sich vor, dass dieser Ort in der Lage ist, das von Ihnen eben gefundene Bedürfnis zu stillen. Lassen Sie also Ihr Bedürfnis von der Energie des Ortes stillen. Füllen Sie sich mit der Energie des Ortes voll an – vollständig. Spüren Sie es. Genießen Sie es.
6. Stellen Sie sich offen und neugierig die Frage: Welche Qualität oder Fähigkeit steht mir jetzt zur Verfügung, da mein Bedürfnis vollständig gestillt ist? Lassen Sie die Antwort kommen und notieren Sie sie.
7. Verabschieden Sie sich nun von diesem besonderen Ort und ehren Sie das, was Sie dort gerade erlebt haben. Kehren Sie behutsam wieder in Ihr Alltags-Bewusstsein zurück. Lassen Sie sich Zeit dabei.
8. Sehen Sie sich nun den Fall an, den Sie zu Anfang notiert haben. Sie kennen jetzt Ihr Bedürfnis, das da zum Ausdruck kommt. Sie haben es gestillt und dabei eine Qualität gefunden, die Ihnen nun zur Verfügung steht. Wie verändert sich jetzt die konkrete Situation, wenn Sie diese Qualität einbringen? Machen Sie sich Notizen.

9. Schließen Sie Ihr inneres Management ab, indem Sie sich die nächsten Schritte überlegen, die Sie unter Einbeziehung Ihrer neuen Qualität nun machen können. Notieren Sie sie in Ihrem Kalender oder Ihrer Aufgabenliste.
10. Setzen Sie Ihre Vorsätze in die Tat um und seien Sie offen für freudige Überraschungen und neue Impulse.

Zweite Management-Dimension: Beziehungen gestalten

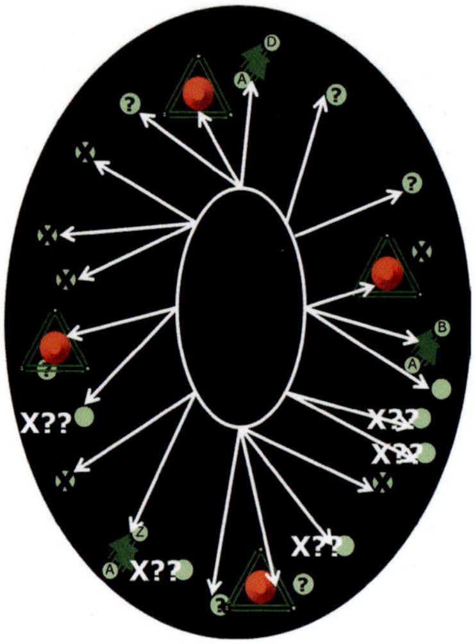

Abb. 13 An Beziehungen arbeiten

Sie erinnern sich noch: Beziehungen sind das, was zwischen den Positionen ist, sie miteinander verbindet und mit Leben erfüllt werden will. Damit das passieren kann, worum es wirklich geht. Sicher wissen Sie aus persönlicher Erfahrung: Es ist gar nicht immer so selbstverständlich, dass eine Position wirklich eingenommen werden kann. Es kann sogar sein, dass man aufgrund der eigenen Disposition eine Position, die eigentlich leicht einzunehmen wäre, (im Moment) gar nicht einnehmen kann. Irgendetwas sagt, „nein, das geht nicht". Und diese Stimme des Widerstands ist ernst zu nehmen, denn hier ist vielleicht etwas zu reparieren, das sonst die entstehenden Beziehungen gefährden oder sogar zum Scheitern bringen könnte. Wenn also jemand sagt „Da stimmt die Chemie nicht" oder „Mit dem kann ich nicht warm werden", dann heißt das: „Wir können unsere Beziehungen miteinander nicht so gestalten, wie es nötig wäre, um das zu tun, worum es wirklich geht." Da können tiefe Bedürfnisse Einzelner die Beziehung überfrachten, alter Groll oder gar Rachelust kann im Weg stehen, vielleicht werden auch Privilegien nicht genutzt, es gibt Verwirrung über die angemessene Nähe oder Distanz zueinander (sehr wichtig in Familienunternehmen!), oder starre Zielvorstellungen blockieren Neugier und offene Kommunikation.

Solche Hindernisse nur wahrzunehmen führt schon dazu, dass man sich der Beziehungs-Arena optimal vorbereitet nähern kann. Allein die Wahrnehmung erlaubt es, herausfordernde Situationen anzugehen. Die Wahrscheinlichkeit, dass das Miteinander den Beteiligten Spaß macht, sie seelisch nähren und persönlich voranbringen kann, steigt damit enorm.

! **ACHTUNG**

Eine kleine Warnung an dieser Stelle: Die Herausforderungen werden vermutlich zunächst nicht kleiner, sondern passen sich eher dem jeweils neuesten Trainingsstatus an. Das Leben wird also nicht unbedingt leichter, aber tendenziell erfüllender.

Das Zusammenspiel von Distanz, Nähe und Grenzen

Manchmal kann man es im Wald beobachten: Ein Baum hat sich auf seinen Nachbarn geneigt und so hängen sie Ast in Ast zusammen; bei jeder Windbewegung ächzt es so, dass es wehtut. Das ist das Bild für das, was wir Fusion nennen. Zwei hängen so ineinander und zusammen, dass keiner sich mehr frei bewegen kann. Was der eine macht, muss der andere wohl oder übel mitmachen, jeder von beiden definiert sich über den anderen. Es gibt keine Distanz, keinen eigenen Spielraum, und was soll man tun? „Es hat ja doch alles keinen Zweck."

Distanz ist eines der Elemente, die Beziehungen lebendig machen. Nähe ist ein anderes: Sie garantiert das gegenseitige Wahrnehmen, das Bewusstsein für einander, die Möglichkeit, etwas gemeinsam zu tun. Grenzen sind ein weiteres Element: Sie markieren intuitiv spürbare und kontext-abhängige Schwellen für die „richtige" Distanz und die „angemessene" Nähe. Das geschmeidige Zusammenspiel dieser drei Elemente macht Beziehungen sowohl lebendig als auch robust.[10]

Respekt für Grenzen, Bewegung und die angemessene Position

Eine Position, die man wirklich einnimmt, braucht man nicht mehr zu verteidigen. Man nimmt sie so lange ein, verfeinert sie und baut sie aus, bis sie sich verändert. Dann nimmt man die neue Position ein, die sich ergibt. Die meisten anderen werden über kurz oder lang ähnlich verfahren, denn das ist einladend und inspirierend. So entsteht Bewegung, eine Art Rotationsenergie, der Spielraum verändert sich, und Lösungen werden möglich.

Verschiedene Positionen sind über Beziehungen miteinander verbunden und gleichzeitig auf Abstand gehalten. Diese Beziehungen müssen respektiert werden. Alles andere wäre übergriffig. Einige Beispiele solcher Übergriffe:

a) „Ich schäme mich für dich!"
b) „Wie konnten Sie mir so etwas antun?"
c) „Ich habe das unterlassen, weil ich mich nicht aufdrängen wollte."
d) „Ich wollte nicht, dass Sie denken, ich würde Ihnen immer nur mein Leid klagen."

In allen vier Beispielen werden die Grenzen in den Beziehungen nicht respektiert, denn der Sprecher versucht, die Position des Gesprächspartners zu usurpieren. Er legt seine eigene Position über die des anderen. In a. bezieht der Sprecher etwas

[10] Beim Beraten, Coachen und Facilitieren arbeiten wir mit unseren Kunden an individuellen und mitunter sehr persönlichen Aspekten. Das braucht 100% Vertrauen, denn die Verletzlichkeit ist groß. Wenn uns ein Kunde dann sagt, wir hätten die Distanz verloren, müssen wir uns sofort selbst managen und gegebenenfalls auch die Zusammenarbeit mit dem Kunden zurückfahren. Selbst-Management in Form von innerer Arbeit in unserem Team ist in dieser Situation so wichtig, weil wir vermutlich der größten Gefahr unseres Metiers erlegen sind: Besserwissen. Wir müssen uns zurücknehmen, weil unsere zu große Nähe zum Feld des Kunden uns weniger neugierig und weniger beweglich gemacht hat. Das Zurücknehmen ist auch deshalb wichtig, weil in die Kundenbeziehung von unserer Seite ein Bedürfnis eingeflossen ist, für dessen Befriedigung nicht der Kunde zuständig ist. Wir müssen Abstand nehmen, unser Bedürfnis reflektieren und die Qualität entdecken, die sich dahinter verbirgt. Erst dann sind wir wieder einsatzfähig – und haben etwas dazugelernt.

Geschehenes auf sich selbst und belegt sein Gegenüber mit einer Art Fluch, bei b. ist es ähnlich. Jemand anderes hat etwas getan, das für den Sprecher unangenehme Folgen hatte. Das aber teilt er dem anderen nicht mit, sondern er spricht über ihn ein Urteil. Fall c. und d. gehen noch einen Schritt weiter: Jemand möchte in einem anderen eine ganz bestimmte Reaktion hervorrufen; er manipuliert ihn, um nicht von ihm abgelehnt oder verurteilt zu werden. In allen vier Fällen erklärt der Sprecher seine Deutung des Geschehens zum allgemein geltenden Maßstab, und einzig die Auswirkungen auf ihn selbst sind das, was für alle zählen soll. Den anderen werden Positionen zugeteilt, die Schuld tragen und Schmerz auslösen. Die Inhaber dieser Positionen sitzen damit in einer Sackgasse und sind in der Logik des Sprechers nur Statisten. Dass es zwischen ihm selbst und ihnen Grenzen gibt, wird nicht respektiert. Krass gesagt: Die anderen sollen mit ihrem Verhalten dafür sorgen, dass es ihm gut geht. Andernfalls verteilt er seinen Schmerz in die Welt.

Wenn es wirklich darum ginge, Unwohlsein und Schmerz zu lindern, dann müssten sie da benannt werden, wo sie sind – also in der Position des Sprechers. Sie können dann durchaus in die Beziehung eingebracht werden, aber in dem Sinne, dass sie der Beziehung zu Wachstum verhelfen. Um dahin zu kommen, muss der Sprecher tiefer in seine Position einsteigen und aus ihr sprechen. Das bedarf innerer Arbeit. An den widrigen Umständen würde sich zunächst nichts ändern, aber es gäbe Klarheit darüber, worin sie bestehen und wem sie „gehören". Dann könnten die Sprecher in den vier Szenarien die Aggressivität, die offensichtlich im Feld ist, wesentlich klarer zum Ausdruck bringen:

a) „Was du gemacht hast, empfinde ich als sehr unangenehm. Ich finde, ich stehe wie ein Idiot da."
b) „Was Sie getan haben, hat für mich sehr unangenehme Konsequenzen."
c) „Meine Furcht, aufdringlich zu wirken, war so groß, dass ich das nicht tun konnte."
d) „Ich möchte mich Ihnen nicht immer so schwach und hilfsbedürftig präsentieren, wie ich mich fühle."

Jetzt wird der andere als jemand anderes ernst genommen und nicht als eigener verlängerter Arm missbraucht. Besonders d. ist ein echter Durchbruch, denn hier zeigt sich der Sprecher in seiner ganzen Verletzlichkeit[11] und versucht nicht mehr, die Situation einschließlich der Reaktion des Gegenübers zu kontrollieren, um selbst in einem besseren Licht dazustehen.

[11] Siehe auch Kapitel 13.

Wenn der Sprecher die Aggressivität aber nicht braucht und zu seinem Gegenüber eher eine lebendige Beziehung aufbauen möchte, dann könnte er auch sagen oder fragen:

a) „Ich bin gerade in einer Situation, in der ich mich sehr unwohl und unsicher fühle. Nach dem, was jetzt passiert ist, möchte ich am liebsten im Boden versinken. Ich habe keine Ahnung, was ich jetzt tun könnte. Siehst du die Situation vielleicht ganz anders? Wie?“
b) „Mir wird gerade alles zu viel. Ich habe den Eindruck, die Welt bricht über mir zusammen. Dann sehe ich, was Sie da machen, und alles wird noch schlimmer. Ich frage mich, ob ich zurzeit vielleicht dazu neige, alles auf mich zu beziehen? Was meinen Sie?“
c) „Ich hatte den Eindruck, dass das nicht meine Aufgabe war, und Sie schienen meine Hilfe auch nicht zu brauchen. Später kamen mir allerdings Zweifel. Das Ganze beschäftigt mich noch, und ich möchte nicht, dass da zwischen uns etwas zurückbleibt. Daher bin ich froh, dass wir miteinander sprechen. Können Sie mir sagen, wie es für Sie besser gewesen wäre?“
d) „Sie wissen ja, dass ich mich teilweise wirklich jämmerlich fühle und oft auch froh bin, mit Ihnen darüber sprechen zu können. Danach geht es mir auch oft besser. Aber plötzlich kam mir in den Sinn, dass Ihnen das zu viel werden könnte. Ist das so?“

! **ACHTUNG**

Aus dem oben Gesagten folgt nicht die Verpflichtung, immer Klarheit haben zu müssen. Aber es folgt daraus die Verpflichtung, zu sagen, wenn man keine Klarheit hat, denn genau das schafft Klarheit.

Lebendige Gemeinschaft durch lebendige Beziehungen

Für sein Wohl muss also jeder selbst sorgen, indem er zunächst in sich selbst Klarheit schafft. Dann erst ist der Weg frei, mit anderen wirklich gemeinsam zu agieren. Wenn ich das tun will, muss ich dafür offen sein, dass meine Auffassung vom Geschehen nicht auch die aller anderen ist, dass die anderen möglicherweise andere Auffassungen haben und dass diese Auffassungen genauso berechtigt sind wie meine. Erst dann kann ich andere wirklich um Hilfe und Unterstützung bitten, denn erst dann kann ich zugeben, dass ich allein nicht weiterkomme und vielleicht nicht weiß, was richtig ist. Dann kann ich um das bitten, was ich brauche, und ich kann das anbieten, was ich selbst habe.

Der Sinn lebendiger Beziehungen liegt darin, immer wieder lebendige Gemeinsamkeit möglich zu machen. Wer lebendige Gemeinsamkeit will, muss sie anbieten und darf nicht so tun, als sei sie bereits da („wir sind doch hier alle eine Familie!“). Sonst nimmt man den anderen die Freiheit, sich für diese Gemeinsamkeit zu entscheiden, und dann werden sie sich früher oder später aus diesem Zwang befreien müssen. Gemeinsamkeit kann man anbieten, indem man selbst vorausgeht:

- den Druck wahrnehmen, unter dem man eventuell selbst steht: Zeit, Erfolg, Reputation ...;
- zutiefst akzeptieren und respektieren, dass das Anstehende nur gemeinsam zu bewältigen ist;
- das Problem in den Kreis der Beteiligten bringen und Wohlwollen ermöglichen: Alle dürfen sprechen, alle dürfen zuhören;
- Neues erfahren wollen, Bekanntes infrage stellen wollen, lernen wollen;
- anbieten, selbst einen Teil der Aufgabe zu übernehmen;
- den anderen möglichst viel vom gemeinsamen Terrain überlassen.

Spätestens hier wird deutlich, dass innere Arbeit zu Gemeinsamkeit befähigt und so nicht nur dem eigenen Wohl dient, sondern auch dem aller anderen Beteiligten. Eine Position einzunehmen, die zur Gemeinschaft steht, ist ein attraktives Signal für potenzielle Mitstreiter und ein guter Rat an Einzelkämpfer. Wer sich dafür entscheidet, als Führungskraft im Alleingang zu kämpfen oder ein Teammitglied in diese Position bringt (und dafür kann es gute Gründe geben), sollte im Auge behalten, dass diese Position Gefahr läuft, sich in Kälte und Isolation zu verlieren. Daher ist es wichtig, dass auch ein Einzelkämpfer sich im Team gut verankert weiß, wenn er zu seiner Aufgabe aufbricht. Eine Führungskraft, die dauerhaft und ohne Abstimmung mit dem Team im Alleingang kämpft, verzichtet auf eine wichtige Kraftquelle.

Übung 7: Eine „unmögliche“ Beziehung lebensförderlich machen

1. Denken Sie an eine Person, die Ihnen immer wieder zu schaffen macht. Vielleicht haben Sie sie gern, vielleicht auch eher nicht. Immer wieder taucht sie auf, und dann gibt es Schwierigkeiten. Konzentrieren Sie sich auf einen spezifischen Fall (auch wenn die Person in vielen auftritt). Machen Sie sich Notizen: Was ist passiert und wo hat es „geknallt“?
2. Wenn Sie den Kontext bedenken: Wie könnte man die Position bezeichnen, die Sie selbst einnehmen (z. B. Initiator oder Inhaber oder Kreativer)? Notieren Sie es. Und wie könnte man die Position bezeichnen, die die andere Person gern einnimmt (z. B. Bedenkenträger oder Nutzer oder Bewahrer)? Bitte notieren Sie dies.

3. Hatten Sie in Schritt 2 den Eindruck, dass es gar nicht so einfach war, die Positionen zu bestimmen? Dass vielleicht mehrere und wechselnde Positionen eingenommen werden? Falls das zutrifft, haben Sie einen wichtigen Faktor entdeckt, der dafür sorgt, dass sich die Spannung in der Beziehung nicht auflösen kann: Immer wenn es darum geht, eine Position konsequent einzunehmen (und damit eine Auflösung der Spannungen zu ermöglichen), geschieht genau das nicht. Sie und Ihr Kontrahent laufen im Grunde voreinander weg. Es geht noch gar nicht wirklich um eine Auflösung. Sie haben jetzt eine Entscheidung zu treffen: Wollen Sie, dass es anders wird? Oder haben Sie vielleicht sogar ein lebendiges Interesse daran, dass es keine Lösung gibt? Seien Sie ehrlich mit sich selbst. Wenn es keine Veränderung geben soll, dann haben Sie jetzt Ihr Übungsziel erreicht.
4. Wenn Sie der Ansicht sind, dass die Spannung mit Ihrem Kontrahenten nur die zweitbeste Situation ist und Sie lieber die beste wollen, dann entscheiden Sie sich nun für eine Ihrer Positionen aus Schritt 2, nehmen Sie sie ein und halten Sie sie.
5. Spielen Sie die Konfliktsituation am besten mit einem Partner durch: Nutzen Sie die Möglichkeiten des Raums und finden Sie den Ort, der gut zur Position passt. Stellen Sie sich dort hin, spüren Sie körperlich, was den Ort ausmacht und was Sie empfinden.
6. Sehen Sie sich um und finden Sie die Position Ihres Kontrahenten im Raum. Markieren Sie sie (oder bitten Sie Ihren Partner, das für Sie zu tun). Betrachten Sie nun die Strecke zwischen Ihrer Position und der Ihres Kontrahenten. Sie verkörpert die Vielfalt und das Potenzial, die in der Beziehung zwischen Ihrer Position und der Ihres Kontrahenten liegen. Lassen Sie es in Ruhe auf sich wirken.
7. Gehen Sie nun diese Strecke ganz langsam und aufmerksam spürend. Mit der Bereitschaft, sich überraschen zu lassen. Und mit der Frage im Sinn: Was gibt es hier zu spüren und zu entdecken? Notieren Sie Ihre Antworten.
8. Gehen Sie die Strecke ein zweites Mal. Wieder offen und neugierig und diesmal mit der Frage: Gibt es etwas, das diese Beziehung gut gebrauchen kann, um vertrauensvoll und konstruktiv zu werden? Was würde ihr gut tun? Womit sollte man sie immer wieder versorgen? Machen Sie sich Notizen.
9. Verlassen Sie nun Ihre Versuchsanordnung und wenden Sie sich der realen Situation mit Ihrem Kontrahenten zu. Wie können Sie die Ergebnisse aus Schritt 8 in Ihr Miteinander umsetzen? Wie können Sie sie in Ihrem Verhalten zum Ausdruck bringen? Schreiben Sie es auf. Legen Sie fest, wann Sie es ausprobieren werden. Machen Sie das Ganze praktisch und konkret.

Follow-up

10. Nehmen Sie in realen Situationen mit Ihrem Kontrahenten Ihre Position ein und agieren Sie mit den qualitativen Veränderungen, die Sie sich in Schritt 9 vorgenommen haben. Beobachten Sie, wie das auch Ihrem Kontrahenten Möglichkeiten öffnet, sich anders als bisher zu verhalten. Gehen Sie diesen Weg behutsam weiter.

Dritte Management-Dimension: Führen in komplexen, dynamischen Feldern

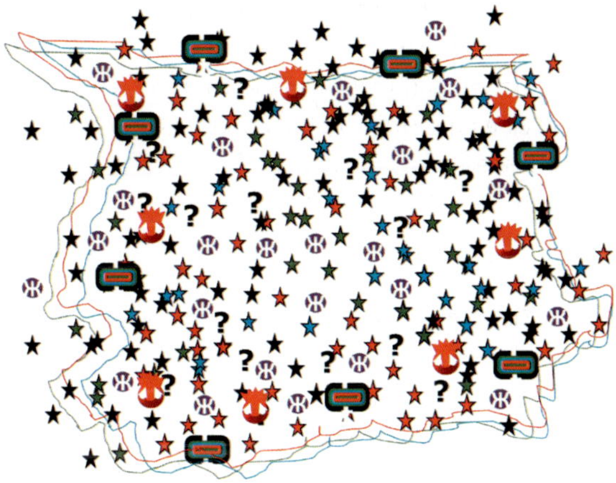

Abb. 14 Dynamisch-komplexes Feld

Während das Gestalten in den ersten beiden Dimensionen tendenziell etwas Abgesichertes hat, weil man eigenes Können und eigene Erfahrung unmittelbar spüren kann, so bewegt sich das Führen in der dritten Dimension in einem offenen und von sehr vielen Einflussfaktoren beherrschten Feld. Hier wirken Feldkräfte, hier „entrollen" sich komprimierte und wartende Prozesse. Hier ist die eigene Wirksamkeit nicht unbedingt erkennbar. Aber das bedeutet noch lange nicht, dass es sie nicht gibt. Die Wechselwirkung und auch das Zusammenwirken eigener Aktivitäten und eigener Präsenz mit den organisierenden Feldkräften können unter Umständen weitreichend sein und langfristig spürbar bleiben – nur lässt sich nichts eindeutig einem bestimmten Urheber zuordnen. Das ist nicht immer einfach und mitunter sogar sehr schwierig, denn es stellt sich immer wieder die Frage nach dem Sinn dessen, was man tut. Die kann man genauso wenig allein beantworten, wie man das Ganze allein tun kann. Man schafft es nur gemeinsam. Also los!

Das Feld mit anderen teilen – aus der direkten Führungsposition

Wenn man komplexe Kundenbeziehungen zu managen oder eine große Organisation zu führen hat, kann man nicht überall selbst dabei sein. Man braucht verlässliche Mitstreiter, die den Spirit der Spitze durchs ganze Feld an alle entscheidenden

Stellen weitertransportieren. Aus eigenem Antrieb! Weil sie begeistert und beflügelt sind von diesem Spirit, und weil sie ihn auch in sich selbst spüren können. Das hat zur Konsequenz, dass man dieses Feld nicht mehr allein dominiert, sondern dass man es mit (vielen) anderen teilt. Man steht nicht wie ein Dirigent dem Orchester gegenüber, sondern ist auf derselben Seite wie die Musiker, mal mitten unter ihnen, mal ganz vorn, mal ganz hinten. Man hat nicht alle im Blick, sondern führt eher einen Schwarm an. Der Schwarmführer bewegt sich an der Spitze, aber er bewegt sich mit, und er darf sich nicht zu weit vom Schwarm entfernen, sonst ist er allein und kann niemanden mehr führen.

! **WICHTIG**

Daher heißen die beiden ersten Prinzipien des Schwarms auch:

- in Bewegung bleiben und
- bei den anderen bleiben.

Man kann sich vorstellen, dass eine Position, die durch viele Instanzen eine Kaskade von Wirksamkeit ermöglichen soll, sehr klar sein muss, um auf diesem möglicherweise langen Weg ihre Kraft zu behalten. Diese Position muss von den vielen, die sie weitertragen, auf irgendeine Weise, aber ohne Zwang, geteilt werden. Zwang würde dazu führen, dass vor allem viel Energie aufgewendet werden müsste, um ihn kontinuierlich aufrechtzuerhalten und zu verstärken; Energie, die für das Erreichen des eigentlichen Ziels dann nicht mehr zur Verfügung stünde.

An dieser Stelle heißt unsere Antwort: Dreiecke bauen, sich selbst und den anderen klare Positionen ermöglichen, die Beziehungen achten! Wie das im Einzelfall praktisch aussehen wird, ist so individuell, wie es die Führenden in Unternehmen sind. Auch wenn sie die Werkzeuge anwenden, die wir in diesem Buch beschreiben, werden in der Praxis daraus sehr individuelle Führungsstile entstehen.

Das Feld mit anderen teilen – aus einer indirekten Führungsposition

In vielen Fällen des praktischen Lebens — gerade auch in Netzwerk-Organisationen — führt man, ohne dass man formal oder direkt als Verantwortliche/r gesehen wird oder dazu ausgerufen wurde. Man gibt seine Verantwortung ins Feld oder bietet sie dem Feld an, um zu sehen, wohin es dann geht. Verantwortung ist das, was im Englischen response-ability heißt — also die Fähigkeit, auf die Fragen zu antworten, die das Leben gerade stellt. Diese Art der Führung liegt uns sehr am Herzen, weil sie immer möglich und sinnvoll ist. Das Modell von Gastgeber und Gast sowie das Rang-Dreieck erleichtern genaues Hinsehen, dank dem man viele neue

Antworten finden und daraus einen ganzen Werkzeugkasten voller Möglichkeiten entwickeln kann.

Bedeutsam für diese Art des Führens ist zunächst der sichere Umgang mit den ersten beiden Management-Dimensionen. Denn im praktischen Leben fehlen oft die Strukturen, die Sicherheit geben und auch sagen, wo die Sicherheit aufhört. Oder sie funktionieren nicht mehr oder noch nicht. Vielleicht will man die Strukturen auch gerade verlassen, um sich auf Neuland zu begeben. Kurzum: Wenn man sich in einer Umgebung bewegt, die man zunächst nur als chaotisch oder unstrukturiert wahrnehmen kann, braucht man Sicherheit, die von innen kommt. Eine Sicherheit, die etwas Ruhiges und Ruhendes hat, damit man weiter sehen kann. Man spürt dann vielleicht so etwas wie: „Es wird funktionieren — es gibt mehr Möglichkeiten, als du sehen kannst", „Du bist hier nicht allein — du kannst mitgehen" oder „Es ist für vieles schon gesorgt — deine Aktion macht den nächsten Schritt möglich". Wenn man dann das quirlige und oft unter Zeit- und Erfolgsdruck stehende Geschehen betrachtet, könnte man das in dem Bewusstsein tun, dass man in einem dynamisch-komplexen Feld agiert. Und man weiß, dass es in diesem Feld Feldkräfte gibt, die die Partikel (in diesem Fall Menschen) aufladen und zu Spannungen und Bewegungen führen.

Jede/r von uns kennt das Gefühl: Man kommt irgendwohin und schon fühlt man sich fast unerbittlich zu bestimmten Verhaltensweisen gezwungen. Man wird hineingezogen in bestimmte Positionen und Beziehungen. Oder man friert plötzlich fast ein und ist handlungsunfähig, obwohl man kurz zuvor noch etwas ganz anderes wollte. Auch im Unternehmensalltag kann man das beobachten: Da trennt man sich von einer Führungskraft und findet genau die richtige neue. Endlich. Jetzt wird alles besser. Aber wenn man nach drei Monaten genauer hinsieht, dann zeigt die oder der Neue schon wieder die gleichen Verhaltensweisen wie der Vorgänger, der gehen musste. Was passiert hier? Das Unternehmen ist in einer bestimmten Situation und in einem aktuellen Zustand, und wahrscheinlich sind beide nicht so, wie es dem wirklichen Kern des Unternehmens entspräche. Es müsste dort eigentlich anders gearbeitet werden, in einer angemesseneren Situation; und das Unternehmen müsste in einem anderen Zustand sein. Solange aber der „unnatürliche" Zustand nicht verändert wird, „organisiert" er Einzelne in unproduktive und sogar destruktive Verhaltensweisen hinein, die man als Symptome einer Art Krankheit erkennen kann, wenn man sie unvoreingenommen betrachtet. In einem solchen Fall wäre es hilfreich, dem Zusammenarbeiten erhöhte Aufmerksamkeit zu geben und zu beobachten, wohin das Feld sich bewegen „will".

Man kann solche Feldkräfte als Wegweiser und Antrieb nutzen; dafür sind sie da. In einem Feld zu arbeiten bedeutet, die Signale wahrzunehmen, die es sendet, und die Positionen und zugehörigen Beziehungen zu beleben, die „rufen". „Beleben" bedeutet, dass man die eigenen Fähigkeiten und Qualitäten aktiviert, dass man Verantwortung annimmt, und dass man den übrigen Beteiligten kommuniziert, was man wahrnimmt, wo man steht, und wie der nächste Schritt aussehen könnte. Und dass man die Beiträge der anderen ebenso wahrnimmt, sie aufnimmt und weiterführt. Das Feld sendet Signale, die den Kurs bestätigen oder zurückweisen können, oder die auch überraschend sind; vielleicht rufen sie nach mehr Energieeinsatz oder auch nach weniger. Es kommt Bewegung ins Feld, Positionen und Beziehungen verändern sich, neue Konstellationen ergeben sich, und ein neuer Kurs zeichnet sich ab. Als Führungskraft kann man ein Feld willentlich nur verändern, wenn man mit den Feldkräften geht; dann wird es nach anfänglichen Schwierigkeiten immer leichter, Mitstreiter finden sich, man arbeitet gemeinsam, die Einzelnen profitieren, das Ganze kommt voran. Und wenn es geschafft ist, muss die Etappe auch für alle klar beendet werden. Beginnen, Fortführen und Beenden: Für jedes gibt es den passenden Zeitpunkt. Arbeitet man dagegen längere Zeit gegen die Kräfte des Feldes, verschleißt man sich und andere, man behindert das Fortkommen und verliert im Extremfall die ganze Organisation. Beispiele dafür finden sich jeden Tag in der Zeitung.

Schattenpositionen bringen Dynamik, ob man will oder nicht

Was ist aber, wenn sich in komplexen Feldern gar nichts mehr bewegt? Oder aber immer wieder das Gleiche geschieht? Oder immer wieder an derselben Stelle alles zusammenbricht? Arny Mindell, Max Schupbach und Kollegen haben eine Sichtweise weiterentwickelt, die man in allen großen Weisheitsquellen findet: Das Feld entwickelt sich durch den Umgang mit seinen Blockaden und Hindernissen weiter. Mindell und seine Kollegen taten etwas Besonderes: Sie akzeptierten, dass Blockaden und Hindernisse belebte und belebende Orte sind. Und sie übersetzten diese Sichtweise in den Begriff Ghost Role oder Geistrolle. Wir nennen sie Schattenposition.[12]

[12] Auch dieser Begriff stammt nicht von uns; den „Shadow" oder Schatten haben wir bei Christina Baldwin und Ann Linnea in „Calling the Circle" gefunden, und er kommt auch in zahlreichen anderen Quellen vor. Wir haben die Erfahrung gemacht, dass der Begriff der Rolle häufig so aufgefasst wird, als werde da etwas nur „gespielt" im Sinne von „dargestellt". Dieses Verständnis ist für uns beim Arbeiten mit realen Blockaden und Hindernissen eher hinderlich.

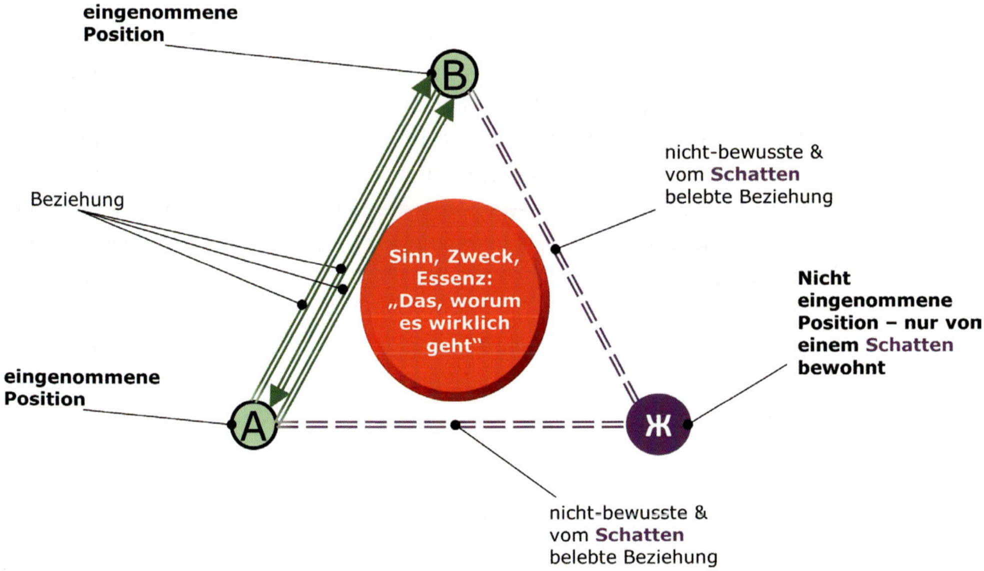

Abb. 15 Die Hin- und Her-Konstellation & die Schattenposition

Dahinter verbirgt sich die Erkenntnis, dass es immer Positionen im Feld gibt, die nicht eingenommen werden. Positionen, die unter Umständen sogar niemand einnehmen *darf*. Wenn Sie beispielsweise in einem sehr wettbewerbsorientierten Winner-Team die Position des „Loser" einzunehmen versuchen, werden Sie das vermutlich als Teammitglied nicht überleben. Das Charakteristische der Schattenposition: Jeder fürchtet sich vor ihr, und alle haben (gern) vergessen, dass es sie überhaupt gibt. Wenn man sie dann ins Spiel bringt, erkennen alle sie plötzlich wieder und sind erstaunt, welche Wirkung sie hat. Schattenpositionen wirken wie freie Radikale oder auch Untergrundkämpfer. Sie sind überall dabei, wirken in alles hinein, und gleichzeitig sind sie unsichtbar und tabuisiert: weil nicht sein *kann*, was nicht sein *darf*. Nett ausgedrückt: Niemand will sie haben. Weniger nett: Niemand kann es wagen, sie einzunehmen, wenn er nicht seine Existenz in der Gemeinschaft oder im Team aufs Spiel setzen will. In der Abbildung haben wir die Schattenposition mit der Hin- und Her-Konstellation aus Kapitel 1 zusammengebracht. Während sich die Positionen A und B immer mehr und intensiver auf einander konzentrieren (Hin und Her), vergessen sie, worum es wirklich geht. Sie vergessen, dass mindestens noch eine weitere Position im Feld ist. Gleichzeitig wirkt diese Position, ist nur leider unbesetzt und darf sich nicht zeigen.

Im oben genannten Beispiel, in dem eine Führungsposition wegen Unzufriedenheit mit dem aktuellen Amtsinhaber neu besetzt werden soll, wäre begleitend eine gemeinsame Überprüfung im Team empfehlenswert: Was ist eigentlich mit unserer Zusammenarbeit los? Welche Tabus gibt es, was darf bei uns unter keinen Umständen gesagt werden? Welche Positionen und Beziehungen spielen bei uns mit, während wir so tun, als gäbe es sie nicht? Und dann: Wie ist es, wenn man diese Position einnimmt? Was wird ausgelöst? Wie sieht unser normales Geschehen aus, wenn man es aus dieser Position betrachtet? Dann sollte man bereit sein, neben der Neubesetzung der Position auch die eigene Arbeitsweise im Team neugierig und wohlwollend neu auszurichten – und zwar so, dass man auch die Schattenposition aus dem Schatten holt und ins Geschehen einbaut. Die Wahrscheinlichkeit, dass die neue Führungskraft früher oder später dieselben Symptome zeigt (zeigen muss) wie die alte, verringert sich damit drastisch. Der Weg ist frei für neuartige Ergebnisse und Erfolge.

Tun, was man kann, und andere tun lassen, was sie können

Das Feld, das man mit anderen teilt, kann man nicht wirklich kontrollieren, denn die, mit denen man es teilt, sind keine Marionetten.[13] Wenn man also in komplexen und dynamischen Feldern führt, bestimmt man nicht allein, wie es weitergeht. Dafür hat man aber Mitstreiter, die selbst auch qualifiziert für ihre Aufgaben sind, andere Talente haben und andere Schwerpunkte setzen als man selbst, und die ihre Aufgaben auf ihre ganz eigene Weise angehen. Sie können gegebenenfalls leicht Positionen einnehmen, die man selbst nicht einnehmen kann.

An dieser Stelle ist ein wichtiger Erfolgsfaktor in komplexen und dynamischen Feldern zu nennen: Es ist bedeutsam, das zu tun, was man kann. Ebenso bedeutsam ist es wahrzunehmen, wenn man etwas nicht kann. Es ist bedeutsam, die Möglichkeiten anderer anzuerkennen und sie durch die eigene Handlungsweise einzuladen, von ihren Möglichkeiten Gebrauch zu machen. Es ist bedeutsam, an dieser Stelle als Gast oder Gastgeber zu agieren und nicht als Gegner, der sagt: „Hier geht es um Leben oder Tod, entweder überlebe ich oder du." Denn es gibt einen wichtigen Effekt im Feld: Wenn eine Position voll eingenommen wird und zum Ausdruck kommt, werden die anderen vom Feld „eingeladen", andere Positionen einzunehmen. Wer mit Vertrieb zu tun hat, kennt es: In dem Moment, in dem der erste Preis klar genannt wird, richtet sich das ganze Geschehen danach aus. Manche

[13] Es gibt natürlich Felder und Kontexte, zu denen die Marionettenposition gehört (vielleicht sogar als Schattenposition). Und es gibt Menschen, die sich in Marionettenpositionen gern hineinbewegen, hineinziehen lassen oder dort festhängen.

versuchen, diesen Moment zu umgehen, weil sie glauben, so mehr herausholen zu können. Andere wollen genau diesen Moment, weil sie glauben, selbst den Rahmen setzen zu müssen, um nicht zu verlieren. Max Schupbach spricht an solchen Stellen von „eingerollten Gruppenprozessen". Er meint damit, dass etwas dadurch zustande kommt, dass bereits vorgesehene Positionen eingenommen werden und zueinander Beziehungen aufnehmen, und dass das Ganze auf wundersame Weise zu einem „besonderen Moment der Kohäsion" strebt.[14] Jede/r Beteiligte hat etwas, womit sie oder er zu diesem Moment beitragen kann. Wer da kontrollierend eingreift, behindert den Fluss des Geschehens und steht dem Ergebnis im Weg.

Bewegung gehört dazu ...

! **WICHTIG**

Das dritte Grundprinzip des Schwarms heißt: Hindernissen ausweichen.

Wenn man sich einen Schwarm Vögel oder Fische vorstellt, so ähnelt es einem Wunder, wie die Mitglieder sich ganz von selbst organisieren und geschmeidig jedem Hindernis ausweichen, ohne in Unordnung zu geraten. Der Schwarm wird von Hindernissen nicht gestoppt und nicht auseinandergerissen. Übertragen auf menschliche Organisationen bedeutet das: Ausweichen kann man nur, wenn man in Bewegung ist; das gilt für den Schwarmführer ebenso wie für die menschliche Führungskraft. Selbst in Bewegung zu sein, ist die wichtigste Voraussetzung, wenn man andere in Bewegung bringen und gemeinsam in Bewegung bleiben will. Bewegung in Bezug auf Organisationen hat mit Lernen, Entwicklung, Offenheit, Neugier und Vertrauen zu tun. Eine Führungskraft, die das selbst von innen heraus praktiziert, wirkt auf andere ganz von selbst inspirierend.

... Ärger auch

Ist Ärger ein Hindernis, dem man besser ausweichen sollte? Klare Antwort: Nein. Ärger ist kein Hindernis, sondern in Beziehungszusammenhängen eine Reaktion, die auf hohe Energie und vermutlich auch auf etwas Verstecktes hinweist, das zum Ausdruck kommen will – und schon sind wir wieder bei der Schattenposition. Da, wo es lebendig ist, kann man dem Ärger als Spannung und Energie nicht wirklich ausweichen. Wo Positionen klar eingenommen werden, da gibt es immer auch Ärger, denn andere sind mit diesen Positionen oft nicht einverstanden. Wenn

[14] Siehe Coolspot in Kapitel 9.

man Ärger vermeiden will, kann man bestimmte Positionen nicht einnehmen, das werden die meisten schon erfahren haben. Deshalb dauert es auch manchmal so lange, bis man sich entschließt, Flagge zu zeigen: Man muss bereit sein, diesem Ärger ins Auge zu sehen und mit ihm umzugehen. Andernfalls müsste man so tun, als wäre man gar nicht ärgerlich. Oder man müsste so tun, als wäre der Ärger des Gegenübers unwichtig oder unberechtigt. Dieses So-tun-als-ob kostet enorme Energie und extrem viel Zeit, es ermüdet und lädt die Beteiligten zum inneren Rückzug ein, denn „es hat ja sowieso alles keinen Zweck". Das ist ein naher Verwandter der Schattenposition, und es tut weh, wenn man auf Teams, Unternehmen oder Organisationen trifft, in denen So-tun-als-ob als tägliche Überlebensstrategie praktiziert wird.

Übung 8: Den Widerstand ehren, Vielfalt zulassen, Grenzen öffnen

1. Haben Sie Lust auf ein Experiment? Gibt es ein größeres Projekt mit zahlreichen Beteiligten (oder auch Betroffenen), das bei Ihnen ansteht? Rechnen Sie mit Schwierigkeiten und Widerstand? Das ist die perfekte Ausgangslage!
2. Notieren Sie einige Stichworte zu Ihrem Projekt: Was soll erreicht werden? Wer ist beteiligt? Welchen Nutzen soll es stiften? Mit welchen Hindernissen und Widerständen rechnen Sie? Was fällt Ihnen sonst noch dazu ein? Schreiben Sie es auf, am besten in eine Liste oder eine Mindmap.
3. Beim Kick-off Meeting mit Ihren Kollegen und Mitarbeitern machen Sie alles wie sonst auch. Zusätzlich richten Sie Ihre Aufmerksamkeit auf alles, was man mit „Wenn und Aber" umschreiben könnte: Bedenken, Missmut, Krankmeldungen, Gegenargumente, Abwesenheiten und was Sie sonst noch wahrnehmen. Halten Sie alles in Ihrer Liste oder Mindmap fest. Sagen Sie allen Anwesenden, dass Sie sich für diese Dinge besonders interessieren und eine Sammlung davon anlegen. Bitten Sie sie, ihre Aufmerksamkeit ebenfalls auf alles zu richten, was ihnen im Zusammenhang mit dem Projekt in die Quere kommt und als Gegenwind ins Gesicht bläst. Bitten Sie sie, das auch den Menschen zu kommunizieren, deren Einwände sie aufnehmen. Bitten Sie sie, diese Punkte ins nächste Meeting einzubringen. Machen Sie deutlich, dass das Ihrem Willen, das Projekt durchzuführen, keinen Abbruch tut – ganz im Gegenteil. Sie fahren jetzt zweigleisig weiter.
4. Wenn Sie das nächste Mal über den Fortgang des Projekts sprechen, nehmen Sie einen TOP auf, der sich mit den Widerständen beschäftigt. Lassen Sie sich berichten und bitten Sie jemanden, alles auf einem Flipchart festzuhalten.

5. Sehen Sie sich nun gemeinsam diese Sammlung an. Besprechen Sie die Punkte und überlegen Sie gemeinsam, auf welche (bisher nicht gestellten) Fragen Sie in dieser Liste Antworten finden könnten. Einige Beispiele zur Anregung:
   - Was sagt das über unser Zusammenarbeiten?
   - Wo wird vielleicht um den heißen Brei herumgeredet, weil es etwas gibt, das unter keinen Umständen gesagt werden darf? Was könnte das sein?
   - Welche Positionen und Beziehungen spielen hier mit, während wir so tun, als gäbe es sie nicht?
   - Wie sieht unser Projekt aus, wenn man es aus einer solchen Position betrachtet?
   - Wie ist es, wenn man diese Position einnimmt? Was wird ausgelöst?

   Die für Ihre Situation passenden Fragen werden Ihnen gewiss einfallen. Seien Sie offen und lassen Sie sich überraschen.
6. Diskutieren Sie Ihre Ergebnisse, finden Sie Antworten, finden Sie neue Fragen. Seien Sie neugierig und bewerten Sie möglichst wenig. Machen Sie keine Vorgaben und hören Sie den anderen aufmerksam zu.
7. Ziehen Sie ein Fazit und entscheiden Sie: Welche Punkte können oder möchten Sie jetzt auflösen und die Ergebnisse ins Projekt einfließen lassen? Was könnte zu Verbesserungen im Projektverlauf beitragen? Ergeben sich Änderungen, die Sie vornehmen möchten? Welche Führungseigenschaften könnten besonders hilfreich wirken? Könnte das Modell von Gast und Gastgeber die eine oder andere Gesprächsführung erleichtern? Sammeln Sie alle Ideen ein und ermutigen Sie dazu, sie in die Praxis umzusetzen. Kommunizieren Sie, was Sie selbst tun werden. Bieten Sie Ihre Unterstützung an.
8. Alle Punkte, die jetzt (noch) nicht bearbeitet werden können, schreiben Sie auf eine Liste, die Sie im Projekt mitlaufen lassen. Prüfen Sie in Abständen, ob sich davon inzwischen etwas auflösen lässt. Oder ob sich etwas sogar von selbst aufgelöst hat. Vielleicht soll der Liste auch etwas hinzugefügt werden? Lassen Sie die Liste offen und halten Sie sie à jour und zugänglich.
9. Wenn es gut läuft, machen Sie so weiter. Freuen Sie sich an jedem Fortschritt und bringen Sie das zum Ausdruck. Wenn das Projekt abgeschlossen ist, ziehen Sie ein gemeinsames Fazit. Überlegen Sie, wie Sie es das nächste Mal angehen könnten.

7 Das Modell der fünf Ebenen: Führen mit Kopf, Hand und Herz

Das Konzept der parallelen Welten wurde nicht von uns erfunden, es ist schon uralt. Um mit den manchmal paradoxen und komplexen Grundgegebenheiten des Lebens leicht, effektiv, schnell, aufregend, ausdrucksfähig und kreativ umgehen zu können, sind die Menschen schon in frühesten Anfängen darauf gekommen, sich das Leben mit mehreren Ebenen vorzustellen. Den einen gelingt das spielerisch, andere tun sich etwas schwerer. Die besondere Kunst liegt darin, Ergebnisse aus der einen Ebene in eine andere zu bringen, sie nach deren Prinzipien und in deren Sprache auszudrücken und gleichzeitig das Besondere aus der Ausgangsebene an Ort und Stelle zu bewahren.

Wir selbst haben erstaunliche Erfahrungen damit gemacht, auf mehreren Ebenen von Bewusstsein und Wahrnehmung zu agieren. Die Prozessorientierte Psychologie bezeichnet diese Ebenen als Parallele Welten.[1] Sie unterscheiden sich voneinander durch die Prinzipien, nach denen Wahrnehmung stattfindet, und danach, welche Handlungsmöglichkeiten gegeben sind. Das Besondere ist, dass alle Welten immer gleichzeitig da sind und prinzipiell zur Verfügung stehen. Der Zugang zu ihnen kann allerdings unterschiedlich leicht oder schwer sein. Häufig mag er auch völlig unmöglich erscheinen. Hier hilft nur regelmäßiges Üben. Durch kontinuierliches Training der Wahrnehmung kann das für jede Welt spezifische Bewusstsein ausgebildet werden. Dann entstehen auch fruchtbare Verbindungen zwischen ihnen, indem sich Elemente aus der einen Welt für eine andere nutzen lassen. Menschen entfalten so mehr und mehr ihre Potenziale.

[1] Die Prozessorientierte Psychologie unterscheidet Consensus Reality, Dreamland und Sentient Level, siehe zum Beispiel Arnold Mindell, Quantum Mind, The Edge Between Physics and Psychology, Lao Tse Press, Portland, 2000, 19ff.

Wir haben den drei Ebenen der Prozessorientierten Psychologie[2] zwei weitere hinzugefügt und arbeiten mit einem Fünf-Welten-Konzept. Der vereinfachten Darstellung halber nehmen wir an, dass die Ebenen übereinanderliegen wie in einem fünflagigen Sandwich. Im täglichen Erleben könnte man auch zu einem Bild kommen, in dem sich die Schichten durchstrahlen. Für den Anfang ist es aber gut, die Schichten klar voneinander trennen zu können:

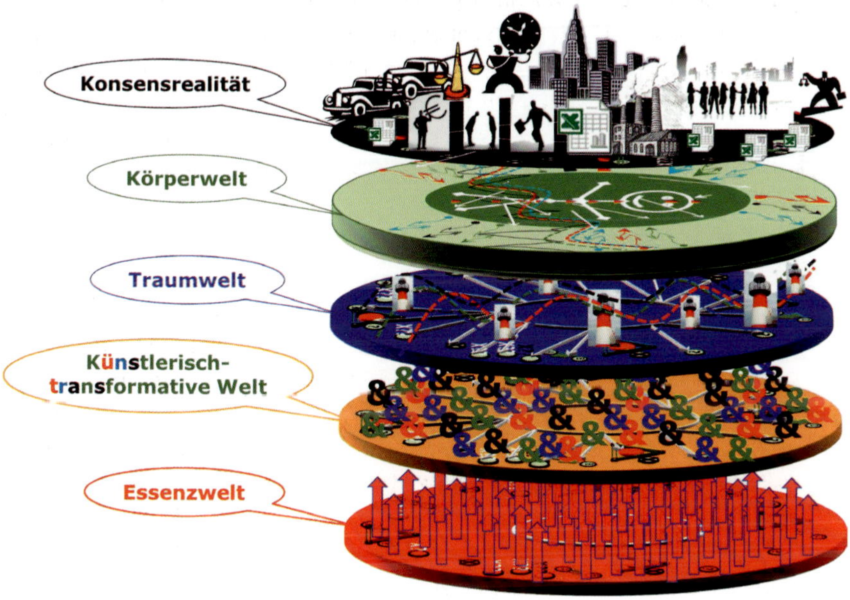

Abb. 16 Fünf parallele Welten

[2] In der Prozessorientierten Psychologie, die ihre Wurzeln bei C.G. Jung hat, bewährt sich das Drei-Welten-Konzept (Consensus Reality, Dreamland, Essence or Sentient Level) seit mehr als 30 Jahren. Wir haben es 2002 kennengelernt und ahnten, dass sich damit etwas Neues bei uns entwickeln würde, wir merkten es an der Natur unserer Konflikte und Spannungen. Vermutlich kennen es die meisten: Man findet sich plötzlich in einem Konflikt wieder, den man nicht „wollte", für den man aber eine Reihe guter Gründe sieht. Und die Streitenergie scheint wesentlich größer, als es diese Gründe hergeben. Bei uns entstand irgendwann das Bild, das Feuer des Streits werde aus der Tiefe gespeist. So machten wir uns auf den Weg in die Tiefe, lasen viel und ließen uns davon inspirieren. Nach und nach entstand so das Modell des fünfstöckigen Universums, zunächst als Arbeitshypothese, die wir dann herauszufordern begannen. Wir probierten aus, was sich mit dieser Hypothese anfangen lässt, und erlebten, wie andere darauf reagierten. Das Modell begann sich zu entfalten und brachte die interessantesten Ergebnisse hervor. Und wir stellten etwas Erstaunliches fest: Sehr häufig wird bereits in diesem Sinne gelebt. Unsere Coaching-Kunden gehen sehr unterschiedlich mit diesem fünfstöckigen Universum um. Und doch sind sie alle erleichtert, nur wenige Entscheidungen treffen zu müssen, damit es läuft, und dass es mehr auf ein waches Bewusstsein als auf die Kontrolle des Geschehens ankommt.

Damit ist auch schon ein wichtiges Prinzip genannt, das für den Umgang mit den verschiedenen Welten wichtig ist: Klarheit. In den zunächst verwirrend verschiedenen Ordnungsprinzipien dieser Welten ist es wichtig, sich eines festen Punktes der Klarheit zu vergewissern, um im Hin- und Her-Manövrieren nicht die Orientierung und den sicheren Stand zu verlieren.

Die erste Ebene: die Konsensrealität, in der sich alles ausdrückt

Dies ist die Ebene, in der ein weitgehender Konsens darüber herrscht, dass sie die Realität sei – also die Alltagswelt. Es wird gemessen, gewogen, gezählt, bewertet, begriffen, einsortiert, getrennt und verworfen. Auch wenn die Beteiligten zu einzelnen Aspekten völlig unterschiedliche Meinungen haben können, so werden sie in dieser Welt sagen: „Ja, so ist das Leben", „das und das ist passiert"; sie werden sagen „das war vorher, und es hat jenes ausgelöst". Es ist die Wahrnehmungs- und Erlebensebene, auf der Sie jetzt wahrnehmen, dass Sie ein Buch in der Hand haben, wie spät es ist, dass Sie bald eine Verabredung haben und ähnliches. Auf dieser Wahrnehmungsebene haben Sie Ihre Schul- und Berufsausbildung absolviert und bewahren die Zertifikate auf, die das zweifelsfrei beweisen. Hier sind Sie Sohn oder Tochter, Vorgesetzte und Mitarbeiter, Verkehrsteilnehmerin und vielleicht auch jemand, der offen ist für alles, was weiterbringt.

Abb. 17 Konsensrealität

Es ist die Welt des „normalen" und operativen Lebens. Erfolg und Misserfolg scheinen klar messbar, und über die Ergebnisse kann man zwar streiten, aber die Varianzbreite kommt höchstens durch unterschiedliche Gewichtungen zustande. In etwas übertragener Sichtweise scheint diese Welt so auszusehen, dass man sie auch in Excel darstellen könnte: klare Kausalbeziehungen, alles durchgetestet und im Zweifel auch vorhersagbar. Das ist auch die Ebene, in der das Emergierte seinen Ausdruck findet.

Die zweite Ebene: die Körperwelt, in der man spüren kann

Dies ist die Ebene, auf der man Körperempfindungen wahrnimmt: einen rumorenden Bauch, Ohrensausen, Pochen im linken Knie, zittrige Hände, vibrierende Stimme. Es ist auch die Welt des aktiven Umgangs mit dem Körper: den Atem in den Bauch fließen lassen, das Brustbein anheben, das Sitzen auf dem Stuhl spüren, die Füße auf dem Boden ruhen lassen.

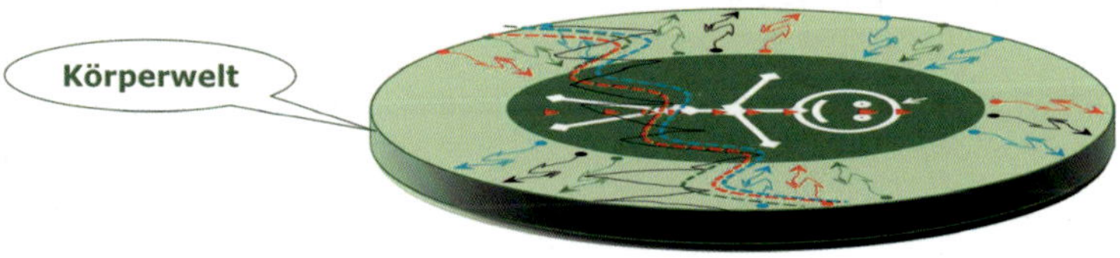

Abb. 18 Körperwelt

Wenngleich der menschliche Körper so gebaut ist, dass ein Mensch dem anderen grundsätzlich gleicht, so ist doch die Körperwelt hoch individuell angelegt und wird von jedem Menschen anders erlebt. Vermutlich ist der Körper das zuverlässigste Messgerät, über das ein Mensch verfügt —falls er darüber verfügen möchte. Die sensorische Kraft des Körpers und seine Erlebnisfähigkeit können in erstaunlichem Umfang ausgebildet werden. Die damit einhergehende Fähigkeit zu Resonanz und zum Umgang mit Energie kann eine enorme Ausstrahlung auf die direkte Umgebung und sogar auf einen sehr weit gespannten Raum haben. Mit dem Körper zu arbeiten, kann außerdem extrem beschleunigend wirken. Wer auf die Signale seines Körpers achtet (nicht nur im Krankheitsfall) und ihnen traut, braucht manchmal weniger zu denken und zu planen.

Die Körperwelt lässt sich auch als eine Art Werkbank betrachten, mit der Ereignisse und Signale aus anderen Ebenen aufgefangen und aufgearbeitet werden, um die Ergebnisse dann wieder zurückzusenden. Wenn man sich zum Beispiel in einer schwierigen und hektischen Verhandlungssituation vom Geschehen nicht wegreißen lassen möchte, kann man damit beginnen, sehr bewusst zu atmen: dabei beide Füße fest auf den Boden stellen, die Aufmerksamkeit für einen Moment nach innen richten, und sich dann wieder den aktuellen Ereignissen zuwenden. Aus dem bewussten Umgang mit dem Körper lässt sich eine erstaunliche Kraft schöpfen.

Die dritte Ebene: die Traumwelt, der Raum für Schlüsselsignale

Sie ist eine Ebene, auf der das Raum- und Zeitgefühl der bisher genannten Welten nicht gilt. Hier ist es unmöglich, ein stabiles, messbares Ordnungssystem wie „vorn und hinten“ oder „vorher und nachher“ anzulegen. Alle Positionen können zur selben Zeit am selben Ort sein, aber irgendwoher „weiß“ man, was wo ist. Und gleichzeitig ist es wieder völlig offen. Die Traumwelt verbinden viele zunächst mit Nacht und Schlaf, können sich an ihre Träume erinnern oder sagen „Ich träume nicht“. Aber das Träumen geschieht nicht nur nachts, sondern auch bei Tag im wachen Zustand, wenn man tagträumt, Befürchtungen hegt, sich Horrorszenarien ausmalt, innere Bilder betrachtet, in Vorfreude schwelgt, Flausen im Kopf hat und vieles mehr.

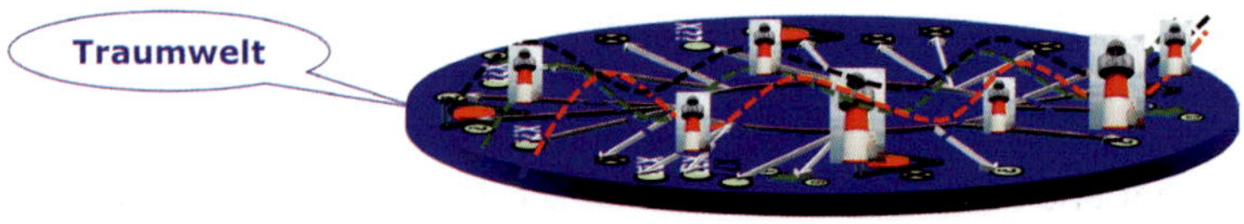

Abb. 19 Traumwelt

Was in den Träumen passiert und wie es wahrgenommen wird, scheint sich bewussten Entscheidungen zu entziehen. Und doch gibt es eine Kunst, mit Träumen umzugehen und ihre Kraft sogar für sich und andere arbeiten zu lassen. Dabei geht es nach unseren Erfahrungen weniger darum, Träume zu deuten und zu entschlüsseln. Man kann ihnen einfach einen Resonanzraum geben, sie darin klingen lassen, ihren Wegzeichen folgen und sie behutsam ans Alltagsleben anschließen. Traumwelt und Körperwelt sind eng miteinander verbunden. Man merkt es zum Beispiel daran, dass man sich manchmal an Träume in dem Moment erinnern kann, in dem bestimmte Körperregionen berührt oder aktiviert werden. Die Traumwelt ist Tag und Nacht in Betrieb, und potenziell gibt es immer mindestens einen Zugang zu ihr. Die Zugänge sind unterschiedlich: Während des Schlafens sind es andere als während des Wachseins, und beim harten Feilschen um den richtigen Verkaufspreis sind es andere als die, die sich öffnen, wenn man zum Beispiel einem Konzert lauscht.

Bemerkenswert und manchmal verwirrend an der Traumwelt ist, dass sie da ist, aber gleichzeitig oft nicht fassbar, sich nicht „festnageln“ lässt. Wenn man einen Traum erzählt oder aufschreibt, wird es deutlich: Im Laufe der Erzählung oder des Schreibens entsteht oft der Eindruck, es sei doch irgendwie anders gewesen. Man hört die eigenen Worte, ist aber gar nicht mehr sicher, ob sie wirklich das wiedergeben, was man im Traum erlebt hat. Das geht so weit, dass die nächtliche Traumerzählung unmittelbar nach dem Erwachen eine ganz andere sein kann als die Version, die man Stunden später am Frühstückstisch erzählt. Dahinter stecken verschiedene Vorgänge: Einmal wird der Traum dadurch, dass er erzählt wird, in eine andere Welt transportiert – in unserem Beispiel in die Situation am Frühstückstisch, die in der Konsensrealität stattfindet. In dieser Welt herrschen andere Gesetze und Ausdrucksformen, denn Bewusstsein und Aufmerksamkeit sind in der Konsensrealität anders ausgerichtet als in der Traumwelt. Außerdem scheinen Informationen beim Übergang von der einen in die andere Welt verloren zu gehen, werden ausgeblendet oder verschwimmen. Sie werden verkleinert, marginalisiert, an den Rand gedrängt. Sie entfernen sich aus dem Zentrum der Aufmerksamkeit hin zum Rand, und sie können auch völlig verschwinden.

Die Traumwelt zeigt deutlich, dass jedes menschliche Leben einzigartig ist. Hier können all die Signale ankommen, die sich der konsensrealen Ordnung entziehen. Hier können Fülle und Reichtum herrschen, aber auch extremer Mangel und totale Kälte. Hier kann Konsensreales wahrgenommen und gleichzeitig neu erfunden werden. So kann sich in der Traumwelt zum Beispiel dieses Ding, das man Tisch nennt und auf dem das Frühstück angerichtet ist, beim nächsten Hinsehen in die Liegewiese des Freibads an einem frühen Sommermorgen verwandelt haben. Im Umgang mit der Traumwelt gibt es die Tendenz, mit dem konsensrealen Bewusstsein nach Gründen und Zusammenhängen zu fragen. Dann tritt der Frühstückstisch auf, weil vorher vom Frühstück gesprochen wurde, und die Freibadwiese, weil die Wiesen vielleicht gerade zu wachsen beginnen und die erste warme Frühjahrssonne zum Sonnenbad einlädt. Im Träumen steckt aber mehr als das: Aus einer anderen Welt werden Nachrichten gesendet, die gehört, gespürt und empfangen werden wollen. Sie sind wichtig für das, was sich entwickeln möchte – in der Konsensrealität, in der Körperwelt, in der Traumwelt.

Die vierte Ebene: die künstlerisch-transformative Welt

Hier ist der Bereich, in dem man durch Entscheiden und Handeln bestimmt, wie man mit den anderen vier Welten umgeht. Hier fallen auch die Entscheidungen darüber, womit man sich verbinden und wovon man sich trennen will. Das Kernstück ist die Verbindung zur Natur, zur Schöpfung, zum Spirituellen, zu mythologischen Welten. Damit laufen die Entscheidungsvorgänge hier anders ab als in der Konsensrealität.

Abb. 20 Künstlerisch-transformative Welt

Die künstlerisch-transformative[3] Welt ist die Ebene der Intuition. Hier nimmt man seinen Platz ein, von hier bezieht man Mut und Zuversicht zum Handeln, und von hier aus kann man erstaunliche Perspektivenwechsel vollziehen und erleben. Diese Ebene zu nutzen heißt, sich selbst in einem größeren Ganzen zu verankern und die Kräfte zu aktivieren, die aus dieser Verankerung entstehen und in ihr Halt bekommen. Die Wahrnehmungsgrundlage für Entscheidungen auf dieser Ebene sind Spüren und Empfinden. Wie man dann damit umgeht und was man daraus macht, ist höchst subjektiv und basiert auf persönlichem Training.

Auf dieser Ebene fällt die Entscheidung, das eigene Potenzial zum eigenen Wohl und dem der übrigen Beteiligten zu nutzen. Hier entscheidet man, wie ernst man Elemente aus den verschiedenen Welten nehmen und wie man sie aus einer Welt in eine andere transferieren will. Hier kann man sich für eine eigene Perspektive entscheiden: Will man die Ereignisse in den verschiedenen Welten als Herausforderungen erleben, oder will man das Geschehen kontrollieren und bekämpfen, was einem nicht gefällt? Das ist die große Chance, die sich ergibt, wenn nicht mehr allein die Konsensrealität zählt. Die zusätzlichen Welten oder Ebenen von Wahrnehmung und Handeln bereichern das Leben um weitere Dimensionen. Diese Dimensionen sind immer da, und sie wirken immer auch in die Konsensrealität hinein. Die Frage ist: Will man sie respektieren, will man sie nutzen? Will man diesen größeren Handlungsspielraum, der dadurch gewonnen wird? Die zusätzlichen Möglichkeiten können auch beängstigend sein, wenn man eher an Bewährtem festhalten möchte. In dieser Welt kann man sich dafür entscheiden, Widerstand und unüberschreitbar erscheinende Grenzen nicht zu vermeiden, sondern sie ganz zu erleben und zu ergründen. Dann kann eine neue Sichtweise entdeckt und mit Leben erfüllt werden – hilfreich, wenn man neue Verbündete gewinnen oder sich von Ballast trennen möchte. In der künstlerisch-transformativen Welt werden die Fähigkeiten angesprochen, die Wahrnehmungen der unterschiedlichen Ebenen zusammenzuführen: So können zum Beispiel in einem Traum Signale erspürt werden, die im konsensrealen Leben einen gangbaren Weg erschließen.

3 Man kann sie auch schamanische Welt nennen.

Wenn man es will, sind Aktionen in der künstlerisch-transformativen Welt sogar dazu geeignet, Situationen und Zustände zu heilen und zu reparieren, die aus der Perspektive der Konsensrealität bedrückend und bedrohlich sind. Man kann Weichen stellen: wie man mit dem Prozess umgehen und Entscheidungen treffen will, für die Balance von Nähe und Distanz, für Begeisterung und Mitgefühl, für Vergebung und Prozesswärme, für inneren Frieden, für den Umgang mit Leben und Tod und mit dem Unbekannten. Das Agieren auf dieser Ebene beruht immer auf dem Prinzip, dass man sich beim Führen selbst auch führen lässt. Maßgeblich ist die Verbindung zu dem, was Sinn gibt und Wirksamkeit erlaubt.

Die fünfte Ebene: die Essenzwelt als Quelle

Sie ist die Ebene, aus der alles kommt und wo doch nichts fassbar ist. Von hier werden kontinuierlich Prozess-Signale[4] gesendet, die auf das hinweisen, was als nächstes dran ist. Die Essenzwelt ist der innere Kern, die unterste Lage, und gibt tiefsten Sinn. Hier findet man das, worum es wirklich geht. Sie ist entscheidend für die Gestaltungspotenziale, die ein Mensch hat, aber sie selbst ist nicht Teil dieser Potenziale. Gestalten kann man die Essenz also nicht, aber man kann mit ihr kommunizieren. Eines ihrer herausragenden Merkmale: Sie ist uneingeschränkt wohlwollend.

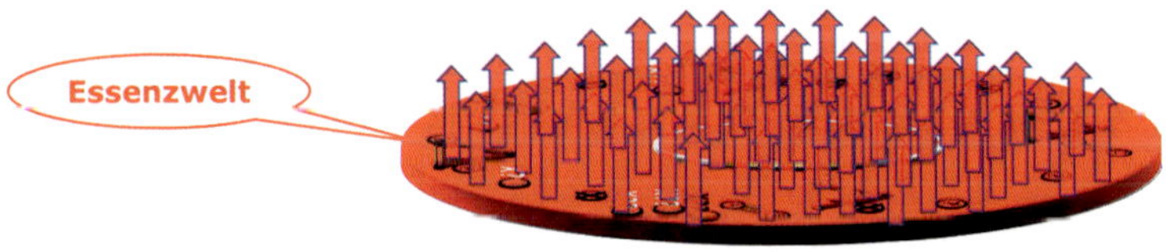

Abb. 21 Essenzwelt

[4] Der Begriff Process Signals kommt aus der Prozessorientierten Psychologie.

BEISPIEL

Ein kleines Beispiel: Nehmen wir an, Sie ärgern sich über einen Menschen, der Sie im Gespräch immer wieder unterbricht. Er scheint nur darauf zu warten, dass Sie Luft holen, und schon ergreift er das Wort. Sie empfinden ihn als rücksichtslos, nur auf das eigene Wirken bedacht – und auch als ignorant, denn was Sie zu sagen haben, interessiert ihn wohl nicht. Soweit Ihr Urteil über ihn. Nun nehmen Sie die Urteilskomponente heraus und beschreiben nur das, was Sie beobachten können: Da werden Chancen genutzt, es kommt etwas zum Ausdruck, es wird etwas von innen nach außen gebracht, ist überbordend, Raum wird eingenommen. Das sind Essenzaspekte, die man in diesem Verhalten finden kann. Daran könnten Sie sich sogar ein Beispiel nehmen, oder?

Sich immer wieder auf die Essenz dessen zu besinnen, was man tut, sie einzubeziehen und mitwirken zu lassen, macht qualitatives Wachstum möglich. Das könnte sich als Erstes an einer neuen Qualität des Zusammenarbeitens zeigen – auch wenn sie anders aussieht, als man denkt, und völlig anders abläuft, als man sich vielleicht vorgestellt hatte. Als Mensch hat man die Fähigkeit, immer wieder eine Verbindung mit der Essenz herzustellen. Je konsequenter das Training, desto umfangreicher und zahlreicher werden die Möglichkeiten. Sich mit der Essenz zu verbinden, führt zu einem Gefühl der Berührung. Wenn man in einem Team eine Antwort auf die Frage findet, was alle in der Tiefe zusammenhält und worum es wirklich geht, so werden in diesem Moment die meisten Beteiligten berührt sein. Das hat wahrscheinlich mit dem Gefühl zu tun, zutiefst und unerschütterlich zu Hause zu sein, und auch damit, dass man die Früchte einer essentiell wichtigen Arbeit erntet oder sich plötzlich ein großer neuer Spielraum weit öffnet.

In Essenz-Momenten ist auf einmal alles anders: In einem Menschen, gegen den Sie eine Aversion hegten, entdecken Sie plötzlich jemanden, mit dem Sie etwas Wichtiges gemeinsam haben oder der Ihnen etwas bedeutet, weil er eine neue Sichtweise in Ihr Leben bringt. Und Sie fragen sich vielleicht verwirrt, was aus Ihrer Aversion geworden und wo das unangenehme Gefühl geblieben ist (siehe Beispiel oben). In dem Moment, in dem man feststellt, alles könnte vielleicht auch ganz anders (gewesen) sein, berührt man die Essenz.

Wenn man die fünf Welten in Schichten übereinander liegen sieht, dann durchstrahlt die Essenzwelt die vier anderen von unten nach oben: zunächst die künstlerisch-transformative Welt der Entscheidungen über den Umgang mit allem; dann die besondere Erlebens- und Ausdrucksweise der Träume und das Empfinden, Reagieren und Senden des Körpers; zuletzt die Konsensrealität, in der alles seinen Ausdruck in messbarem Handeln findet. Eine Veränderung, die durch Berühren der eigenen Essenz ausgelöst wird, entwickelt daher eine Kraft, die mit großer Geschwindigkeit alle Ebenen erfasst und in der Konsensrealität zum Ausdruck kommt. Solche Veränderungen haben eine sehr große Wirkung.

Alle fünf Welten haben ihre Bedeutung, und wir betrachten sie wie ein Fünf-Lagen-Sandwich, in das man am besten herzhaft hineinbeißt, um es in seiner ganzen Fülle zu genießen. Für uns ist das eine Form von Lebenskunst, die sich dann auch in der Kunst des Führens niederschlägt: immer wieder aufs Neue alle fünf Lagen in Betrieb zu nehmen, aufmerksam wahrzunehmen, Verknüpfungen und Balancen herzustellen, tragfähige Entscheidungen zu treffen, Teams aufzubauen, immer wieder mit sich ins Reine zu kommen.

Wozu das Ganze?

Gerade für Menschen, die führen und unternehmerische Wirksamkeit erzielen wollen, ist es hilfreich, den Ebenen von Körper, Traum und künstlerisch-transformativer Welt Aufmerksamkeit zu geben. Dann werden durch Intuition Schritte möglich, an denen man sich bis dahin durch anstrengendes und aufreibendes Denken regelrecht abgearbeitet hat. Gerade diese eigenständigen Ebenen zu würdigen, zu erleben und gezielt auszubilden, bringt Klarheit und kann eine heilende Wirkung entfalten.

Übung 9: Den ganzen Spielraum nutzen – eine Reise durch fünf Welten

Haben Sie Lust auf eine größere Entdeckungsreise? Dann finden Sie den richtigen Zeitpunkt und einen ruhigen Ort. Legen Sie sich außerdem Karten bereit, auf denen Sie Ihre Antworten notieren können.

1. Gibt es in Ihrem Arbeitsfeld etwas, das Sie derzeit richtig aufregt, vielleicht sogar „wahnsinnig“ macht? Etwas, das bei Ihnen ein Fass zum Überlaufen bringt? Sie wissen nicht, was Sie noch versuchen könnten, um das Ganze zu einem einigermaßen guten Ende zu bringen.

Konsensrealität

2. Wie stellt sich die konsensreale Situation dar, mit der Sie arbeiten wollen? Um was geht es? Was würden Sie als Erfolg bezeichnen und wie messen Sie ihn? Was ist die Maßgröße? In welcher Zeiteinheit? Seien Sie präzise. Falls Sie unsicher sind, lassen Sie sich dadurch nicht von Ihrem Kurs abbringen. Fällen Sie bewusst klare Entscheidungen, schnell und „professionell“, wie man es von einem Menschen mit klarem Kopf erwartet. Machen Sie sich zu allem Notizen.

Körperwelt

3. Stellen Sie sich vor, Ihren aktuellen Fall nun im Nebenzimmer zu parken, wo er bestens aufgehoben ist. Sie haben nun alle Zeit der Welt, die Signale in Ihrem Körper wahrzunehmen und ihnen zu folgen.
4. Spüren Sie, was in Ihrem Körper abläuft: Setzen Sie sich so entspannt wie möglich hin. Beide Füße auf den Boden. Immer ruhiger atmen, möglichst in den unteren Bauch hinein. Lassen Sie Ihren Fokus und Ihre Aufmerksamkeit in den Körper hinabgleiten.
5. Scannen Sie Ihren Körper von oben nach unten, tasten Sie ihn mit Ihrer Aufmerksamkeit ab und spüren Sie, wie sich die einzelnen Bereiche anfühlen. Gibt es Spannungen? Nehmen Sie sie wahr, sonst nichts. Kommen Sie zuletzt bei Ihren Fußsohlen an, spüren Sie deren Berührung mit dem Boden. Machen Sie noch einige Atemzüge.
6. Spüren Sie, welcher Teil Ihres Körpers sich in diesem Moment meldet. Spüren Sie die Veränderung – wohlwollend. Betrachten Sie nun Ihren schwierigen Fall. Wenn diese Empfindung sprechen könnte: Was wollte sie Ihnen dazu sagen? Nehmen Sie diese Botschaft an und notieren Sie sie.

Traumwelt

7. Ihr aktueller Fall bleibt im Nebenzimmer geparkt. Schließen Sie für einen Moment die Augen. Versetzen Sie sich in einen leicht wolkigen Bewusstseinszustand. Sie haben alle Zeit der Welt. Wo wären Sie jetzt am liebsten? Was wünschen Sie sich? Kümmern Sie sich nicht um tatsächliche Möglichkeiten oder Hindernisse, sondern träumen Sie völlig frei. Notieren Sie, was Ihnen wichtig erscheint.

Künstlerisch-transformative Welt

8. Verbinden Sie sich mit Ihrer Umgebung. Denken Sie an Ihren Fall, der im Nebenzimmer wartet. Reisen Sie in Gedanken zu einem Ort in der Natur, an dem Sie sich wohlfühlen. Was ist es, das diesen Ort für Sie so besonders angenehm macht? Notieren Sie es.
9. Sehen Sie sich aus Ihrem Wohlgefühl heraus Ihren Fall an: Wenn es Ihnen so gut geht wie jetzt gerade, welche Entscheidung möchten Sie dann diesbezüglich treffen? Lassen Sie die Antwort kommen, ohne darüber nachzudenken. Schreiben Sie sie auf.

Essenzwelt

10. Bleiben Sie in Ihrem Wohlgefühl, verstärken Sie es noch, wenn das möglich ist. Spüren Sie, wie lebendig Sie sind. Lächeln Sie innerlich, freuen Sie sich. Können Sie spüren, was Sie zutiefst ausmacht? Was Sie an sich selbst schätzen, wenn Sie ganz mit sich im Reinen sind? Was die, die Ihnen besonders nahestehen, an Ihnen lieben? Genießen Sie es. Schreiben Sie es auf.
11. Kommen Sie nun wieder in Ihre Alltagsrealität zurück: Strecken Sie sich, schütteln Sie sich, lassen Sie alles hinter sich. Holen Sie Ihren Fall aus dem Nebenzimmer und betrachten Sie ihn wohlwollend. Wohlwollend! Legen Sie die Karten mit Ihren Notizen vor sich hin und betrachten Sie sie. Stellen Sie sich folgende Fragen und beantworten Sie sie eher schnell und intuitiv als gründlich abwägend:
    - Gibt es etwas, das jetzt anders aussieht als vorher?
    - Gibt es etwas, das mehr Aufmerksamkeit braucht?
    - Wohin will sich der Fall „wirklich“ entwickeln?
    - Welche Blockade können Sie erkennen, und was könnte Ihnen dabei helfen, sie aufzulösen?
    - Gibt es etwas, das Sie vorher nicht gesehen haben? Ein kleines Geschenk?
    - Wie könnten Sie dieses Geschenk nutzen, ohne andere damit zu überrumpeln?
    - Gibt es etwas, das Sie in Zukunft anders machen möchten?
    - Gibt es etwas, das Sie noch lernen wollen?
12. Nutzen Sie das Gefundene und setzen Sie es in konkretes Handeln um. Seien Sie so oft wie möglich wohlwollend mit sich selbst und anderen.

8 Essenz des Selbstmanagements: von Selbstmitleid zu Gemeinschaftsfähigkeit

In den letzten Jahren und Jahrzehnten haben sich die Antworten auf die ewige Frage, wie man als Mensch eigentlich mit sich selbst umgehen könnte oder „sollte", wenn man „erfolgreich", „zufrieden" und vielleicht auch „glücklich" sein wollte, erheblich weiterentwickelt. Da, wo in unserer Jugend in Deutschland noch die aktiven Lehren von „Gelobt sei, was hart macht" und „Sei ein guter Christ" standen, haben sich differenziertere, erweiterte und auf das Individuelle des Menschen bezogene Paradigmen entwickelt. In unserer westlichen europäischen Welt geht es derzeit aber weniger um das Überleben im Krieg (auch wenn man in bestimmten geschäftlichen Situationen diesen Eindruck haben könnte), sondern darum: „Was mache ich als Mensch aus dem, was ich bin, und aus all dem, was mir zur Verfügung steht?"[1]

Bipolarität: eine nicht abwählbare menschliche Grundausstattung

Eine große Herausforderung bei der Entdeckung und Verwirklichung der eigenen Möglichkeiten ist das Spannungsfeld zwischen einer lebensbejahenden und einer eher lebens-skeptischen Grundhaltung. Beide sind möglich, was dazu führt, dass man sich entscheiden muss. Und zwar nicht ein für alle Male, sondern immer wieder, täglich, minütlich, in unterschiedlichsten Kontexten. Diese Bipolarität erlaubt es, das Geschehen im eigenen Inneren und im Umfeld entweder als Chance oder als Zumutung zu betrachten.

[1] Für uns ist das die Leitfrage, die direkt zum qualitativen Wachstum führt.

Schmerzkörper: die eine Sicht auf die Welt

Die meisten kennen wahrscheinlich einen inneren Zustand, in dem sie die Welt um sich herum als unangenehm und sogar bedrohlich empfinden. Wenn man mit den Augen dieses Zustandes sieht und mit seinen Ohren hört, dann findet man tatsächlich auch unumstößliche Beweise und Belege dafür, dass das meiste schlecht ist und nicht funktioniert, dass auf andere kein Verlass ist, dass immer jemand anderes schuld ist, dass man letztendlich ganz auf sich allein gestellt ist, und dass es nie besser, sondern immer nur schlechter werden kann. Eckhart Tolle hat für diesen Zustand eine Bezeichnung gefunden: er nennt ihn Pain Body oder Schmerzkörper.[2]

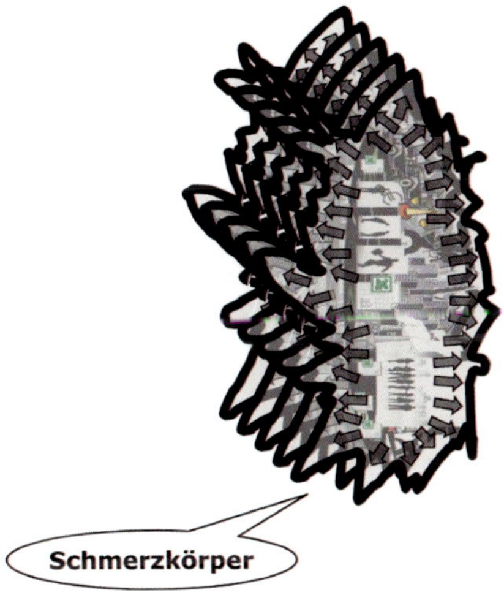

Abb. 22 Schmerzkörper

Tatsächlich hat dieser Zustand etwas sehr Schmerzhaftes. Es gibt ihn in großem Facettenreichtum, er ist „ansteckend", und man kann ihn füttern und päppeln. Er ist ein wichtiger Bestandteil menschlichen Daseins und nicht nur einzelnen Menschen ins Gepäck gesteckt. Auch überall da, wo in Teams, Familien, Organisationen und Unternehmen Menschen zusammenwirken, tritt er auf.

Menschen haben Grundbedürfnisse, die sie erfüllt sehen wollen, um ihr Leben aktiv in die Hand nehmen zu können. Ein solches Bedürfnis ist es, gesehen und geachtet zu werden. Hat man über längere Zeit den Eindruck, dass das nicht geschieht, dann

[2] Eckhart Tolle, A New Earth, Awakening to Your Life's Purpose, 2006, 5. Kapitel. Andere Schulen benutzen hier auch den Begriff des Ego, des entfremdeten Selbst.

beginnt man mit der Welt zu hadern, man beklagt sich, man beneidet andere, denen es besser zu gehen scheint, man sucht Schuldige, und schließlich beginnt man sich zurückzuziehen. Nach und nach scheint sich in allem Geschehen nur noch zu beweisen, dass man mit dieser Sicht Recht hat.[3] Die Welt ist schlecht, und wer das leugnet, versteht überhaupt nichts. In beruflichen Zusammenhängen kann das zu Überzeugungen führen wie:

- Ich reiße mir die Beine aus, aber niemand sagt auch nur „Danke".
- Wenn ich es nicht tue, macht es keiner.
- Undank ist der Welt Lohn.
- Was mit mir ist, interessiert keinen.
- Ich kann sagen, was ich will, aber niemand hört mir zu.
- Es kann doch nicht sein, dass man mir so etwas antun darf!

Sätze wie diese sind in fast allen Unternehmen auf fast allen Ebenen zu hören, in manchen vereinzelt, in manchen fast flächendeckend. Es ist schwierig, mit ihnen umzugehen, denn wer sie sagt, will Bestätigung und keine Lösung. Wenn sich eine solche Stimmung ausbreitet oder sogar in der Führungsspitze gepflegt wird, ist eine zunehmende Lähmung die Folge. Der Begriff Schmerzkörper fasst dieses vielgestaltige Phänomen zusammen und macht es greifbar. Damit wird eine neue Herangehensweise an die Lösung vieler grundlegender, langwieriger und lähmender Konflikte möglich.

Die andere Sicht auf die Welt: ????? (fünf Fragezeichen)

2008 hörten wir während einer Ausbildung Max Schupbach sagen: „Wenn du morgens aufwachst und nicht in irgendeiner Art mit dem verbunden bist, das Dich wirklich ausmacht, fällst Du sofort in eine milde Depression." Auch das ist der Schmerzkörper. Hier bietet sich eine andere Haltung als Lösung an: An derselben Stelle, an der dieses deprimierende Gefühl sitzt, könnte auch etwas anderes sein. In einem Veränderungs- oder Transformationsprozess kann man sich auf den Weg in diesen anderen Zustand der Verbundenheit machen und sich ihm nähern. Es ist ein Zustand der Verbundenheit mit dem, was einen wirklich ausmacht: als Mensch, als Team, als Unternehmen. Wer in diesem Zustand ist, strahlt und kann gedeihen.

[3] Ein katholischer Pfarrer, dem wir kürzlich zuhörten, sagte: „Das ist ein Zustand, in dem man sich nur noch selbst kopiert."

Wir haben diesen Zustand ????? genannt. Er lässt sich kaum beschreiben, aber erfahren und erleben. Es ist ein individueller Zustand, den man, wenn er gefunden ist, individuell rahmen und für sich institutionalisieren kann.[4] Rahmen bedeutet, dass man seine Existenz anerkennt und ihm intuitiv einen Namen gibt, der individuell passt. Institutionalisieren heißt, dass man sich immer wieder auf den Weg zu diesem Zustand machen und ihn weiter entwickeln und vervollkommnen kann. Man nimmt ihn sozusagen ins eigene Repertoire auf. Menschen, die Sport treiben, Yoga praktizieren, meditieren oder etwas anderes machen, um ihre innere Balance (wieder)zufinden, bewegen sich in diesen Zustand. Der Zustand der fünf Fragezeichen ist also ein Zustand der Verbindung, und da liegt der große Unterschied zum Schmerzkörperzustand. Da, wo der Schmerzkörper für Alleinsein steht, gibt dieser Zustand eine Ahnung davon, dass Verbindung möglich ist — eine Verbindung nach außen und in die eigene Tiefe, mit Offenheit und Neugier. Dieser Zustand macht lebendig und hilft, die eingangs erwähnte „milde Depression" aufzulösen.

Essenz, BigU

Die Essenz — die Prozessorientierte Psychologie benutzt hier den Begriff BigU (Großes Du)[5] — ist das, was einen Menschen, ein Team oder ein Unternehmen zutiefst ausmacht, Identität stiftet und Individualität lebendig macht — die Essenzebene der fünf Welten also. Die Vorstellung eines BigU deutet zusätzlich auf eine Möglichkeit hin: Es ist das Große, das man in sich hat und zu dem man werden kann, wenn man sich auf einen Wachstumsweg macht. Otto Scharmer nennt es die größte Zukunftsmöglichkeit.[6] Zu dieser Essenz kann man eine Beziehung entwickeln. Besonders gut funktioniert das zum Beispiel durch eine individuelle Beziehung zur Natur. Viele Menschen haben zu bestimmten Naturformationen, zu bestimmten Pflanzen und Bäumen, zu bestimmten Tieren oder auch zu bestimmten Wetterlagen, Tageszeiten und Jahresabschnitten eine besondere Beziehung. Da scheint die Verbindung zur Essenz auf: Man fühlt sich in der Tiefe verbunden.

4 Die ????? sind sozusagen Platzhalter für das jeweils Individuelle des persönlichen Zustands.

5 Vergleiche Arnold Mindell, Dreaming While Awake: Techniques for 24-Hour Lucid Dreaming. Charlottesville : Hampton Roads Publishing Company, Inc, 2000. pp 200. In neueren Arbeiten gibt es auch andere Bezeichnungen wie Quantum Mind, Dream-Maker und zuletzt Process Mind. Immer ist eine führende Essenzebene gemeint, die auf der einen Seite Sicherheit und Vertrauen gibt und auf der anderen Seite in oft unbekanntes oder nicht gesehenes Terrain führt.

6 Scharmer, C. O., Theory U: Learning from the Future as It Emerges. The Social Technology of Presencing. Cambridge: SoL. 2007.

Der Online-Modus für Menschen, die etwas bewegen wollen

Genau da, wo der Schmerzkörper den Schmerz an sich selbst und der Welt abriegelt, verbindet sich der alternative ?????-Zustand mit der Essenz und macht eine große Öffnung möglich. Wie erreicht man das? Mit innerer Arbeit, bei der man für einen Moment das aktuelle Geschehen und seinen Kontext verlässt. Also all die Gedanken, Überlegungen und Klagen, die im Schmerzkörperzustand so zuverlässig und kontinuierlich produziert werden. Stattdessen begibt man sich in einen Bewusstseinszustand, in dem man körperlich etwas spüren kann: Was senden die verschiedenen Regionen des eigenen Körpers? Dies umfasst auch, die Verbindung zu Orten und Vorgängen in der umgebenden Natur zu spüren. Man baut innere Barrieren ab, wird durchlässiger und aufnahmefähiger für das Feld, in dem man agiert.

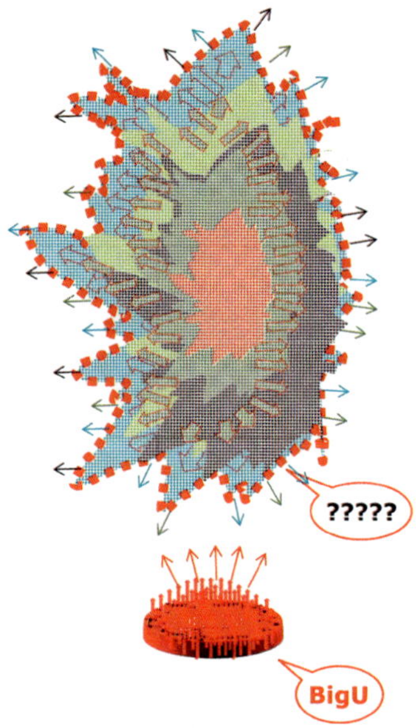

Abb. 23 ????? (fünf Fragezeichen) & BigU/Essenz

In IT-Sprache könnte man auch sagen: Man schaltet sich selbst online; man macht die dafür notwendigen Handgriffe, arbeitet im Online-Modus weiter und aktualisiert gegebenenfalls die Verbindung. In diesem Zustand der Verbundenheit strahlt man als Mensch tendenziell Vertrauen und Sicherheit aus. Eine Position wird möglich, die das Leben bejaht. Man kann besser zuhören, kann offen und neugierig sein und sich überraschen lassen. Man wird beweglich. Diese Beweglichkeit braucht man zum Beispiel, wenn man an Werde-Prozessen mitwirken will. Um in der Phase des Emergierens wach, präsent und wirksam zu sein, muss man mit Subjektivität und schnellen Wechseln mitgehen können. Der nahezu undurchlässige, misstrauische und enttäuschte Schmerzkörper würde hier zu einer zuverlässigen Veränderungsbremse. Er operiert im Offline-Modus, denn er ist an die Datenquelle, als die man die Essenz auch sehen könnte, nicht angeschlossen. Er kappt diese Verbindung sogar. Was allerdings nicht heißt, dass er keinesfalls zu gebrauchen wäre, denn man sollte auch ihn mit seinen Einwänden unbedingt anhören, um die ganze Spannbreite möglicher Argumente und Positionen zu nutzen.

! **WICHTIG**

Zusammengefasst sind für das Agieren im ?????-Zustand drei Aspekte elementar:

1. Das Reflektieren und Gestalten des eigenen Zustands — deshalb geben wir der inneren Arbeit so viel Aufmerksamkeit.
2. Das Gestalten der Verbindung oder Beziehung zu dem, was einen wirklich ausmacht und dem man vertraut.
3. Lebendige Interaktion mit der Umgebung, klare Ausrichtung auf Bewegung und Weiterentwicklung, Offenheit für Überraschungen — hier kommt das Unternehmerische ins Spiel.

Das ist der Zustand, in dem man zuerst sich selbst und dann andere wirksam führen kann — und das ist die Basis für die Kunst des Zusammenarbeitens.

▶ **BEISPIEL für einen Schmerzkörperzustand**

Der Schmerzkörperzustand macht keine Arbeit, er stellt sich von selbst ein. Verlässlich meldet er sich immer wieder und passt sich wechselnden Kontexten geschmeidig an. Ein Beispiel: Sie haben gerade einen tollen Moment mit Ihrem Team erlebt und empfinden eine tiefe Zusammengehörigkeit; vielleicht sind Sie sogar stolz darauf, ein führendes Mitglied dieser Gemeinschaft zu sein. Jemand spricht es sogar aus, und allen übrigen sieht man an, dass sie ähnlich empfinden. Aber kaum haben Sie den Raum verlassen, beschleicht Sie das unangenehme Gefühl, ein sentimentaler Schwächling zu sein, der sich bei seinen Mitarbeitern anbiedert. Da ist er, der verflixte Schmerzkörper.

Dass man in den Schmerzkörper kommt, erkennt man daran, dass etwas zerstört wird: Im Beispiel ist es das Teamerlebnis und die Erinnerung daran. Plötzlich sind Sie von den anderen getrennt. Oder es werden plötzlich Bedingungen gestellt wie zum Beispiel die, dass man das aktuelle Meeting nur dann als Erfolg anerkennt, wenn das nächste auch so gut wird. Vergleich und Wettbewerb setzen ein: Im Beispiel vergleichen Sie sich mit den anderen und werden zum Schwächling. Es darf wiederholt werden: Man kann den einsetzenden Schmerzkörper nicht verhindern, aber man kann mit ihm umgehen, indem man sich mit innerer Arbeit auf den Weg in den alternativen ?????-Zustand macht. Im obigen Beispiel bedeutet dies: Sie aktualisieren das Wissen, das Sie dank guter Erfahrungen gesammelt haben. Dann „wissen“ Sie, dass solche Team-Erlebnisse Ihren persönlichen Schutz brauchen. Sie „wissen“, dass dieses Meeting vorüber ist und das nächste Meeting ein neues sein wird. Sie „wissen“, dass Vergleiche mit anderen in Momenten des Zweifels in erster Linie dazu dienen, sich selbst in ein schlechtes Licht zu rücken. Es lohnt sich, eine eigene Sichtweise und Praxis zu diesem Zusammenhang zu entwickeln. Man kann dabei herausfinden, wo die Kräfte gebunden sind, die man vielleicht manchmal beim Zusammenarbeiten mit anderen vermisst.

Das Dreieck und andere Werkzeuge, die wir Ihnen bisher vorgestellt haben, nutzen alle die Grundgegebenheiten von Schmerzkörper, ????? und Essenz. Sie nutzen die Energie, die in dieser Dynamik steckt, für wachstumsorientierte Lösungen. Es ist wunderbar, wenn man merkt, dass es funktioniert. In diesem Sinne wiederholen wir unsere Empfehlung: Glauben Sie uns nichts, probieren Sie es aus!

Übung 10: Eine Schmerzkörper-Situation verwandeln

1. Nehmen Sie eine kleine, nicht akut aufwühlende Situation aus den letzten 24 Stunden, in der sich (mal wieder) gezeigt hat, dass Sie falsch verstanden werden. Falls es diese Situation für Sie nicht gibt, dann finden Sie bestimmt einen anderen kleinen Fall, in dem Sie so etwas wie ein Opfer sind. Notieren Sie kurz, was für Ihren Fall wichtig ist. Auch zu der Person, die Sie nicht versteht oder Sie zum Opfer macht.
2. Vertiefen Sie sich nun bewusst in diese Situation, in der Sie nicht verstanden werden oder das Opfer sind. Verschärfen Sie sie nach Schmerzkörper-Art: „Erklären“ Sie sich selbst noch einmal, woran man erkennt, dass man Sie nicht versteht oder Ihnen die Schuld zuweist. Finden Sie mindestens drei Gründe dafür, dass das auch so bleiben wird. Spüren Sie in bester Schmerzkörper-Art, dass es eigentlich immer schon so war und sich auch nicht ändern wird. (Unbedingt alles notieren!)
3. Verlassen Sie jetzt den Schmerzkörper-Modus. Entscheiden Sie sich bewusst dafür, in den Fünf-Fragezeichen-Modus zu gehen, für den Sie vielleicht schon Ihre eigene Bezeichnung gefunden haben. Sie erinnern sich: Der Weg in diesen Zustand führt über innere Arbeit und die Bereitschaft, sich zu zentrieren und dann zu verbinden. Wenn Sie noch keine eigene Methode haben, können Sie folgenden Weg nehmen:

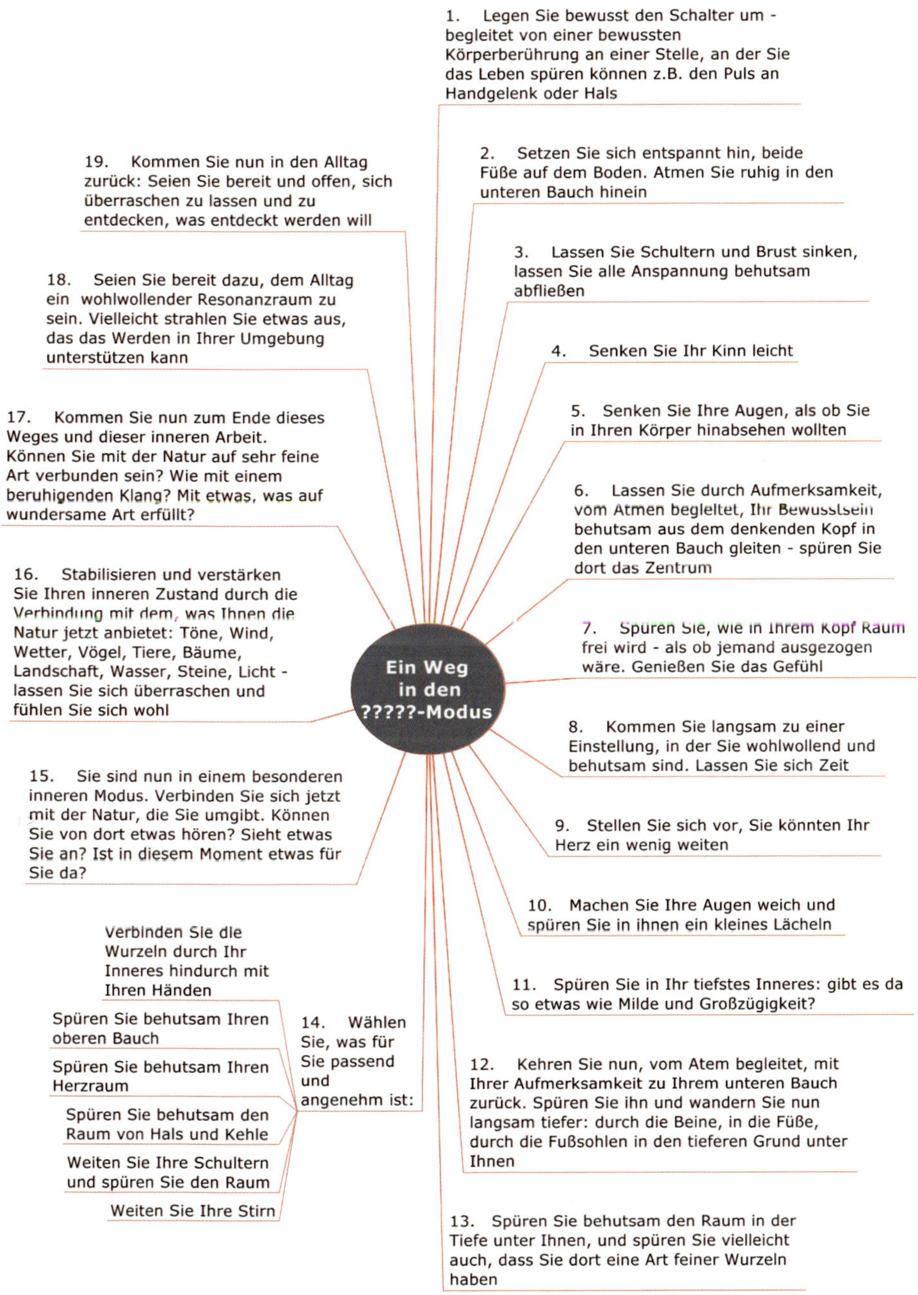

Abb. 24 Ein Weg in den Fünf-Fragezeichen-Modus

Manchmal ist der Weg in den Fünf-Fragezeichen-Modus sehr schnell und spielerisch; man ist dann guter Dinge, offen und neugierig. Manchmal aber dauert lange, ist mühsam und ganz anders, als man sich erhofft hatte. Guter Dinge zu sein ist ein Zustand, der keinem Standard entsprechen muss.

4. Sie sind also nun in dem Fünf-Fragezeichen-Modus, der jetzt passt. Sie sind eher milde, offen, bereit, sich überraschen zu lassen. Sie wissen nicht mehr unbedingt, was falsch oder richtig ist. So kehren Sie nun zu Ihrem Fall zurück. Betrachten Sie ihn vielleicht von oben. Sie sehen sich, Sie sehen die andere Person. Sie betrachten alles mit einem eher milden und vielleicht sogar versöhnlichen Blick. Folgende Fragen könnten Sie jetzt weiter führen: Worum geht es da wirklich? Was konnte bisher nicht zum Ausdruck kommen? Wozu könnte es für Sie hilfreich sein, sich unverstanden oder als Opfer zu fühlen? Vielleicht entdecken Sie etwas an sich, das Sie vorher noch nicht kannten. Steht Ihnen vielleicht sogar eine besondere Eigenschaft oder Qualität zur Verfügung, um solche Situationen zu verändern? Können Sie in solchen Situationen einen Beitrag leisten, damit andere Beteiligte besser verstehen und geschmeidiger handeln können?

Machen Sie sich Notizen. Probieren Sie bei nächster Gelegenheit im Zusammenarbeiten mit anderen etwas Neues aus. Seien Sie offen für angenehme Überraschungen, und empfangen Sie die Dankbarkeit der anderen, wenn durch Ihren Einsatz etwas anders ablaufen kann als bisher.

Teil 2 Abenteuer im Beziehungsland

Beziehungen sind das klassische Feld in der Kunst des Zusammenarbeitens und die nächste Ausbaustufe nach dem Zusammenarbeiten mit sich selbst. Sie sind ein abenteuerliches Feld, in dem es eine ganze Menge zu verlieren und viel Lebendigkeit zu gewinnen gibt. Beziehungen bleiben nicht, wie sie sind; sie machen Arbeit, weil sie immer wieder balanciert werden wollen. Dass es sie gibt, merkt man vor allem dann, wenn sie nicht funktionieren. Daher wollen wir in diesen Teil als Erstes da einsteigen, wo es brennt: bei Konflikten. Wir zeigen ein Dreieck, mit dessen Hilfe man Konflikte anders betrachten kann als durch die Brille, mit der man nach Schuldigen und Unschuldigen, nach Recht und Unrecht sucht. So kann deutlich werden, dass Konflikte tatsächlich als Aufruf zur Weiterentwicklung verstanden und genutzt werden können. Es folgen einige weitere Perspektiven und Werkzeuge, die dabei helfen, die täglichen Führungsherausforderungen leichter zu meistern. Immer wieder geht es darum, eine Perspektive zu finden, die das Geschehen weiterbringen kann. Veränderte Sichtweisen können Grundeinstellungen verändern — der schnellste Weg zu lebendigen, gut verankerten Verhaltensänderungen und besseren Ergebnissen. Im letzten Kapitel dieses Teils stellen wir das Arbeiten im Kreis als besonders effektives Format für Gespräche und Meetings vor. Im Kreis lassen sich alle bisher vorgestellten Sichtweisen, Methoden und Werkzeuge leichter anwenden und erfahren als in anderen Meeting-Formen.

All dies folgt dem Prinzip: Wer sich auf den Weg macht, das Zusammenarbeiten weiterzuentwickeln, hierfür Mitstreiter gewinnt und konsequent dranbleibt, kann die Führungskultur in seinem Unternehmen oder einer Organisationen tiefgreifend qualitativ verändern.

9 Konflikte durchwandern: Hotspot – Blindspot – Coolspot

Konflikte — manchmal kann man sie nicht mehr ertragen. Manchmal scheinen sie so überflüssig wie ein Kropf, machen müde, laugen aus und scheinen die Abläufe immer nur komplizierter zu machen. Soll man sie sich wegwünschen? Soll man sie vermeiden? Soll man einfach Disziplin von allen verlangen oder „genügend Professionalität" oder den Verzicht auf Emotionen? Im Alltag sagt man oft „Konflikte sind dazu da, dass man sie löst". Die Erfahrungen, die wir in Unternehmen der unterschiedlichsten Art gemacht haben, haben uns das Bild vermittelt, dass Konflikte wie ein Weg[1] zu durchwandern sind. Wir haben auf diesem Weg drei Punkte gefunden, die zu durchlaufen sind. Nach Dreiecks-Art können sie einander möglich machen beziehungsweise voneinander genutzt werden — so, wie es bei guten Gastgebern und guten Gästen funktioniert.

Der Weg im Überblick

Der erste Meilenstein ist der *Hotspot*: ein Brennpunkt, in dem der Gleichklang weg ist, divergierende Standpunkte vertreten werden und Spannungen zu spüren sind. Da kann es schnell warm und heiß, vielleicht sogar hitzig und gewittrig werden. Manchmal allerdings ist es auch verdächtig ruhig. Es kann hoch hergehen und sehr laut werden, oder es kann auch eine unerträglich bedrückende Stille herrschen.

Der nächste Meilenstein ist der *Blindspot*: der blinde Fleck, der Splitter im eigenen Auge, den man noch nicht sehen kann (oder will). Man ist blind für den eigenen Anteil, den man am Hotspot hat: Irgendetwas trägt man selbst dazu bei, auch wenn man das für unmöglich hält, nach dem Motto: „Wenn es so etwas gäbe, dann wüsste ich davon!" Dieser Ort hat es in sich. Es kann sein, dass er schon lange partout nicht gesehen wird. Es kann sein, dass es gerade jetzt im aktuellen Konflikt zum ersten Mal möglich wird, ihn zu sehen, sich mit ihm zu beschäftigen, ihn zu durchwandern und aufzulösen. Es gilt, das zu entdecken, was durch diese Auflösung möglich wird und vielleicht schon länger auf Inbetriebnahme oder Erledigung gewartet hat.[2]

[1] Wenn der Kopf kühl ist und die Sinne einigermaßen klar sind, kann man Konfliktsituationen auch als eine Art von Emergenz-Weg sehen. Etwas möchte werden und siehe da, es startet in einer Situation mit erhöhter Spannung.

[2] Der Blindspot ist ein naher Verwandter der Schattenposition, siehe Kapitel 6.

Dann liegt hinter dem durchwanderten Blindspot als dritter Meilenstein der *Coolspot*: Dies ist der Moment, in dem plötzlich etwas sehr, sehr Cooles eintritt, etwas Wunderbares und Unerwartetes. Die ehemals blinden Flecken sind gefunden und sichtbar gemacht worden, und etwas ist jetzt ganz anders als vorher, qualitativ anders. Eine Erleichterung, eine Abkühlung des Konflikts, eine (Er-)Lösung, die alle Beteiligten plötzlich spüren können und die alle berührt. Für einen Moment fühlen sich alle miteinander verbunden. In einem solchen Moment ist man vielleicht sogar stolz, dazuzugehören und spürt, dass man gemeinsam weitergehen kann und will: „Gut, dass wir das geschafft haben, jetzt können wir etwas Neues in Angriff nehmen."

Und kaum hat man den Coolspot erlebt — er dauert immer nur kurz, einige Sekunden bis maximal wenige Minuten — dann ist man auch schon wieder zum nächsten Hotspot unterwegs und kann sich dank dem Erlebten auf einem höheren Niveau aufs Neue bewähren. So entwickelt sich in dreieckigen Schritten eine Aufwärtsspirale von Wachstum, Lernen und Vorankommen.

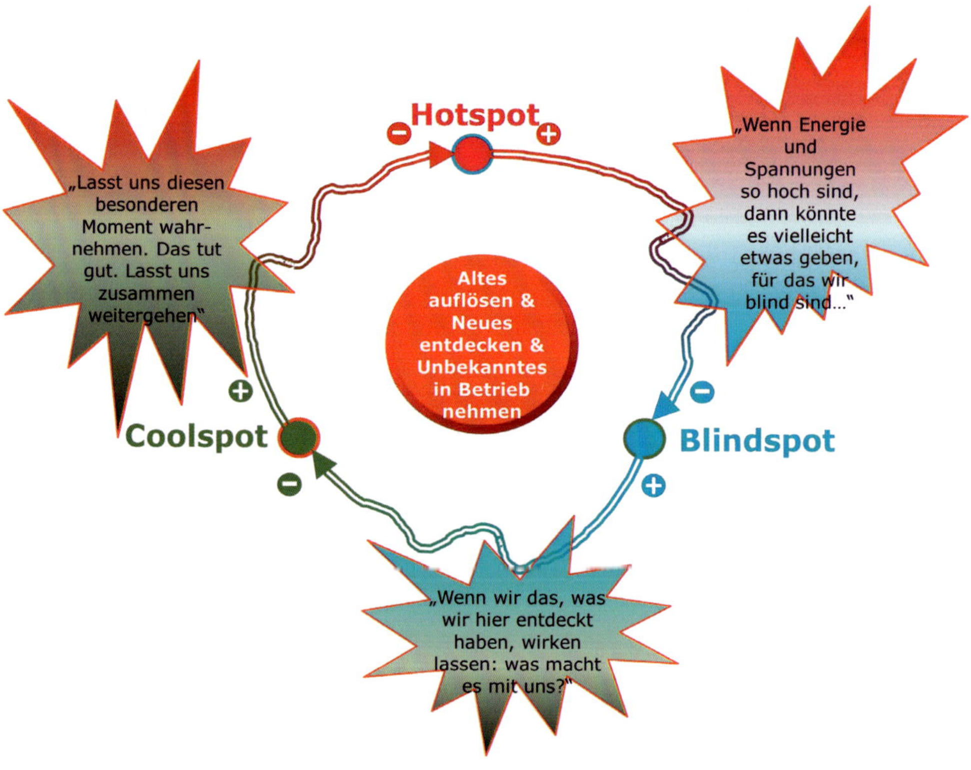

Abb. 25 Stimmen auf dem Weg zum Blindspot, zum Coolspot und zum Hotspot

Vorankommen womit? Mit dem, worum es wirklich geht. Wie bei allen Dreiecken gibt es auch hier den Raum in der Mitte, der das symbolisiert, worum es wirklich geht. Das, was man häufig erst dann erkennt, wenn man mit zeitlichem Abstand auf den Konflikt sieht. Das, was alle Beteiligten zusammengebracht hat. Oft kann man es vorher nicht erkennen, weil es von etwas anderem verstellt ist: vielleicht von Zielvereinbarungen, Forderungen nach Commitment, unerklärlicher Langsamkeit, einem tabuisierten Thema oder anderem. Erst wenn man den Konflikt durchwandert und zum Coolspot gekommen ist, kann man das, worum es wirklich geht, sehen und spüren. „Ach so?!“ sagt oder denkt man vielleicht verwundert und stellt fest, dass sich dafür der anstrengende Konflikt gelohnt hat. Man war blind und kann nun sehen, und dabei hat man etwas gelernt, an das man sonst nicht drangekommen wäre. Später sieht man dann auf diese Zeit zurück und erkennt: „Wenn das alles nicht passiert wäre, wären wir nicht da, wo wir heute sind.“

Die drei Etappen durchwandern: Wachstum durch Bewegung und Aufmerksamkeit

Es gilt, eine bewusste Entscheidung dafür zu treffen, dass man sich auf den Weg durch diese drei Etappen machen will, sich in Bewegung setzt, die Meilensteine oder Eckpunkte erreicht und sie auch wieder verlässt. Bewegung ist etwas Entscheidendes, wenn man aus Konflikten etwas machen möchte. Der Blindspot zeigt, dass man irgendetwas ganz anders machen muss als bisher, wenn man einen Konflikt wirklich lösen möchte. Nur wenn man lieber im Schmerzkörper-Modus sein möchte, kann man im Alten verharren und zum Beispiel sagen: „Da kann man sowieso nichts machen“ oder „Konflikt? Hotspot? Nein, haben wir nicht! Was wir hier haben, ist das ganz normale und unvermeidliche tägliche Elend“.

Hotspot: Bewegung initiieren

Einen Hotspot braucht man in der Regel nicht eigens anzusteuern, man gerät ohnehin dauernd hinein. Um dann etwas in Bewegung zu bringen, braucht man als Erstes selbst Beweglichkeit. Die erreicht man, indem man sich Klarheit über die eigene Position verschafft und sie deutlich zum Ausdruck bringt: „Ich spreche aus der Position X, und aus dieser Position sehe ich die Dinge so“, „ich spüre hier Spannungen“, „hier gibt es etwas, das uns durcheinander bringt“, „hier scheint mir einiges nicht zusammenzupassen“. Voraussetzung dafür sind zwei Grundsatzentscheidungen, die man zu treffen hat: erstens die Entscheidung dafür, sich für das Erreichen eines besseren Zustands einzusetzen und zweitens die Entscheidung, für das Geschehen Verantwortung zu übernehmen und ihm nach besten Kräften einen Raum zu sichern, in dem es sich entfalten kann. Das braucht Mut, denn was passieren wird, kann man an dieser Stelle nicht wissen. Man lässt sich auf etwas völlig Unbekanntes ein, kann nichts kontrollieren und muss das Risiko eingehen, Fehler zu machen.

! WICHTIG

Im Hotspot geht es noch nicht um Lösungen, sondern zunächst einmal darum, sich auf den Weg zu machen zu dem, worum es wirklich geht. Die widerstreitenden Positionen sollen zu Wort kommen, sich gehört fühlen und sichtbar werden können. Mehr nicht — aber das ist sehr viel.

Blindspot: mutig dranbleiben

Jetzt kommt die Rüttelstrecke: Es geht darum, zu etwas Wichtigem zu kommen, das man nicht sieht oder ahnt. Man kann sich dorthin nur führen lassen. Das sieht so aus, dass die Beteiligten weiterhin intensiv miteinander agieren, aber zunehmend mit der Absicht, immer „leerer" und damit offener für neue Erkenntnisse zu werden. In dieser Etappe wird aus dem Konfliktären Prä-Emergenz generiert. Man sieht, hört oder spürt plötzlich etwas, das vorher nicht da war. Langsam erkennt man Veränderungsbedarf, vielleicht sogar einen Vergebungswunsch, wo man zuvor vielleicht noch überzeugt war von der Richtigkeit des langsam vergehenden Ist-Zustands. Veränderung kann schmerzhaft und sogar quälend sein. Je mitfühlender und verletzlicher hier eine Gastgeber-Position eingenommen wird, desto tiefer und freier kann eine Gast-Position operieren. Sie gibt den Ausschlag, denn aus ihr heraus wird sich die Blindheit auflösen.

In konkreten Team- und Gruppenkonflikten ist es in dieser Etappe essentiell, auf die Stimmen von Minderheiten zu achten. In dieser Etappe findet auch der Realitäts-Test darüber statt, ob ein Bekenntnis zu Vielfalt und Nachhaltigkeit wirklich tief gegründet ist, und ob man mit dem in Verbindung steht, worum es dieser Gruppe oder diesem Team in diesem Konflikt wirklich geht. Die Arbeit im Blindspot kann unangenehm bis zur Zerreißprobe sein, aber ohne sie ist die nächste Etappe nicht zu haben. Der Blindspot ist eine Art Gastgeber für den Coolspot. Was ist da so unangenehm? Die Beteiligten beginnen zu benennen, was zwischen ihnen steht. Positionen werden immer klarer eingenommen und entwickeln sich zu immer größerer Integrität. Die Beteiligten zeigen zunehmend Präsenz und übernehmen immer mehr Verantwortung. Die Bereitschaft zu Risiko und individuellem Mut steigt und beginnt schließlich erleichternd zu wirken. Wenn es gut läuft, können versteckte Trauer, tiefe Abneigung und große Ängste zum Ausdruck gebracht werden.

Wenn Bewegung entstehen soll, geht es immer darum, feste Erwartungen aufzugeben und auf schnelle Urteile zu verzichten. Auch der manchmal zwanghaft erscheinende Wunsch, alles müsse gut und harmonisch sein, kann von Zuhören und Anteilnehmen abgelöst werden. Der Drang, unbedingt gewinnen zu müssen oder wissen zu wollen, warum ein anderer so handelt, wie er handelt, kann eine Position unter mehreren sein. Auch andere Grenzen von Raum und Beweglichkeit werden vorübergehend nicht mehr gebraucht: zum Beispiel Vorurteile oder auch die Furcht, eine schlechte Figur zu machen; ebenso der Wunsch, andere zu „heilen" oder das Bedürfnis, die anderen kontrollieren zu müssen. Im Blindspot zu führen ist eine Herausforderung, die nur gelingen kann, wenn man sich selbst auch führen lässt. Führende erleben gerade in dieser Etappe häufig die Überraschung, an die eigenen Grenzen geführt zu werden und sich auch darüber hinausbewegen zu müssen.

Coolspot: den Moment der Kohäsion nutzen

Coolspots werden erst erlebbar, wenn man durch den Blindspot gegangen ist. Wenn man entdeckt hat, was versteckt war, und wenn man bereit ist, sich das neu Entstandene zu eigen zu machen. Im Konfliktverlauf erkennt man einen Coolspot daran, dass etwas sehr Berührendes geschieht, das man sogar körperlich spüren kann. Plötzlich ist die Luft raus, die Atmosphäre entspannt sich. Wenn man sich dann umsieht, stellt man fest, dass es auch die anderen „gepackt" hat. Oft entsteht eine sehr intensive Stille, und man empfindet überraschend eine große Zusammengehörigkeit.

Was passiert da? Die Beteiligten fühlen sich für einen Moment als Menschen gesehen und sehen auch die anderen als Menschen. Es sind nicht mehr Positionen oder Rollen, die da miteinander in Beziehung stehen, sondern Menschen. Das hat etwas sehr Verbindendes, macht Mut und ist versöhnlich.

! **WICHTIG**

Die wichtigste Aufgabe von Führenden ist es, Coolspots möglich werden zu lassen! Wenn man sich vom Geschehen zum Coolspot führen lässt, ihn wahrnehmen kann und ihn dann aus der Führungsposition heraus für alle verdeutlichen oder rahmen kann, ist man auf einem Weg qualitativen Wachstums — im Team und auch persönlich bzw. individuell.

Wie kommt man nun durch den Blindspot zum Coolspot? Das Geschehen im Blindspot führt fast immer irgendwann dazu, dass eine/r der Beteiligten Mut fasst und etwas sehr Persönliches zum Ausdruck bringt, das viele berührt. Damit ist eine

Schleuse geöffnet, sodass sich meist weitere Beteiligte zu Wort zu melden und das Gesagte verstärken. Das Klima wird zunehmend offener und wärmer, die Beteiligten sind zunehmend berührt und zugewandt, hören aufmerksam zu und zeigen sich verletzlich. Es kann die Führungskraft sein, die als erste diesen mutigen Schritt tut, sich verletzlich zeigt und etwas sagt, das nicht Ausdruck ihrer hierarchischen Position ist. Oft ist es aber auch jemand, von dem man es gerade nicht erwartet.

Hier kommt noch einmal unser Imperativ zum Einsatz: Die wichtigste Aufgabe von Führenden ist es, Coolspots möglich werden zu lassen! Oft ist es nämlich ausgerechnet die verantwortliche Führungskraft, die diesen besonderen Moment nicht wahrnimmt, ihn übertönt oder sarkastisch damit umgeht. Sie ist oft einfach nicht beweglich und souverän genug, um für einen Moment einfach Mensch zu sein, und versucht stattdessen, die eigene hierarchische Position zu betonen. Es entsteht ein Wettbewerb mit den anderen Beteiligten, bei dem alle nur verlieren können.

Veränderungsprozesse gestalten: Coolspot-Management

Was ist die besondere Aufgabe der Führenden im Coolspot? Ihn wahrzunehmen und zu rahmen. Da der Coolspot etwas Flüchtiges ist, muss er sofort im Moment seines Auftauchens wahrgenommen und deutlich gemacht werden. Er braucht einen Rahmen wie ein Bild, damit alle ihn sehen können. Jeder unbeachtete Coolspot ist eine vertane Chance für die Konfliktlösung, und das schwächt die Energie des Teams. Man entfernt sich weiter von der Lösung, statt sich ihr zu nähern. Wenn der Coolspot gerahmt wird, entsteht ein sicherer Raum, der es allen Beteiligten erlaubt, Verletzlichkeit zu zeigen und für kurze Zeit ein Gefühl der Verbundenheit als Menschen zu spüren. Die Führungskraft könnte zum Beispiel sagen: „Ich möchte für einen Moment um Ihre besondere Aufmerksamkeit bitten. Ich weiß nicht, wie es Ihnen geht, aber was ich gerade gehört habe, berührt mich. Ich glaube, wir sollten das für einen Moment nachklingen lassen.“ Der Prozess wird für einen Moment angehalten, und Stille kehrt ein – es gibt keine Beurteilung, keinen Vergleich und keinen Wettbewerb. Und dann vielleicht: „Ich bin dankbar für diesen Moment, und ich habe den Eindruck, dass wir jetzt eine wichtige Etappe geschafft haben.“ Rahmen ermöglicht auch die Antwort auf die Frage: „Was tun wir jetzt damit?“ Das weitere Miteinander der Beteiligten kann sich neu ausrichten, zum Beispiel: „Da wir bis hierhin gekommen sind, sollten wir entscheiden, hinter diesen Punkt nicht mehr zurückzugehen. Wenn wir Bergsteiger wären, dann wäre das jetzt unser neues Basislager." Das könnte die Einigung zur Folge haben, dass künftige Konflikte alles Mögliche bedeuten können, allerdings nicht mehr, dass die Zusammenarbeit zwischen den Beteiligten infrage gestellt wird.

Und noch etwas ist für Coolspots typisch: Zu einem Teil sind sie schwer und tief, der andere Teil aber ist spielerisch, leicht, lachend, feiernd und vielleicht sogar ein bisschen ekstatisch. Beide Teile brauchen angemessenen Raum.

In Konfliktsituationen haben die Beteiligten meistens ein ziemlich genaues Bild davon, um was es geht, wer wofür die Schuld trägt und was sein könnte, wenn dieses oder jenes nicht wäre. Das ist die Logik der Alltagssicht, die versucht, Ordnung zu schaffen. Wenn man die Beteiligten aber fragt, sind sie mit diesem scheinbar unveränderlichen Bild nicht unbedingt glücklich. Oft berichten sie, dass es immer so sei, dass sie das schon oft erlebt hätten, und dass sie wüssten, dass da einfach nichts zu machen sei.[3] Etwas Gedämpftes und Leidendes ist da zu vernehmen, das Veränderung ausschließt und damit den Raum eher eng macht.

Manche Veränderungen sind ohne Konflikte einfach nicht zu haben. Sie brauchen, um zustande zu kommen, solche energiereichen und gleichzeitig zehrenden Prozesse. Durch Veränderung geht etwas zu Ende, und etwas Neues beginnt. Dabei ist es oft so, dass man aus der Sicht des Bisherigen das Neue nicht sehen und es sich nicht einmal vorstellen kann. In dieser Phase herrschen daher oft Verwirrung und Chaos: Das Alte funktioniert nicht mehr, und das Neue ist noch nicht in Sicht. Zwischen Alt und Neu liegt eine Art Schwelle, die unüberwindlich scheint und Angst macht. Erst wenn man die Schwelle überschreitet, kann das Alte wegfallen und das Neue gilt. Allerdings bricht sofort wieder Chaos aus: Das Eingefahrene ist zwar aus dem Weg, aber das Neue funktioniert noch nicht richtig.

Wenn man Veränderungsprozesse so betrachtet, erkennt man schnell, wie viel Zuwendung und Mitgefühl die Beteiligten brauchen, um sich zu bewegen. Dieses Bedürfnis kommt in einer Konfliktsituation, in der unter Umständen die Fetzen fliegen, als erstes unter die Räder. Daher sind die Coolspots so wichtig: Sie achten dieses Bedürfnis.

---

3 Solche Statements sind auch charakteristisch für die Schmerzkörper-Position, siehe Kapitel 8.

Dies zeigt sich auch im Coolspot-Management. Wenn der Coolspot eingetreten ist und gerahmt wird, sind die Menschen für einen Moment berührbar. Ein zugewandt Führender kann diesen Moment der Verbundenheit verstärken und in die Zukunft „verlängern", indem er behutsam die Basis für die nächsten Schritte anlegt. Er kann für alle zum Ausdruck bringen:

- Jetzt ist der Moment für wichtige Entscheidungen.
- Lasst uns dankbar sein, dass wir so weit gekommen sind!
- Was lassen wir hinter uns? Was ist die neue Basis, hinter die wir nicht mehr zurückgehen werden?
- Was könnte uns als Anker und Symbol dienen, damit wir uns an diese Situation erinnern können?
- Welche Möglichkeiten und Qualitäten stehen uns jetzt zur Verfügung, um sie bewusst in unsere Arbeit einzubringen?
- Welches sind die konkreten Aktionen, die wir in Angriff nehmen?
- Wie wollen wir das Erreichte feiern?

Aus Veränderung wird Wachstum: Einsatz des Führungs-Dreiecks

Um in Konflikten zu führen und sich zu einem Coolspot führen zu lassen, kann es hilfreich sein, gleichzeitig die Sichtweise von Gastgeber und Gast einzunehmen. Diese Art der Führung erlaubt es, entscheidende Impulse zu setzen, ohne das Geschehen zu dominieren und den anderen Beteiligten etwas aufzuzwingen. Gleichzeitig erlaubt es den Positionen im Feld, sich zu verändern, und es erlaubt den Beteiligten, ihre Positionen auch zu wechseln. Nehmen wir beispielsweise an, ein Kontrahent greift frontal und knallhart an. In diesem Fall fragt man sich als Erstes: Handelt er aus einer Position heraus, in der er mehr Möglichkeiten hat als ich und mir Sicherheit geben könnte? Wenn ja, ist er mein Gastgeber, und ich nutze den Raum und die Beziehung, die er mir anbietet (vermutlich ohne es zu wissen). Wenn nein, sehe ich die Beziehung zu ihm so, als sei er mein Gast, und das bedeutet, dass er bei seinem Angriff gerade den Raum bespielt und die Beziehung nutzt, in der ich für Sicherheit und saubere Grenzen zuständig bin.

Der nächste Schritt wäre, ein Dreieck zu etablieren. Dazu muss man außer der eigenen und der des Kontrahenten eine dritte Position finden, um die Gastgeber- und Gastbeziehungen zu vervollständigen. Wer oder was im Feld könnte dieser dritte Pol sein, der mir das anbietet, was meine Beziehung zum Kontrahenten zu einem Dreieck ergänzt? Wenn ich mich als Gast meines Kontrahenten sehe, brauche ich die ergänzende Beziehung, in der ich Gastgeber bin und einem anderen den Rücken stärke. Und wenn ich in der Kontrahenten-Beziehung der Gastgeber bin, brauche ich zusätzlich die Beziehung, in der die dritte Position mir den Rücken stärkt. Wenn alle drei Positionen identifiziert sind, geht es darum, ihre Inhaber zur Mitarbeit zu inspirieren. Das geschieht, indem man selbst bewusst das, was man sagt, aus der Position des Gastgebers oder des Gastes mitteilt. Wenn man sich in die eine Richtung streitet, tut man es als Gastgeber, und in die andere Richtung streitet man als Gast. Es macht einen großen Unterschied, ob ich meinen Kontrahenten in dem Bewusstsein anschreie, dass ich hier Gastgeber bin, oder ob ich es aus der Position eines Gastes tue.

Wenn man das Führungs-Dreieck in seiner vollen Kraft nutzen will, gibt es gerade in Konfliktsituationen einen weiteren elementaren Punkt: Es ist darauf zu achten, dass man zu beiden anderen Positionen die gleiche Distanz oder Nähe hält.[4] So schafft man Raum für das, worum es wirklich geht. Die gleiche Nähe und Distanz zu halten, bedeutet zum Beispiel, sich nicht zu zweit gegen den Dritten zu verbünden. Wenn das gelingt, kann man den Hotspot erleben, ohne unterzugehen — andernfalls würde man eine Hin- und Her-Konstellation verstärken. Ganz allmählich und fast unmerklich werden die Beteiligten im Spannungsfeld bereit sein, Antworten auf weiterführende Fragen finden zu wollen, etwa: „Was ist eigentlich das, was wir nicht sehen können?“ oder „Was ist es, was wir unter allen Umständen ausschließen wollen?“ Damit ist man dann gemeinsam mitten im Blindspot. Die Spannung des Konflikts ist da und flammt auch immer wieder auf. Aber etwas anderes wächst heran: Neugier und damit die Möglichkeit, bestehende Erwartungen aufzulösen. Das Miteinander von Gastgeber und Gast, die sich als Kontrahenten im Spannungsfeld gegenüberstehen, wird fast immer irgendwann berührend und verbindend. Damit ist der Weg frei, um den Coolspot zu erleben: Aus Kontrahenten und Positionsinhabern werden für einen Moment Menschen, die gemeinsam etwas zustande gebracht, etwas entdeckt und etwas bereinigt haben. Und jede/r von ihnen kann nun etwas spüren, das sie/er vorher nicht hätte herbeidenken können.

Teams, die einen Konfliktweg mit Hilfe des Führungs-Dreiecks gehen, haben viel zu tun und sind vor Irrungen und Wirrungen nicht gefeit. Und gleichzeitig werden sie ein wachsendes Bewusstsein für das entwickeln, was wirklich passiert. Sie werden robuster und offener für neue Lösungen, um mit den Spannungen in Konflikten umgehen können. Sie werden einander mit mehr Zuwendung und Mitgefühl begegnen können und das wird sie schnell und wirksam machen. Im nächsten Kapitel stellen wir drei hilfreiche Haltungen vor, die diesen Prozess unterstützen.

---

4 Diese Distanz und Nähe regeln sich eigentlich situationsabhängig und verändern sich je nach Kontext. Die dazu nötige Beweglichkeit ist allerdings eingeschränkt, wenn die beteiligten Menschen noch unerledigte Themen miteinander haben, die unterschwellig mitwirken.

Übung 11: Einen Konflikt bewusst durchwandern

1. Gibt es einen latenten, schleichenden Konflikt, in den Sie verwickelt sind? Den Sie gerne auflösen würden, es aber bisher nicht geschafft haben? Zu Übungszwecken sollte er eher begrenzt sein und Sie nicht schon Ihr Leben lang beschäftigen. Außer Ihnen sollte auch nur eine weitere Person beteiligt sein. Also vielleicht etwas in Ihrem Team oder auch im Familien- oder Freundeskreis, das immer wieder an die Oberfläche steigt.
2. Nehmen Sie deutlich wahr, wenn es das nächste Mal kracht. Das ist der Hotspot, den Sie brauchen. Können und wollen Sie sich dafür entscheiden, den Konflikt dieses Mal zu durchwandern und am anderen Ende wieder herauszukommen? Überlegen Sie nicht lange, sondern entscheiden Sie sich intuitiv dafür oder dagegen. Auch letzteres ist eine Entscheidung, die Sie respektieren können! Dann sind Sie jetzt schon fertig.
3. Wenn Sie von ganzem Herzen diesen Konflikt lösen möchten, dann geht es jetzt weiter. Beginnen Sie damit, Ihrem Kontrahenten aufmerksam zuzuhören, um zu erfahren, worum es ihm wirklich geht. Macht er Ihnen Vorwürfe? Verlangt er etwas Unmögliches von Ihnen? Geraten Sie in ein Dilemma oder in einen Loyalitätskonflikt? Ist seine Meinung für Sie völlig inakzeptabel? Hat er Ihrer Meinung nach in der Sache vollkommen Unrecht? Lassen Sie Ihr Gegenüber bis zum Schluss ausreden.
4. Nehmen Sie deutlich wahr, was Sie dabei empfinden. Vielleicht sind Sie gekränkt, wütend, fassungslos, kurz vor dem Platzen? Hilflos, verzweifelt, den Tränen nahe, mutlos? Vielleicht spüren Sie einen starken Reflex, zurückzuschlagen, sich zu verteidigen, etwas richtigzustellen. Nehmen Sie diesen Reflex nur wahr und folgen Sie ihm nicht. (Es ist so ähnlich, wie wenn Sie fasten wollen, und der Hunger kommt.) Bevor Sie antworten oder reagieren: Spüren Sie, was in Ihrem Inneren passiert; vielleicht schweigen Sie als Erstes für einen Moment und lassen alles wirken.
5. Konzentrieren Sie sich auf Ihren Wunsch, diesen Konflikt der Lösung ein Stück näher zu bringen. Lassen Sie sich von diesem Wunsch führen, er ist Ihr Gastgeber.[5] Nutzen Sie den Raum, den er Ihnen gibt. Wenn Sie jetzt Ihre Empfindungen zum Ausdruck bringen, sprechen oder handeln Sie aus diesem Raum heraus. Widersprechen und argumentieren Sie nicht, sondern setzen Sie Ihr eigenes Statement neben das Ihres Vorredners. Lassen Sie durch das, was Sie tun oder sagen, einen neuen Raum entstehen.

5 Nicht nur Personen können in Dreiecken mitwirken, sondern auch Ideen, Emotionen, Sehnsüchte etc.

6. Sie haben an diesem Konflikt einen Anteil, den Sie bisher nicht kennen. Das ist der Blindspot, den Sie jetzt auflösen können. Fassen Sie den Mut, sich Ihrer eigenen Blindheit zu stellen. Beginnen Sie, die Position Ihres Gegenübers zu verstehen; fragen Sie nach, lassen Sie sich etwas erklären. Fragen Sie so lange, bis Sie zu verstehen beginnen. Wenn Sie etwas in einem anderen Licht sehen, haben Sie dieses Ziel erreicht.
7. Nun fragen Sie sich: Worum geht es hier auch noch? Und dann: Welche Position kann ich dazu einnehmen? Und was habe ich zur Verfügung, das ich jetzt in diesem neuen Zusammenhang einsetzen kann? Setzen Sie es nun ein, um Ihr Gegenüber als eine Person zu sehen, deren Anliegen ebenso berechtigt ist wie Ihres. Machen Sie sich auf den Weg zu einer Lösung, die das respektiert.
8. Wenn es gut läuft, rückt jetzt der Coolspot in erreichbare Nähe: Sie sehen hinter der Position Ihres Gegenübers den Menschen, der wie Sie selbst Wünsche und Bedürfnisse hat. Das verändert Ihre Sicht auf den Konflikt und hilft Ihnen jetzt dabei, ihn zu klären. Sehr wahrscheinlich kann jetzt auch Ihr Gegenüber einen Blindspot auflösen.
9. Der Coolspot kommt irgendwann plötzlich und überraschend, und Sie werden es körperlich spüren. Die Luft ist raus aus dem Konflikt, Erleichterung stellt sich ein. Es wird ruhig. Hatten Sie wirklich vorher einen Konflikt? Sie sind keine Gegner mehr, sondern haben gemeinsam etwas geschafft. „Rahmen" Sie diesen Moment, indem Sie Ihrer Erleichterung oder Freude Ausdruck verleihen. Und fangen Sie kein neues Gespräch an!
10. Es kann gut sein, dass es beim ersten Versuch nicht klappt. Das heißt nicht, dass es unmöglich ist, sondern dass Sie die Lösung noch nicht gefunden haben. Lassen Sie sich nicht entmutigen und bleiben Sie am Ball — das Motto heißt: Nur unendliche Geduld bringt sofortige Resultate.

10 Kommunikation im Team: drei hilfreiche Haltungen

Der Traum des effektiven Teams: *kurze, knackige Gespräche und Meetings*, die Ergebnisse liefern, den Prozess achten, der dorthin führt, alles Wichtige auf den Tisch kommen lassen und in denen außerdem die Beteiligten nicht nur in ihren fachlichen Positionen, sondern auch als Menschen respektiert werden. Kurz: „conversations that matter", also Gespräche, die „es bringen". Dass die Realität oft anders aussieht, ist die eine Seite. Dass man eine ganze Menge tun kann, um sie zu verändern, ist die andere, eher noch unbekannte Seite. Alles eine Frage der Kommunikation? Wir würden eher sagen: eine Frage der Haltung, die hinter dem steht, was kommuniziert wird und wie man es kommuniziert. Eigentlich ist es sehr einfach:

- zugewandt zuhören,
- zielgerichtet sprechen,
- zum Wohlbefinden der Gruppe beitragen.

Wir haben diese drei Haltungen als „practices of circle" bei der Arbeit im Kreis kennengelernt, in einer Ausbildung bei Christina Baldwin und Ann Linnea. Im Original heißen sie „attentive listening", „intentional speaking" und „attending to the well-being of the group"[1].Diese Praktiken haben wir zu Haltungen erweitert, um zu betonen, dass dazu wesentlich mehr nötig ist als das praktische Tun, wenn man gerade im Kreis sitzt.

Eine unserer ersten Erfahrungen mit diesen drei Haltungen machten wir im Gefängnis. Dort hatten wir die Aufgabe, mit Häftlingen eine regelmäßige Gesprächsrunde aufzubauen, die ihnen Gelegenheit zum Austausch bieten sollte: über persönliche Erfahrungen, Schwierigkeiten in der Haft und auch draußen, Herausforderungen mit Partnerinnen und Kindern, Möglichkeiten zur Konfliktlösung, berufliche Weiterentwicklung und vieles mehr. Wir wollten eine völlig offene Runde ohne vorgegebenes Thema, sodass jeder über das sprechen könnte, was ihn gerade bewegte. Die Teilnahme sollte freiwillig sein und das Angebot entsprechend niederschwellig, damit sich die Häftlinge ohne Furcht dafür entscheiden können sollten. Zum Vorbild nahmen wir uns Musiker, die ab

1 Christina Baldwin & Ann LInnea, The Circle Way. A Leader in Every Chair, San Francisco 2010, S.72 ff.

und zu einfach miteinander „abrocken", ohne Vorbereitung, ohne gemeinsames Üben, ohne Noten und mit minimalen Absprachen. Eine Art regelmäßige Jam-Session also. Wir beschlossen, als gemeinsame Basis mit den Teilnehmern nur die drei oben genannten Kommunikationshaltungen zu wählen. Also wurden sie auf ein großes Blatt geschrieben und an die Wand des Aufenthaltsraums gehängt, in dem die Runde stattfand. Ursprünglich wollten wir das Blatt nach der Sitzung mitnehmen und beim nächsten Mal wieder aufhängen, aber die Häftlinge baten darum, es dort permanent hängen zu lassen.

In den ersten Runden erklärten wir die drei Kommunikationshaltungen noch jedes Mal und betonten, sie seien keine Forderung und man müsse sich auf sie auch nicht verpflichten. Sie sollten vielmehr eine Anregung sein und als Ideal dienen, nach dem man seine Präsenz in dieser Gruppe ausrichten könnte. Später brauchten wir nichts mehr zu erklären, denn die Teilnehmer kamen von selbst ab und zu darauf zu sprechen und Neulinge fragten von alleine nach. Die Erfahrungen, die wir mit dieser minimalen Vorgabe machten, waren erstaunlich. Es gab keinen Widerstand, denn alles war freiwillig. Aber es gab Situationen, in denen Teilnehmer so lange reden konnten, bis sie einmal alles gesagt hatten. Danach überraschten sie ihre Kollegen und auch uns mit größter Aufmerksamkeit beim Zuhören. Niemand musste erzählen, weshalb er im Gefängnis saß, aber viele taten es. Es wurde viel gelacht, auch Tränen flossen, wir sprachen teilweise mehr über Gott als über die Welt, manche Teilnehmer entwickelten sich zu Erzählern phantasievoller Geschichten. Und alle erlebten, dass man ihnen zuhörte. Manche sagten sogar, sie erlebten genau das zum ersten Mal in ihrem Leben.

Eine Kulturveränderung: Wert auf lebenswerte Prinzipien legen

Was so einfach scheint, ist eine Entwicklung mit Tiefenwirkung in die Kultur des Miteinanders hinein, und es ist eine große Herausforderung, mit der man etwas Großes erreichen möchte, nämlich:

- dass über das gesprochen wird, worum es wirklich geht,
- dass sich die Teilnehmer auf das Gespräch konzentrieren und präsent sind,
- dass so wenig wie möglich und so viel wie nötig geredet wird,
- dass bei allen Gegensätzen und Konflikten relativ zügig ein verbindendes Vertrauen möglich wird,
- dass immer mehr Teilnehmer in ihrem jeweils eigenen Stil Verantwortung für das Meeting und seine Ergebnisse übernehmen,
- dass der Lauf der Dinge sich entfalten kann.

Wenn ein Gespräch oder Meeting so ablaufen soll wie hier gewünscht, lässt sich das nicht damit erreichen, dass man es fordert. Auch eine Anordnung hilft nicht. Es reicht nicht, im Besprechungsraum etwas an die Wand zu hängen, auf dem die drei Kommunikationshaltungen zum Beispiel „Unsere Kommunikationsregeln" genannt und wie folgt dargestellt werden: „Wir hören zugewandt zu, wenn jemand spricht; wir sprechen zielgerichtet und sagen nicht mehr als nötig; wir tragen zum Vorankommen des Meetings aktiv bei." Hier kommt zwar der gute Wille zum Ausdruck, aber es werden verkappte Anweisungen gegeben, die für viele schon eine Einladung zum aktiven Widerstand sind. Nichts ist leichter, als solche gut gemeinten Anregungen in ihr Gegenteil zu verkehren und sie zu sabotieren. Man braucht nur jemandem zum Vorwurf zu machen, er halte diese Regeln nicht ein, der Angriff wird mit Gegenangriff oder Verteidigung pariert, und schon ist das schönste Streitgespräch in vollem Gang. Ein Gespräch auf diese Weise zu sprengen, ist, wenn man es möchte, eine Kleinigkeit. Und wenn es passiert, ist das ein Signal dafür, dass unter der Oberfläche ein Problem liegt, das schon länger auf Bearbeitung wartet. In einem solchen Meeting könnte dann das Thema, um das es unabhängig von der Agenda wirklich geht, Kommunikationskultur heißen.

Im Gefängnis wollten wir keine Regeln aufstellen. Dafür ist dort bestens gesorgt, und es gibt viele davon, um Sicherheit, Ordnung, Hygiene und Ernährung aufrechtzuerhalten. Uns lag daran, den Menschen im vorgegebenen Rahmen einen Raum zu geben für das, was sie klären und auflösen wollten. So konnten auch sehr oft die Regeln selbst zum Gesprächsthema werden. Regeln werden aufgestellt, wenn man schlechte Erfahrungen gemacht hat und etwas verhindern will, dessen Eintreten man befürchtet. Für alle jedoch, die diese Furcht nicht teilen, sind Regeln eine latente Einladung, das dahinter liegende Potenzial auszuloten, also die Regeln zu übertreten. Regeln werden schnell erlassen, aber nur langsam wieder aufgehoben. So können sie leicht auch zu Instrumenten derer werden, die das Sagen haben, und dienen dann dazu, unerwünschtes Verhalten der weniger Mächtigen zu verhindern und zu sanktionieren — im Gefängnis ebenso wie an anderen Orten auch.

Mit Prinzipien oder Haltungen wie den drei Kommunikationshaltungen verhält es sich anders als mit Regeln: Sie sind nicht dazu da, um etwas zu verhindern, sondern dazu, etwas zu fördern und Lebendiges und Lebenswertes zu unterstützen. Sie wollen das verstärken, was die Beteiligten verbindet, und sie wollen Aktionen anregen, die praktikabel und alltagstauglich sind. Sie geben nicht vor, was man tun muss und was geschehen wird. Alles Mögliche ist möglich, und alles kann sich weiter entwickeln. Weiterentwickeln in dem Sinne

- einer Vergrößerung des Spielraums für das, was gesagt oder getan werden will,
- dass Marginalisiertes und an den Rand Gedrängtes eine Stimme bekommt,
- dass Einzelne und Teams dazu ermutigt werden, Veränderungen zu wagen und Grenzen weiter zu stecken — ohne den Spielraum anderer damit einzuschränken.

Die drei Kommunikationshaltungen sind ein wirksames Werkzeugset, um die Kommunikation in einzelnen Beziehungen und in Gruppen weiterzubringen. Sie sind gleichzeitig eine große Herausforderung und Chance für alle Beteiligten, weil Feldkräfte und -effekte erlebt werden können, denen man sonst vielleicht ausgewichen wäre. Nehmen wir sie also etwas genauer unter die Lupe.

Zugewandt zuhören

Wer einmal erlebt hat, dass man ihm zugewandt zugehört hat und das Gesagte genau verstehen wollte, hat vermutlich die Erfahrung gemacht, dass das Sprechen viel leichter war als sonst. Sprechen lebt vom Zuhören, und wenn zugehört wird, kann das Sprechen sich entfalten, die Gedanken können sich weiterentwickeln, und man bekommt Lust, diesen aufmerksamen Zuhörern etwas zu erzählen, das ihrer Aufmerksamkeit wert ist. Die Chance, dass man beim Sprechen vor zugewandten Zuhörern über sich selbst hinauswächst und damit sogar sich selbst überrascht, ist groß.

Worin besteht diese Zuwendung, die Zuhörer geben können?

Zugewandt zuhören bedeutet:

- **Man fokussiert sich auf das, was jemand anderes sagt.**
- **Man will wirklich verstehen, was gesagt wird.**
- **Man baut eine Verbindung zum Sprechenden auf, indem man in der Gast- oder Gastgeber-Haltung zuhört.**
- **Man konzentriert sich auf ein gemeinsames Ziel und lässt das mitklingen, worum es wirklich geht.**
- **Man schafft Gemeinschaft, indem man die Vielfalt der Positionen ehrt.**

Auf diese Art zuzuhören bedeutet, dass einige Automatismen, die es in Besprechungen manchmal gibt, wegfallen. Dazu gehören zum Beispiel die zurzeit besonders aktuellen Nebenbeschäftigungen, mit dem Laptop, Tablet oder Smartphone zu hantieren, um Dokumente zu lesen, Mails zu checken oder zu chatten. Dazu gehört auch, im Geiste nach eigenen Beiträgen zu suchen, die man als nächstes erzählen möchte. Und dazu gehört, dass man, während jemand anderes spricht, schon ein eigenes Plädoyer dafür oder dagegen vorbereitet.[2] Für die meisten Teilnehmer an Besprechungen bedeutet der Verzicht auf all das schon eine tiefgreifende Verhaltensänderung.

2 The Circle Way, a. a. O., S. 72f.

Darüber hinaus gibt es eine weitere Herausforderung, die darin besteht, nicht nur das eigene Verhalten, sondern auch die eigene Einstellung zum Geschehen, zum Gespräch, zu den übrigen Teilnehmern, zu den Sprechenden, zu reflektieren und zu verändern. Wer denkt nicht hin und wieder beim Zuhören so etwas wie „die schon wieder", „Was macht er wieder für ein Theater", „Könntest du mal zum Schluss kommen", „Wie kann man nur so einen Blödsinn reden"? Zugewandtes Zuhören ist nicht einfach ein mehr oder weniger geduldiges Schweigen, während jemand anderes spricht. Zugewandtes Zuhören gibt dem Sprechenden einen Raum, in dem er sich entfalten kann. Bei manchem Redner, mancher Rednerin könnte es einem allerdings in den Sinn kommen, er oder sie sollte sich lieber woanders entfalten. Und genau da beginnt die Arbeit an den eigenen Einstellungen — das ist ein wichtiger Bereich für inneres Management. Ausschließen, Diskriminieren und Marginalisieren sind in bestimmten Situationen so selbstverständlich, dass man es oft kaum noch bemerkt. Und wenn man es doch bemerkt, hält man es meistens für richtig und angemessen. Damit kommen wir zum nächsten Punkt:

Zielgerichtet sprechen

Das zielgerichtete Sprechen lebt vom zugewandten Zuhören und umgekehrt. Erst miteinander machen beide Sinn, und erst miteinander werden sie überhaupt praktikabel. Die veränderte Einstellung beim Sprechen besteht nämlich in der Bereitschaft anzunehmen, dass die Zuhörer sich dem Sprechenden zuwenden. Wenn man also selbst spricht, geht man am besten davon aus, dass die Zuhörer beim Zuhören nicht nach Fehlern, Irrtümern, Ungenauigkeiten oder anderem suchen, an dem sie die eigene Kritik aufhängen könnten. Man gesteht ihnen vielmehr zu, dass sie verstehen wollen, was das Ziel sein könnte, auf das die Rede ausgerichtet ist: Sie wollen einen *wirklich* verstehen.

Zielgerichtet sprechen bedeutet,

- dass man sagt, was man wirklich meint, wofür man brennt, was man für wichtig hält,
- dass man so viel sagt, wie nötig ist, um sich verständlich zu machen und
- dass man die Geduld und Aufmerksamkeit der Zuhörenden achtet.

Auch das Timing spielt eine große Rolle: Wann ist der eigene Beitrag so reif, dass er sich fast von selbst spricht, und wann ist das Team so aufnahmebereit, dass dieser Beitrag Wirkung entfalten kann? Das braucht Geduld und Beharrlichkeit, gleichzeitig aber auch Beweglichkeit. Es kann nämlich sein, dass jemand anderes schon ausspricht, was man selbst denkt, dann braucht man es nicht zu wiederholen. Oder die Diskussion ändert die Richtung, und was man sagen wollte, passt plötzlich nicht mehr in den Fluss des Geschehens. Um zielgerichtet zu sprechen, ist es nötig, das eigene Ziel beweglich im Blick zu behalten. Das ist eine besondere Herausforderung an das innere Management, aber auch an das Managen der Beziehungen, wenn es darum geht, die anderen beteiligt zu halten.

Hilfreich für zielgerichtetes Sprechen kann es sein, dass man den Zuhörern sagt, aus welcher Position man spricht und wie die Welt aus dieser Perspektive aussieht. Ein Beispiel: „Ich bin Anthropologe und nicht Diplom-Kaufmann, und aus anthropologischer Sicht möchte ich darauf hinweisen, dass …" Wenn man die eigene Position benennt, kann man durchaus auch harte und unangenehme Dinge zur Sprache bringen, und man kann es sogar auf angriffslustige oder kämpferische Weise tun. Man kann danach auch wieder eine andere Position einnehmen und Meinungen äußern, die sich vielleicht im Widerspruch zu denen aus der ersten Position befinden. Beim zielgerichteten Sprechen kann man sich von den Zuhörern helfen lassen: Wenn man annehmen möchte, dass sie zugewandt und wohlwollend sind, kann man ihnen Fragen stellen und für ihre Antworten offen sein. Mit einer solchen Annahme kommt eine große Veränderung ins Spiel, denn man beurteilt die Zuhörerqualität der anderen nicht, sondern entscheidet sich dafür, dass sie gut ist. Und falls sie schlecht erscheint, hat man vielleicht etwas noch nicht verstanden. Auch für diese Annahme kann man sich entscheiden, wenn man möchte; wenn man nicht möchte, ist auch das eine Entscheidung.

! **ACHTUNG**

Was solche Entscheidungen leichter macht, ist eine ehrliche Haltung sich selbst gegenüber. Entscheide ich mich selbst nämlich aufrichtig dafür, zielgerichtet zu sprechen, so kann ich viel leichter annehmen, dass auch die anderen eine solche Entscheidung für sich treffen. Behaupte ich dagegen nur, ich täte es, so liegt es auch sehr nahe, den anderen das Gleiche zu unterstellen. Da wird deutlich, dass es sich nicht um Kommunikationstechniken handelt, sondern um eine wirkliche Veränderung der eigenen Haltung. Das Wohlwollen, das hier gemeint ist, bringt man zuerst sich selbst und dann auch allen anderen entgegen.

Daraus folgt weiter, dass es sinnlos ist, zugewandtes Zuhören und zielgerichtetes Sprechen von anderen zu *fordern*. Es würde nur bedeuten, dass man selbst es nicht praktiziert. Einen großen Anspruch formulieren wir damit, obwohl wir aus eigener Erfahrung wissen, wie schwierig bis unmöglich es manchmal sein kann, ihm gerecht zu werden. Sich immer wieder für einen nächsten Versuch zu entscheiden, ist wahrscheinlich die einzige Möglichkeit, um damit voranzukommen. Etwas einfacher wird es, wenn wir die dritte Kommunikationshaltung hinzunehmen:

Zum Wohlbefinden der Gruppe beitragen

Damit kommt der Kontext ins Spiel, der Rahmen, in dem Zuhören und Sprechen stattfinden. Dieser Kontext bestimmt sich durch das gemeinsame Ziel, das die Beteiligten mit ihrem Gespräch erreichen wollen. Vielleicht ist das Ziel noch nicht klar und will erst noch gefunden werden? Dann ist es das Ziel, dieses gemeinsame Ziel zu finden.

Das Wohlbefinden der Gruppe oder des Teams ist auf zwei Aspekte bezogen: Es ergibt sich aus dem Kontext, in dem die Beteiligten vorankommen wollen. Die Aufgabe für jede/n Beteiligte/n besteht darin, dieses Vorankommen durch die eigene Beteiligung zu fördern. Das muss aber nicht heißen, dass man zum Beispiel die Wogen glätten müsste, wenn es einmal hoch hergeht. Wenn es hoch hergeht, müssen eben die Wogen hoch schlagen, und es kann laut werden. Auch Schweigen und Stille können extrem wichtig sein, auch wenn sie sich vielleicht eher irritierend oder sogar bedrückend anfühlen. Das Wohlbefinden der Gruppe muss sich nicht in jedem Moment für jeden Beteiligten angenehm anfühlen, und einen Konflikt zu durchwandern kann durchaus zielführend sein. Damit sind wir beim zweiten Aspekt: Das Wohlbefinden der Gruppe wird maßgeblich davon bestimmt, ob es Coolspots geben kann, die auch gerahmt und erlebbar gemacht werden.[3] Dazu braucht man eine Kultur, in der gemeinsames Feiern verankert ist. Aufmerksames Coolspot-Management berücksichtigt immer die Stimmen der Minderheit und respektiert die individuelle Vielfalt. Man kann sich in einer Gruppe „wohlbefinden", wenn man in ihr wachsen kann und wenn es Momente gibt, in denen man sowohl individuell als auch gemeinsam besonders berührt ist. Ein besonders deutliches Zeichen von Wohlbefinden ist es auch, wenn man gemeinsam lachen kann.

Die Haltung, zum Wohlbefinden der Gruppe beitragen zu wollen, kann man nur selbst einnehmen. Es bleibt dabei: Man kann andere nicht in Bewegung bringen, wenn man selbst sich nicht bewegen möchte. Andere zu führen heißt letztlich, sie auf den Weg mitzunehmen, den man selbst geht. Ob man diesen Weg tatsächlich gehen will oder nur behauptet, man wolle ihn gehen, das kann man nur selbst wissen. Aber wenn es tatsächlich so ist, dann werden die anderen es merken und spüren.

In keiner Besprechung geht es ausschließlich um das, was in der Tagesordnung steht, sondern immer auch um die anwesenden Menschen und ihr Miteinander. Deshalb: Wenn in Ihrem Beitrag zum Ausdruck kommt, dass Ihnen dieses Miteinan-

[3] Zu Coolspots siehe Kapitel 9.

der am Herzen liegt, und wenn Sie dabei auf Appelle und Forderungen verzichten, dann werden Sie Mitstreiter finden – vielleicht nicht sofort, aber beim nächsten oder übernächsten Mal. Oder Sie liegen völlig falsch mit dem, was Sie möchten, das kann natürlich auch passieren.

! **WICHTIG**

Die drei Haltungen eignen sich nicht dazu, politisch korrektes oder wohlerzogenes Betragen herbeizuführen und zum Standard zu machen. Ganz im Gegenteil: Je natürlicher alle drei Haltungen werden, desto leichter wird man alles sagen können, was man sagen will. Unangenehmes bleibt dabei unangenehm, und Krasses bleibt krass. Es wird aber auf einen veränderten Boden fallen, und es wird anders verarbeitet werden können, wenn die Beteiligten es wirklich wollen.

Die Kommunikationshaltungen brauchen persönlichen Einsatz

Man kann als Führungskraft die eigenen Möglichkeiten der Einwirkung auf die kommunikative Kultur im Team oder im Unternehmen fast nicht überschätzen – womit wir sagen wollen: Sie sind sehr, sehr groß.

▶ **BEISPIEL**

Eine junge Frau erzählte: „Kürzlich hatte ich mit einer Dame zu tun, die sehr viel redete, allerdings selber nicht das kleinste bisschen Wertschätzung für das hatte, was sie da in einer Endlosschleife von sich gab. Ich weiß nicht, ob das daran liegt, dass ihr keiner zuhört, oder ob ihr keiner zuhört, weil sie langweiligen Mist erzählt. Mich hat es sehr traurig gemacht. Aber mir wurde dabei bewusst, wie wichtig es ist, dass einem jemand zuhört, wenn man glaubt, etwas Wichtiges zu sagen zu haben.“

Wenn man in einem Umfeld lebt und arbeitet, in dem keiner zuhört und nur langweiliger Mist erzählt wird, kann man selbst der Erste bzw. die Erste sein und damit beginnen, zuzuhören und auch selbst nur noch das zu erzählen, was einem wirklich ernst und wichtig ist.

Wer schon vor einem Gespräch überzeugt ist, dass das alles „sowieso keinen Zweck hat“, wird es sehr leicht haben, diesen Nachweis zu führen. Aber wozu? Wer wirklich etwas verändern will, könnte damit beginnen, zugewandt zuzuhören, zielgerichtet zu sprechen und das Wohlbefinden des Teams zu fördern. Wenn man möchte, dass die anderen zuhören, weil man etwas Wichtiges zu sagen hat, kann man sie um ihre Aufmerksamkeit bitten. *Wirklich bitten*. Und wenn jemand um Aufmerksamkeit bittet, weil er oder sie etwas Wichtiges zu sagen hat, kann man ihm oder ihr Aufmerksamkeit schenken. *Wirklich schenken*. Das wäre ein Anfang.

Die drei Haltungen sind so eng miteinander verknüpft, dass sie sich oft nicht klar voneinander trennen lassen. Sie bedingen sich gegenseitig, und sie erleichtern sich gegenseitig. Man kann sie nicht einklagen, man kann sie nur immer wieder selbst praktizieren. Wir haben kürzlich ein eindrucksvolles Beispiel dafür erlebt:

BEISPIEL

Bei einem regelmäßigen Treffen mit Kollegen, das dem Austausch, der gemeinsamen Entwicklung neuer Tools und Angebote sowie auch der persönlichen und gemeinschaftlichen Weiterentwicklung dient, geschah etwas Außergewöhnliches. Bei einigen Teilnehmern gab es Streit darüber, ob man bestimmte neue Angebote einführen müsste oder ob die vorhandenen den Bedarf, den man sah, abdeckten. Der Konflikt war für Unbeteiligte teilweise offen sichtbar, teilweise schwelte er auch unter der Oberfläche weiter. Als alle wieder in der großen Runde zusammenkamen, ging eine Teilnehmerin in die Mitte, sichtlich mitgenommen von dem, was in ihrem Inneren vorging. Sie schritt den Kreis ab und erklärte, sie sei in einer schrecklichen Verfassung. Sie könne einfach nicht begreifen, wieso ein neues Angebot entstehen solle, wo doch sie und einige Kollegen mit ihrem Angebot das hier Geforderte vollkommen abdeckten. Sie habe fast den Eindruck, ihre Arbeit werde nicht nur nicht geschätzt, sondern nicht einmal wahrgenommen, und das schmerze sie sehr. Sie machte niemandem einen Vorwurf, aber sie zeigte ihre ganze Verletzlichkeit und Verletztheit. Sie war den Tränen nahe, sagte, das habe sie sagen müssen, um nicht daran zu ersticken, und setzte sich wieder. Es herrschte völlige Stille. Danach konnten die Kontrahenten von vorher ihre Diskussion auf einer völlig veränderten Basis wieder aufnehmen und einvernehmlich zu Ende bringen.

Der Auftritt dieser Kollegin war nicht nur ein verbaler, sondern sie war als Person auch körperlich sehr präsent. Sie brachte das, was in ihrem Inneren vorging, zum Ausdruck, und alle konnten es spüren. Man spürte, wie sich der Druck aufbaute, und man spürte auch, wie er dann nachließ. Man konnte sehen, wie alle, die da im Kreis saßen, ebenfalls körperlich reagierten. Es war sehr eindrucksvoll, nicht als Schauspiel, sondern als Erlebnis. Anschließend wurde sehr zielgerichtet gesprochen, sehr zugewandt zugehört, und alle trugen auf ihre Weise zum Wohlbefinden der Runde bei. Da waren Menschen in Kontakt mit sich selbst und in Kontakt mit allen anderen. Es entstand ein Coolspot, und danach konnte etwas verändert werden, das vorher nicht von der Stelle gekommen war.

Übung 12: Die Kommunikationshaltungen entdecken

Finden Sie einen wohlmeinenden Helfer, dem Sie sich voll und ganz anvertrauen können. Er begleitet Sie und führt Sie durch diese Übung.

1. Entscheiden Sie sich wieder für einen kritischen Fall aus Ihrem Alltag: ein Mitarbeiter oder jemand, der Ihnen „anbefohlen" ist (vielleicht auch eines Ihrer Kinder?) und von dem Sie wissen, dass er Sie eigentlich braucht. Allerdings fällt es Ihnen schwer, das zu sehen. Ganz im Gegenteil: Der oder die Betreffende geht Ihnen eher auf die Nerven, und wenn Sie könnten, würden Sie ihm oder ihr am liebsten aus dem Weg gehen.
2. Schildern Sie Ihrem Helfer den Fall in groben Zügen, damit er sich ein Bild machen kann. Worum geht es hauptsächlich? Was stört Sie oder geht Ihnen auf die Nerven?
3. Schildern Sie dann etwas detaillierter das letzte unangenehme Gespräch oder Zusammentreffen, das Sie mit Ihrem „Anbefohlenen" hatten. Erzählen Sie ihm, welches Ziel Sie dabei erreichen wollten, aber nicht erreicht haben.
4. Nehmen Sie jetzt Ihren Helfer sozusagen als Dritten mit ins Boot, sodass ein Dreieck entsteht: Sie selbst — Ihr Kontrahent — Ihr Übungspartner, der Ihnen Feedback geben kann. Ihr Gegner bekommt auch einen Platz: Schreiben Sie seinen Namen auf eine Karte und legen Sie sie auf einen dritten Stuhl. Führen Sie nun dieses letzte Gespräch noch einmal.
5. Als Werkzeuge stehen Ihnen die drei Kommunikationshaltungen zur Verfügung:
   - zielgerichtet sprechen,
   - zugewandt zuhören,
   - zum Wohlbefinden der Gruppe beitragen.
6. Entdecken Sie im Folgenden die Kommunikationshaltungen für sich persönlich. Erleben Sie, wie sich die Kommunikation verändert.
7. Nehmen Sie nun Ihre Position ein und beginnen Sie das Gespräch, indem Sie zielgerichtet sprechen. Legen Sie Ihre Ziele dar, die Sie erreichen wollen, seien Sie offen und ehrlich. Spüren Sie, wie sich dabei Ihre Haltung verändert. (Vielleicht werden Sie unsicher, fürchten sich oder fühlen sich unbehaglich.) Bleiben Sie auf Kurs. Gehen Sie davon aus, dass Ihr Gegenüber Ihnen zugewandt zuhört. Ihr Übungspartner nimmt dann die Position des Kontrahenten ein und bringt sie zum Ausdruck. Er kann zwischen dieser Position und der des Beobachters wechseln. Das erlaubt es Ihnen, immer miteinander und nicht übereinander zu sprechen. Wenn der andere spricht, hören auch Sie ihm zugewandt zu: Sie wollen wirklich verstehen, was er meint und was er will. Wenn es möglich ist, nehmen Sie immer an, dass er zielgerichtet spricht. Wenn er Ihnen widerspricht,

lassen Sie seinen Widerspruch stehen. Finden Sie gemeinsam heraus, worin das Wohl des Feldes, in dem Sie da agieren, liegen könnte. Finden Sie heraus, worum es beiden Beteiligten wirklich geht. Wie können Sie zum Wohlbefinden des Feldes beitragen?

8. Führen Sie mit Ihrem Helfer das fiktive Gespräch weiter, solange es für Sie Sinn macht. Oder bis Sie etwas Wichtiges entdecken. Steigen Sie dann (oder auch zwischendurch, wenn es sinnvoll erscheint) aus Ihren Positionen aus und geben Sie sich gegenseitig Feedback: Was war hilfreich, was eher nicht? Wie geht es Ihrem Helfer beim Zuhören? Wie wirken die Kommunikationshaltungen? Was hat sich an Ihrer Sicht verändert? Wie könnte es weitergehen?
9. Entwickeln Sie konkrete Schritte, die Sie in Ihrem tatsächlichen Fall praktizieren wollen. Erzählen Sie Ihrem Helfer, wie Sie es angehen wollen. Lassen Sie sich dazu ermutigen, etwas Neues zu wagen.
10. Seien Sie im nächsten Gespräch mit Ihrem Anbefohlenen besonders aufmerksam, nehmen Sie wahr, was passiert, und setzen Sie nach und nach Ihre Erkenntnisse aus der Übung um. Bleiben Sie dran und freuen Sie sich an qualitativen Veränderungen.

11 Flow-orientiert interagieren: fünf Handlungsmodi

In dynamischen und komplexen Feldern schnelle und adäquate Führungsentscheidungen zu treffen braucht vor allem zwei Komponenten: erstens die Souveränität[1], eine erforderliche Position nicht nur einzunehmen, sondern sie auch wieder verlassen zu können, wenn es erforderlich ist, und zweitens die Fähigkeit und den Willen, aus der eigenen Position heraus Beziehungen so zu gestalten, dass sie ein Miteinander auch der übrigen Positionen im Feld ermöglichen. Das hört sich schwierig und kompliziert an. Im täglichen Geschehen ist vieles davon aber ein spielerischer Fluss, der sich fast von selbst ergibt — vor allem dann, wenn er von einem wohlwollenden und wachen Bewusstsein begleitet wird. Das hat viel mit innerer Durchlässigkeit zu tun: Man folgt dem Geschehen mit Aufmerksamkeit, beißt sich nicht fest, ist präsent und achtet darauf, in Bewegung zu bleiben. Wenn es gut läuft, ermöglicht man damit Werdeprozesse, Veränderungen und Wachstum — und natürlich Zusammenarbeiten.

Wenn es aber nicht so gut läuft, sieht es oft so aus: Da sind zwei Partner, die eigentlich zusammenarbeiten wollen. Jeder von ihnen setzt sich auf seine Weise dafür ein und bemüht sich. Und doch will es einfach nicht gelingen; die Kommunikation funktioniert nicht, es gibt Missverständnisse, und immer wieder fährt man sich fest. Von außen betrachtet scheint es, als gäbe es etwas Unerklärliches, das die Beteiligten nicht zusammenkommen lässt. Meistens zuckt man in solchen Situationen irgendwann resignierend die Schultern und lässt es dabei bewenden.

Wer sich mit dem Konzept von Gast und Gastgeber schon angefreundet hat, könnte als Erstes auf die Idee kommen, dass vielleicht beide Gast oder beide Gastgeber sein wollen und so keine Chance auf ein komplementäres Miteinander[2] haben. Hier kann dann das Modell der fünf Handlungsmodi dabei helfen, die Beziehungen zu klären und zu einem komplementären Miteinander zu finden. Basis dieses Modells ist die Sichtweise, dass sich jede Interaktion auf zwei komplementäre Handlungsweisen zurückführen lässt.

---

1 Siehe auch Kapitel 13: Souveränität ist eine der Top Five Führungsqualitäten.

2 Wir verdanken die Grundzüge dieses Konzepts Mark Silver aus Portland/Oregon, USA. Er hat Entrpreneurship und moderne Marketing-Sichtweisen mit traditionellen Sufi-Weisheiten zu einem Tool-Set für selbstständige Unternehmer zusammengeführt. Siehe: Mark Silver: Unveiling the Heart of Your Business, BusinessHeart Press, Portland, Oregon, 2. Edition, 2006, Chapter 10.

Da sind zunächst Geben und Empfangen als aufeinander bezogene und sich ergänzende Handlungen. Wer etwas geben will, braucht als Gegenüber einen Empfänger. Anbieten als dritter und Nehmen als vierter Modus brauchen sich ebenfalls gegenseitig, damit einvernehmlich agiert werden kann. Den fünften Modus nennen wir „in Stille wenden".[3] Er gehört zum Zusammenspiel der komplementären Modi dazu und macht es möglich, von einem Modus in einen anderen zu wechseln. Er bezeichnet den Moment, in dem der eine Modus verlassen und der andere noch nicht eingenommen wurde. Er schafft die nötige Bewegungsfreiheit und Durchlässigkeit für Veränderung.

! **WICHTIG**

Ein Handlungs-Modus bezeichnet eine innere Haltung und eine innere Disposition, in und aus der man handelt. Wenn man zum Beispiel etwas gibt, ist man in einer anderen inneren Verfassung, als wenn man auf Empfangen eingestellt ist.

Nach unserer Beobachtung haben die meisten Menschen ein sicheres Gespür für die vier komplementären Modi. Wenn man dann die eigene Aufmerksamkeit schärft, stellt man meistens fest, dass man einen der Modi bevorzugt und einen anderen am liebsten vermeidet. Man kann seinen Handlungsspielraum erweitern, wenn man die Aversion gegen den ungeliebten Modus auflösen kann und ihm dann nicht mehr auszuweichen versucht, wenn er gefragt ist. Auch hier geht es also nicht ohne innere Arbeit, um nach außen Wirkung zu erreichen. In den folgenden Abschnitten kommen wir zu den Details.

Geben & Empfangen

Wenn Sie jemandem etwas geben wollen, dann ist der korrespondierende Handlungsmodus bei Ihrem Gegenüber Empfangen. Man kann nur dann etwas übergeben, wenn das Gegenüber auch zum Empfangen bereit ist.

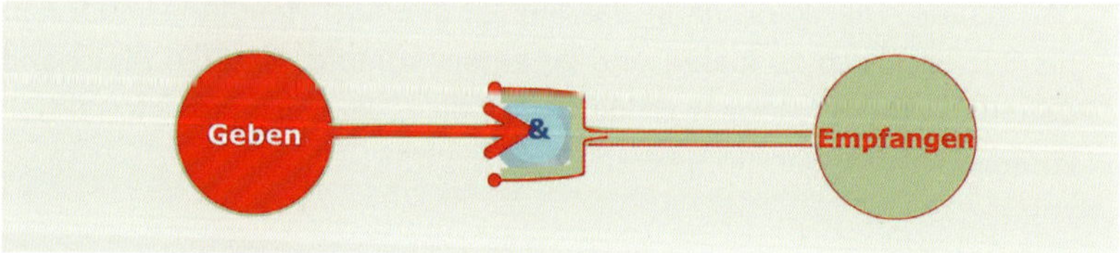

Abb. 26 Geben & Empfangen

[3] Mark Silver spricht von Stille, in der unendliche Bewegung ist. Wir haben daraus den Modus „in Stille wenden" entwickelt.

Geben ist wie eine Einbahnstraße: Auf diesem Weg gibt es kein Zurück. Wenn die Gabe nicht angenommen wird, scheitert die Handlung, und das bleibt nicht ohne Folgen. Ein Geber tut also gut daran, sich der Empfangsbereitschaft seines Gegenübers zu vergewissern, bevor er seine Gabe überreicht. Er sollte wissen und auch spüren, dass die Empfangsseite wirklich im Empfangsmodus ist.[4] (Die Säue, vor die man Perlen wirft, sind wahrscheinlich eher in einem Modus zum Empfang von Kartoffelschalen, weshalb man sie mit Perlen lieber nicht ärgern sollte.) Empfangen heißt, eine Gabe ohne Einschränkung und ohne Bedingung aufzunehmen, sie in einer angemessenen Weise in Gebrauch zu nehmen und sie sich an ihrem Bestimmungsort entfalten zu lassen. Das Zusammenspiel von Geben und Empfangen hat auf der abgebenden Seite etwas sehr Bestimmendes und Aktives; die empfangende Seite ist aufmerksam und bereit, das hereinzulassen, was kommt. Bildlich kann man sich Handbewegungen vorstellen: Der Geber „drückt" dem Empfänger etwas in die Hand oder lässt es vielleicht sogar hineinfallen. Die empfangende Hand ist geöffnet und nimmt das Ankommende auf. Das ist das Grundmuster für alles, was übergeben, ausgehändigt oder herausgegeben wird: Trinkgeld, ein amtliches Schriftstück, eine Auftragsbestätigung, ein guter Rat, bestellte Ware, ein Geschenk und vieles mehr. Auch das Austeilen beim Kartenspielen, das Werfen und Fangen beim Ballspielen, das Entgegennehmen eines Auftrags (auch wenn hier von Nehmen die Rede ist) oder das Empfangen einer Hilfeleistung fallen in diese Kategorie.

Geben und Empfangen setzen immer ein Einverständnis zwischen den Beteiligten voraus. Der Geber ist nur derjenige, der im entscheidenden Moment die Übergabe ausführt. Das bedeutet auch: Wer gibt, ohne sich der Empfangsbereitschaft auf der anderen Seite zu vergewissern, läuft im äußersten Fall Gefahr, übergriffig zu werden. Es kann auch sein, dass die Gabe ihren Empfänger einfach nicht erreicht und fast unbemerkt verschwindet.

Ein Empfänger ist verletzlich. Er ist darauf angewiesen, dass die Gabe die richtige ist, denn er ist verantwortlich dafür, dass sie richtig behandelt wird und sich entfalten kann. Er soll etwas daraus machen. (Den Säuen im Beispiel kann man nicht vorwerfen, dass sie die Perlen fressen, statt sie sich um den Hals zu hängen.) Wenn man als Empfänger sogar aktiv wird und etwas erbittet, dann entscheidet man sich auch bewusst für Verletzlichkeit und Offenheit. Auch der Empfänger kann einen potenziellen Geber schädigen: Wenn er zum Beispiel um etwas bittet oder etwas

[4] Von einer sehr berührenden Empfangsverweigerung handelt David Grossmans Roman „Eine Frau flieht vor einer Nachricht" (Hanser Verlag, München 2009): Eine Mutter fürchtet, ihr Sohn, als Soldat im Einsatz, könnte getötet werden. Sie verlässt ihr Haus und macht eine lange Wanderung, damit ihr keine Todesnachricht überbracht werden kann. So könnte sich das Befürchtete wenigstens formal nicht vollenden, weil es keinen Empfänger für die Nachricht gäbe.

verlangt, das der andere nicht geben kann oder will, so kann auch er damit sein Gegenüber übergriffig behandeln, bloßstellen oder beschämen.

Anbieten & Nehmen

Hier ist die Situation eine ganz andere. Der Anbietende ist wie derjenige, der mit einer Platte voller Schnittchen die Cocktailparty betritt, durch die Reihen geht und jeden, der möchte, etwas nehmen lässt.

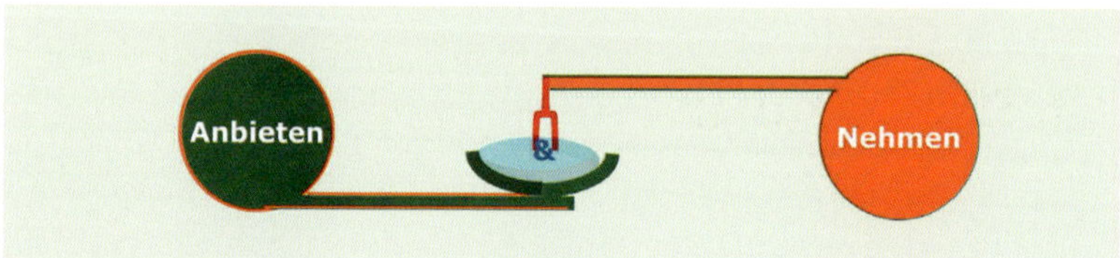

Abb. 27 Anbieten & Nehmen

Der Nehmer sieht sich das Angebot an, wägt vielleicht ab und trifft dann eine Entscheidung, was er nimmt und was nicht. Damit entscheidet er selbst darüber, was zu ihm kommt und was nicht. Die Übergabe an sich kommt hier beim entscheidenden Schritt durch den Nehmer zustande. Eine der Besonderheiten im Anbieter-Nehmer-Prozess: Der Anbieter gestaltet sein Angebot und überlässt es dem Nehmer, ob die Transaktion stattfindet oder nicht. Die Werthaltigkeit des Angebots sollte auch unabhängig vom Nehmer sein. (Im Beispiel: Die Schnittchen sind nicht unbedingt schlechter, wenn sich niemand für sie entscheidet). Es kann einfach sein, dass es zurzeit keine Abnehmer gibt. Wenn der Anbieter die Werthaltigkeit seines Angebots an die Handlung des Abnehmers knüpfen würde, trüge das Angebot unberechtigterweise eine Last und der Nehmer ebenso. Wenn Sie beispielsweise einer von nur wenigen Zuhörern in einem fast leeren Vortragssaal sind und der Gastgeber oder der Vortragskünstler beginnt mit den Worten, „leider sind ja nur sehr wenige Zuhörer zu diesem wichtigen Vortrag gekommen …“, dann wünschen Sie sich vielleicht, nicht einer dieser Wenigen zu sein, die das Angebot zu kommen angenommen haben.

Bildlich könnte man diese beiden Handlungsmodi so sehen: Die Hand des Anbieters ist nach oben offen, und auf ihr liegen die Möglichkeiten. Die Hand des Nehmers pickt mit „spitzen Fingern“ das aus dem Angebot heraus, was ihm zusagt. Hier stellt die Abnehmerseite die Bedingungen und entscheidet, was sie nimmt und was nicht. Sie ist aktiv und tendenziell robuster als die empfangende Seite in der ersten Kombination.

Die Verletzungsgefahr ist beim Anbieten und Nehmen auf den ersten Blick geringer, weil bedingungslose Offenheit nicht erforderlich ist. Allerdings gibt es andere Risiken: Der Nehmer in seiner Robustheit nimmt vielleicht dort, wo es gar kein Angebot gibt. Das nennt man dann Diebstahl oder feindliche Übernahme. Oder der Anbieter überlässt dem Nehmer nur scheinbar die Wahl, nutzt aber tatsächlich dessen Not oder Triebhaftigkeit aus. Das heißt dann Vorteilnahme oder auch unethisches Handeln.

In Stille wenden

Abb. 28 In Stille wenden

Haben Sie schon einmal den Moment erlebt, in dem aus Ebbe fast unmerklich Flut wird oder umgekehrt? Oder diese Millisekunde, in der die Nacht zum Tag wird oder der Tag zur Nacht? Oder, für Freunde des Dreiecks, wenn die Rangrichtung sich plötzlich ändert, und der Gastgeber ist auf einmal der Gast? In diesem Moment herrscht Stille. Diese Stille hat die gleiche Qualität wie der kleine Moment, den man im Coolspot erleben kann. Wer diesen Moment erspürt und rahmen kann, gibt Sicherheit und macht vieles möglich.[5]

Für alle Freunde des Verkaufs und der Arbeit an der Kundenfront: Sie machen ein Angebot, Sie verhandeln, Sie bereiten den Weg vor. Dann plötzlich spüren Sie: Jetzt ist der Punkt da, an dem aus dem Interessenten tatsächlich ein Kunde werden will. Wenn es gut läuft, gibt es vielleicht sogar einen Moment körperlicher Nähe und Bekräftigung durch einen Handschlag. Man kann spüren, dass sich an dieser Stelle etwas dreht. Das ist der Moment des Rangwechsels.[6]

5 Siehe in diesem Zusammenhang auch das klassische Konzept von καιρός in der altgriechischen Philosophie. Literaturhinweise unter http://en.wikipedia.org/wiki/Kairos.

6 Siehe im Detail hierzu Kapitel 15.

Eine solche Stille können Sie auch spüren, wenn Sie ein Geschenk machen und der Empfänger empfängt es mit großer Freude und Dankbarkeit, ist möglicherweise sogar gerührt. Er kann ganz ruhig und wie verzaubert sein, aber auch vor Freude schreien und Ihnen um den Hals fallen. Dann erinnern Sie sich als Geber vielleicht beglückt daran, welchen langen Weg Sie gegangen sind, damit dieser Moment möglich werden konnte. Mit Stille umzugehen und sie in alltägliches Geschehen einzubauen, ist eine Kunst. Durch Aufmerksamkeit, innere Arbeit, unablässiges Üben und dank der Freude an den ersten Erfolgen kann man sie erlernen und vervollkommnen. Das Funktionieren der komplementären Handlungsmodi hat mit dem Potenzial zu tun, das in der Stille liegt. Etwas Berührendes ist da eingebettet, das man nicht herbeireden kann.[7]

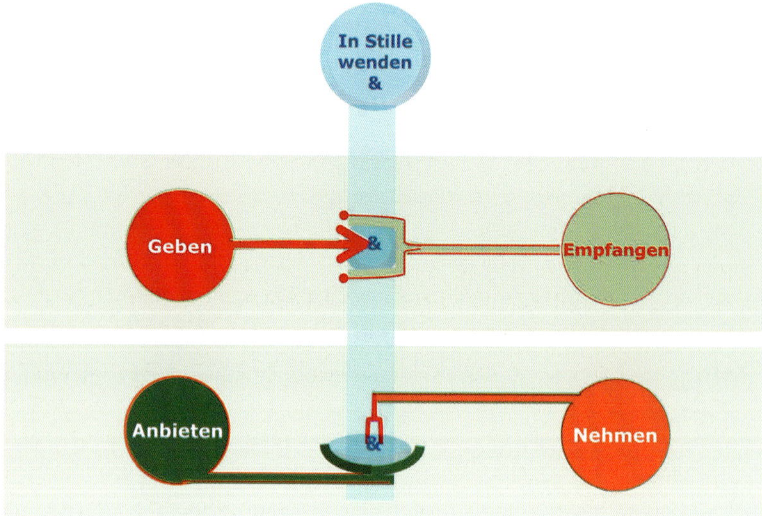

Abb. 29 Fünf Handlungsmodi

[7] Man kann die gleichen Wirkungszusammenhänge übrigens in Trauerarbeit (vgl. hier zum Beispiel: Kübler-Ross, Elisabeth. On Death and Dying. 1969. New York, NY: Scribner Publishers.), in der Auflösung von Traumata oder in der Art, wie in manchen alten Kulturen mit der Heilung von Opfer-Täter-Beziehungen umgegangen wird (vgl. hier zum Beispiel: Sawatsky, The Ethic of Traditional Communities and the Spirit of Healing Justice. 2009. London, UK: Jessica Kingsley Publishers), beobachten.

Handlungsmodi im Konflikt: wenn es nicht komplementär ist

Ein solcher Fall tritt ein, wenn jemand etwas geben will, auf der anderen Seite aber nur ein Nehmer ist – also jemand, der Bedingungen stellt. Oder dann, wenn jemand etwas anbietet, und auf der anderen Seite ist ein Empfänger, der nicht nehmen möchte. In beiden Fällen wird es nicht zur Transaktion kommen, weil die Beteiligten sich nicht in der Mitte treffen können. Man könnte es auch so sehen, dass es keinen verbindenden Spirit zwischen ihnen gibt.

Ebenso in der Sache, aber anders im Ausgang ist es, wenn ein Geber auf einen Nehmer trifft. Wenn nämlich nach der Gabe des Gebers gegriffen wird, geschieht auch hier etwas Unangemessenes. Beide Seiten sind aktiv, und es gibt an der Übergabestelle zu viel Energie. Stellen Sie sich vor, Sie überreichen ein Geschenk, und der Empfänger reißt es Ihnen aus der Hand. Nur wenn es sich dabei um ein kleines Kind handelt, ist das schnell vergeben. In allen anderen Fällen wird man eher peinlich berührt sein, und der Moment, in dem die Gabe von der einen Hand in die andere geht, ist alles andere als still.

Unangenehm kann es auch sein, wenn ein Anbieter mit einem Gegenüber zu tun hat, das nicht auf Nehmen, sondern auf Empfangen eingerichtet ist. Wahrscheinlich ein eher seltener Fall, aber das Bild sieht dann so aus, dass ein Empfänger auf etwas wartet und ein Anbieter ebenfalls – nämlich darauf, dass ihm der andere etwas aus der Hand nimmt. Der Paketbote zum Beispiel könnte ungeduldig werden, wenn er Ihnen Ihr Paket überreichen will, Sie aber darauf warten, dass er es in Ihrer Diele abstellt. Wenn man auf der Cocktailparty am Buffet Hunger und Durst stillen möchte, muss man aktiv werden und zugreifen, mit einem leeren Teller herumzustehen und zu erwarten, dass jemand ihn füllt, könnte dagegen sehr enttäuschend werden.

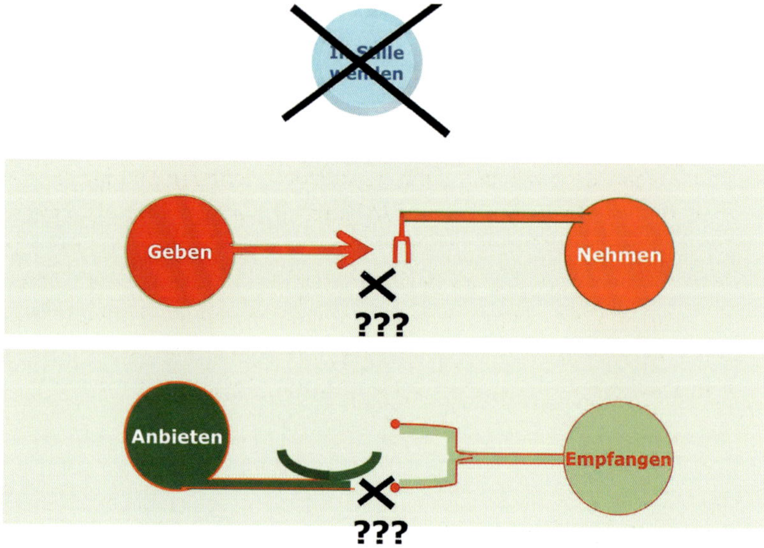

Abb. 30 Handlungsmodi im Konflikt

Es stellt sich natürlich die Frage: Kann man all das reparieren? Und die Antwort ist: Ja, wenn einer der beiden potenziellen Partner in den komplementären Modus umschaltet.

In der Praxis

In der freien Wildbahn täglicher Interaktionen gibt es für jeden Handlungsmodus eine Vielzahl von Ausdrucksformen, die sich mehr oder weniger leicht einem Modus zuordnen lassen. Die Handlungsmodi sind ein gutes Hilfsmittel, um in einer schwierigen Situation die Beziehung zum Gegenüber auszuleuchten und zu balancieren. Allerdings ist es nach unserer Erfahrung wenig erquickend, alle täglichen Handlungen daraufhin zu untersuchen; man würde sich hoffnungslos selbst im Weg stehen. Intuition ist hier alles. Durch innere Arbeit und erhöhte Aufmerksamkeit lässt sie sich dahin entwickeln, dass man den passenden Handlungsmodus immer leichter fast von selbst nutzt und es nicht einmal merkt. Welcher gerade gefragt ist, kann sich natürlicherweise in jedem Augenblick ändern, und so gilt es, die Modi wie die Schritte in einem gekonnten Tanz geschmeidig ineinander übergehen zu lassen.

Geben und Nehmen?

Oft hört man, vieles sei „eine Frage von Geben und Nehmen". Nach dem, was wir Ihnen in diesem Kapitel vorgestellt haben, funktioniert gerade das allerdings nicht zusammen. Vielleicht könnte man den Ausdruck aber als Abkürzung für die Beschreibung einer Lieferkette mit mehreren Transaktionen sehen: „Wenn du gut gibst, wirst du auf den richtigen Empfänger stoßen. Der wird das Empfangene in seine Abläufe aufnehmen und ein neues Angebot daraus machen. Dieses Angebot wird so gut sein, dass es die Antwort auf einen Mangel gibt. Wer an diesem Mangel leidet und Abhilfe sucht, wird sich nach einem guten Angebot umsehen und es würdigen können. So wird er als Nachfrager die passende Wahl treffen, das Angebot annehmen und einbauen. Um selbst ein noch besserer Anbieter und Lieferant zu werden …"

Übung 13: Den Handlungsmodi Aufmerksamkeit geben

Erste Herausforderung: Geben

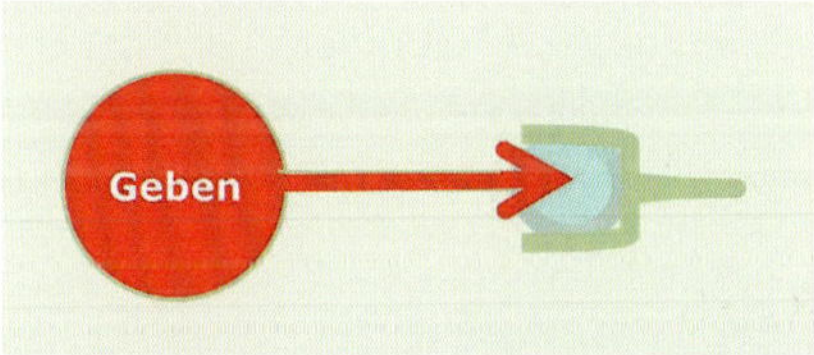

1. Denken Sie an einen Fall, in dem Sie einem Mitarbeiter eine Aufgabe übertragen haben und mit der Ausführung nicht zufrieden sind. Was ist nicht okay (nicht vollständig, anders als erwartet, verspätet …)? Schreiben Sie es auf.
2. Nun fragen Sie sich: Hat der Mitarbeiter die Aufgabe wirklich in Empfang genommen? Sind Sie sicher, dass er im Empfangsmodus war? Haben Sie sie wirklich abgegeben? Darf er sie als seine eigene behandeln? Gibt es einen klaren Termin für die Erledigung oder Meilensteine für Zwischenetappen? Bedenken Sie: Was Sie geben, gehört dann dem Empfänger, und Sie haben es nicht mehr in der Hand. Wenn Sie nach Zwischenergebnissen fragen möchten, sollten Sie das aus der Position eines Gastes tun. Haben Sie dafür gesorgt, dass er wirklich Ihr Gastgeber sein kann?

3. Sind Sie sauer? Dann bringen Sie sich jetzt in einen wohlwollenden Zustand – so wie Sie es individuell praktizieren oder beispielweise wie in Übung 10 beschrieben.
4. Sehen Sie sich dann Ihren Fall noch einmal an – nun wohlwollend. Was könnte zwischen Ihnen und Ihrem Mitarbeiter, zwischen Geben und Empfangen, schiefgelaufen sein? Schreiben Sie es auf.
5. Finden Sie Lösungen, um die Situation zu klären und in einen gemeinsamen Flow zu kommen. Notieren Sie sich konkrete nächste Schritte, setzen Sie sie in die Tat um und richten Sie Ihre Aufmerksamkeit dabei auf die Handlungsmodi, in denen Sie agieren.

Zweite Herausforderung: Empfangen

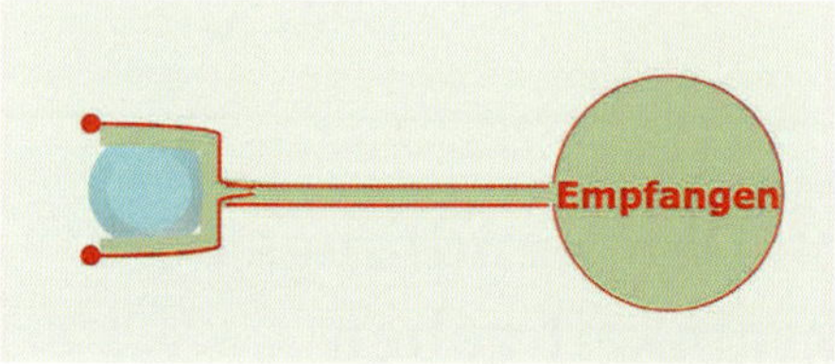

1. Die Grundannahmen: Ein großer Teil Ihres Erfolgs ist von Ihnen gemacht – durch Aktivitäten, Strategien, Weichenstellungen und dank Mut, Durchhaltevermögen und Überzeugungskraft. Und ein Teil Ihres Erfolgs wurde Ihnen geschenkt – durch glückliche Umstände, wohlwollende Menschen, eine Art Zauberei, und dank Bescheidenheit, Zurückhaltung und feinem Gespür. Um diesen Teil soll es jetzt gehen.
2. Nutzen (empfangen) Sie zunächst die Gunst des richtigen Augenblicks: Machen Sie diese Übung, wenn Sie in einem der nächsten Meetings feststellen, dass Sie entspannt, milde gestimmt und wohlwollend sind. Setzen Sie sich ein (sauberes) Ziel[8], das Sie in diesem Meeting erreichen möchten.
3. Nutzen Sie nun das Meeting, um zu „ernten". Gehen Sie davon aus, dass alles, was geschieht, Sie Ihrem Ziel näherbringt, auch wenn es zwischendurch überhaupt nicht danach aussehen mag. Seien Sie wohlwollend. Stellen Sie sich vor, dass der Prozess Sie fast von allein an Ihr Ziel bringen wird, und stehen Sie ihm nicht im Weg. Sammeln Sie alles, was Ihnen auffällt.
4. Checken Sie am Ende des Meetings Ihr Ziel. Was ist daraus geworden? Was ist erreicht? Was ist noch zu tun? Wurde etwas ganz anderes erreicht als Ihr Ziel? Ist das auch ein gutes Ergebnis? Können Sie es respektieren? Machen Sie sich einige Notizen zu Ihren Beobachtungen und Erfahrungen.

[8] Siehe Kapitel 12.

5. Was stellen Sie Ihrerseits jetzt, nachdem Sie alles empfangen haben, Ihrer Umgebung wohlwollend zur Verfügung?

Wiederholen Sie diese kleine Übung bei unterschiedlichen Gelegenheiten und empfangen Sie auch wohlwollend das Feedback Ihrer Umgebung. Vielleicht gibt es öfter lustige Momente.

Dritte Herausforderung: Anbieten

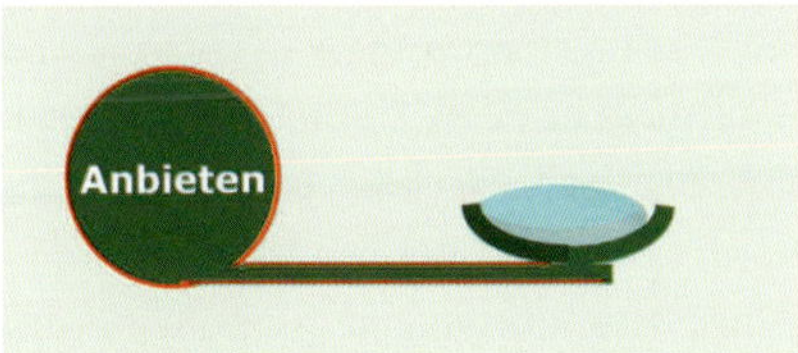

1. Machen Sie die Übung, wenn Sie das nächste Mal ein Angebot vorbereiten. Achten Sie auf Ihre Zielrichtung und Ihre innere Verfassung. Der Vorsatz „Der Kunde bekommt von mir ein Angebot, das er unmöglich ausschlagen kann" steht einem Angebot im Weg, denn der Kunde muss es ablehnen dürfen. „Eigentlich ist die ganze Mühe umsonst, denn der gibt mir bestimmt wieder keinen Auftrag" kann leicht als Bumerang wirken oder als eine Prophezeiung, die sich mühelos von selbst erfüllt. Das stünde Ihrem Ziel im Weg.
2. Also achten Sie auf eine Haltung wie: „Ich mache jetzt ein wirklich gutes Angebot und bin gespannt, was dabei herauskommen wird." Betrachten Sie Ihren Kunden wohlwollend und geben Sie ihm Raum für eine eigene Entscheidung Wenn Sie später nachfassen, machen Sie es ebenso. Geben Sie bereitwillig weitere Auskünfte, verhandeln Sie, und behalten Sie dabei das Wohl des Kunden im Auge. Achten Sie darauf, dass das Angebot weder Ihre eigenen Möglichkeiten noch die des Kunden übersteigt. Stellen Sie sich vor, dass Sie eher neben ihm stehen als ihm gegenüber.
3. Hat er Ihr Angebot angenommen? Herzlichen Glückwunsch! Hat er es (jetzt) nicht angenommen, und Ihre Beziehung ist dabei gewachsen? Gut gemacht! Vermutlich ist die Zeit noch nicht reif für den Auftrag. Oder es wird ein anderer Auftrag werden. Sie können es später wieder versuchen.
4. Halten Sie die Beziehung lebendig und den Raum offen. Vielleicht ist Ihr Angebot für einen anderen Kunden passend? Nutzen Sie jede Gelegenheit zum Üben.

Vierte Herausforderung: Nehmen

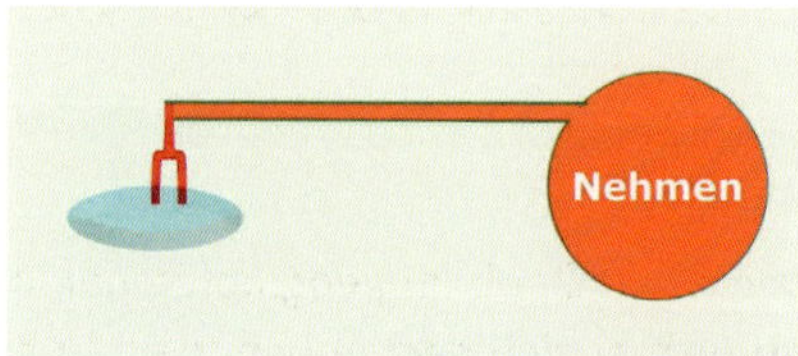

1. Hier gibt es eigentlich nur eins zu beachten: Wenn Sie zugreifen wollen, vergewissern Sie sich, dass es tatsächlich ein Angebot gibt. Sie merken es daran, dass der Anbieter sich über Ihr Zugreifen freut.
2. Schärfen Sie Ihre Aufmerksamkeit für solche Interaktionen, wann immer sich Gelegenheiten bieten. An der Reaktion Ihres Gegenübers können Sie ablesen, ob Sie richtig liegen. Wenn Sie nicht sicher sind, fragen Sie nach: „Ist das ein Angebot, das ich nehmen darf?"
3. Viele Anbieter erleben einen Moment des Glücks, wenn ihr Angebot angenommen wird. Wenn Sie Ihre Entscheidung für die Annahme eines Angebotes deutlich und klar ausdrücken, erhöhen Sie wahrscheinlich die Qualität der Zusammenarbeit rund um die Realisierung des Angebotes.

Fünfte Herausforderung: in Stille wenden

1. Schärfen Sie Ihre Wahrnehmung für subtile Signale in der Interaktion mit anderen. Seien Sie wohlwollend, wann immer es Ihnen möglich ist. Das sind die besten Voraussetzungen, um die Momente zu erwischen, in denen plötzlich alles ganz anders ist und der Modus sich ändert. Je entspannter Sie sind, desto leichter können Sie darauf reagieren. Genießen Sie den Flow.
2. Strengen Sie sich nicht an, überfordern Sie sich nicht. Seien Sie auch sich selbst gegenüber wohlwollend und großzügig. Nehmen Sie alles nicht zu ernst. Sorgen Sie für entspannende Momente und ermöglichen Sie Coolspots. Sie werden bald viele Fans haben.

12 Effektivität steigern: das Geheimnis sauberer Ziele

Wer ein Ziel erreichen will, ob im geographischen oder übertragenen Sinn, will von dem Ort, an dem er sich gerade befindet, zu einem anderen Ort, von dem er zumindest eine Ahnung hat. Und um das zu tun, bewegt er sich. Wenn es gut läuft, ist diese Bewegung mit dem Ort abgestimmt, von dem man aufbricht, und auf den Ort bezogen, den man erreichen will. Und das, was auf diesem Weg geschieht, macht möglich, dass der Weg gegangen werden kann. Oft passiert Überraschendes, und glücklich fügt sich so manches, das man vorher so nie erwartet hätte. Am Ziel angekommen, macht die Rückschau zufrieden, und das Ergebnis ermutigt dazu, auch wieder etwas Neues anzufangen.

Wenn es nicht gut läuft, sieht es oft so aus, als finde keine wirkliche Bewegung statt. Es wirkt nicht lebendig, es laufen Muster ab, die sich ständig wiederholen. Überraschungen gibt es eher nicht. Unzufriedenheit mit den Ergebnissen kommt auf und Mutlosigkeit bei dem Gedanken, weiterzugehen und noch einmal etwas Neues anzufangen.

Für einen guten Lauf: die Sauberkeit des Ziels

Wenn man über Ziele und Bewegung nachsinnt, kann man aus dem Leben in der Natur eine ganze Menge lernen, in einer Natur, die man selbst nicht beherrschen, deren Kräfte und Zusammenspiel man aber als eine Art Bundesgenossen an seine Seite holen kann. Da geht es um mehr als Hebelkräfte und das Generieren von Momentum, es geht auch um das, was im Sinne des Lebens und Wachsens der persönlichen und gesellschaftlichen Weiterentwicklung von Menschen förderlich ist. Ein erfahrener Segler wird nicht gegen den Sturm segeln, sondern er wird das Wetter „abreiten", um so dahin zu kommen, wo er hin will. Eine erfahrene Führungskraft wird mit einem jungen Mitarbeiter Ziele vereinbaren, die dieser auch erreichen kann, ohne dass sein Leben und das Zusammenleben mit seinen Angehörigen Schaden nehmen. Ein erfahrener Projektleiter wird, bevor er die Aktivitäten aufnimmt, checken, in welchem Feld sein Team beim Kunden tätig sein wird und welche Positionen und auch Schattenpositionen da miteinander wirksam sein könnten.[1] In alten Geschichten und Überlieferungen befragen die Helden vor einem gefährlichen Abenteuer das Orakel oder andere Instanzen der Weisheit. Warum? Weil sie wissen, dass sie sich auf etwas einlassen, das sie nicht wirklich kontrollieren können, und weil sie sich vergewissern wollen, dass das, was „werden will", auf ihrer Seite ist und nicht gegen sie. In diesem Sinne macht man heute Machbarkeitsstudien, SWOT-Analysen (Strength Weakness Oportunity Threads) und Szenario-Planungen und versichert sich im besseren Fall der Unterstützung derer, die im Feld beteiligt sind.

So wie beim Segeln sauber gesetzte Segel für beste Windausnutzung sorgen, so sorgen sauber gesetzte Ziele dafür, dass die Kräfte sich ausrichten und bündeln lassen. Das erleichtert es den Beteiligten, sich zu bewegen, und die Prozesse lassen sich beschleunigen.

BEISPIEL

In der Arbeit mit einem größeren Team wurde deutlich, dass einige in die Arbeitssessions Ziele einbrachten, für deren Erreichung nicht sie selbst, sondern andere handeln sollten. Diese Teilnehmer waren am Ende einer Arbeitssession beim Zielcheck regelmäßig sehr unzufrieden und wunderten sich, dass sie „ihre" Ziele nicht erreicht hatten. Diese Unzufriedenheit, die Bedenken und unerfüllten Erwartungen, die da am Schluss zum Ausdruck kamen, wirkten wie eine kalte Dusche für alles, was das Team nach einem Tag gemeinsamer Arbeit erreicht hatte.[2] Immer wieder sah es so aus, als sei gar nichts erreicht worden. Die Unzufriedenheit einiger Teilnehmer hatte eine viel stärkere Wirkung auf die Gemeinschaft als die Zufriedenheit einiger anderer.

Wichtig sind Prinzipien, die Zielen dazu verhelfen, eine klare Richtung vorzugeben, und die die Beteiligten ihre eigenen Kräfte mobilisieren lassen. Wir nannten diese Ziele saubere Ziele.

1 Im Sinne des Schmerzes in der Kunden-Organisation (siehe Kapitel 8) würde die Frage lauten: Was meldet sich im Kundenfeld und wartet darauf, in einen lebensorientierten Zustand zu kommen? Und wie kann sich das auf mich und mein Team auswirken, wenn wir von diesem Problem erfasst werden?

2 Aus der Perspektive von Kapitel 8 ist diese „Concern-Kultur" ein Schmerzkörper-Phänomen, das eigentlich die Fähigkeit blockiert, „doable action" im Sinne von Kunden und Mitarbeitern zu entwickeln.

Was Ziele sauber macht

Ein sauberes Ziel berücksichtigt, was Antriebskraft gibt, was für Unterstützer attraktiv ist und Unbeteiligte nicht schädigt, was die Grenzen des eigenen Terrains respektiert und einem größeren Ganzen nützt. Man könnte also auch sagen: Saubere Ziele sind ethisch in Ordnung, nachhaltig, menschenfreundlich, an qualitativem Wachstum orientiert und vieles mehr.

Ein sauberes Ziel

- **bezieht sich auf den Autor und Akteur selbst:** Der Autor und Akteur des Ziels handelt selbst, um sein Ziel zu erreichen und lässt nicht andere für sich arbeiten. Beispiel: Statt „mein Ziel ist es, dass meine Mitarbeiter das beste Team sind" würde es besser heißen: „Mein Ziel ist es, alles mir Mögliche zu tun, damit meine Mitarbeiter das beste Team sein können."
- **hat für den Autor und Akteur Anziehungskraft:** Der Autor und Akteur verbindet mit dem Ziel etwas, das für ihn persönlich attraktiv ist. Beispiel: Statt „Ich muss diese Angelegenheit unbedingt erledigen, weil wir sonst den Auftrag nicht bekommen" wurde es besser heißen: „Ich freue mich auf eine Zusammenarbeit mit dem Kunden und bin bereit, diese Angelegenheit, die noch wie ein Hindernis im Weg liegt, vorher zu erledigen."
- **dient auch dem Wohl anderer:** Wenn der Autor und Akteur mit seinem Ziel nicht nur das eigene, sondern auch das Wohl anderer im Auge hat, bekommt der Prozess der Zielerreichung Momentum — weil der Autor und Akteur sich mit der Welt verbunden sieht, und weil er potenziell die Energie und Unterstützung anderer auf seiner Seite hat.
- **nimmt andere mit:** Das Ziel ist auch einladend und attraktiv für andere. Der Autor und Akteur muss nicht alles allein tun, und er muss andere (beispielsweise Mitarbeiter) tendenziell nicht zur Mitarbeit „zwingen". Da das Ziel bereits für sich spricht, wird er auf seinem Weg eher auf Freiwillige treffen, die mit ihm zusammenarbeiten und sich mit ihm für das Ziel einsetzen wollen.
- **ist sinnstiftend:** Das Ziel wirkt über sich selbst hinaus, ist kein Selbstzweck. Es fügt sich in etwas Größeres ein und macht in einem größeren Zusammenhang Sinn. Es kann sogar in diesem Zusammenhang auch Orientierung bieten.
- **erlaubt es, aufrichtig zu sein:** Das Ziel ist frei von Energie bindenden Konstruktionen, die „So-tun-als-ob" brauchen. Es braucht keine vorgeschobenen Gründe oder künstlich konstruierte Rechtfertigungen, um akzeptabel zu sein. Der Autor und Akteur kann mit voller Kraft an die Arbeit gehen und braucht keine Energie, um zum Beispiel belastende Nebenbedingungen unter dem Deckel zu halten.

- **verletzt keinen, nimmt nichts weg, bestraft nichts und niemanden:** Diese Bedingung wirkt oft besonders klärend bei der Zielformulierung. In geschäftlichen Zusammenhängen wirkt sie manchmal irritierend, bis man feststellt, dass man tatsächlich effizient und effektiv sein kann, ohne dass jemand anderes dadurch verletzt oder bestraft werden muss. Wenn man einen Sieg erringen möchte, tut man es um des Sieges willen und nicht, um einen anderen zu besiegen, ihm zu schaden oder sich an ihm zu rächen. Man nimmt nicht etwas an einer Stelle, an der es kein Angebot gibt.
- **baut keine Lasten oder Schuld auf, die anderes Terrain einschränken oder verschmutzen und später (von anderen) beseitigt werden müssten:** Das ist eine sehr herausfordernde Bedingung, die aber heute im Hinblick auf zum Beispiel Umweltschutz, Corporate Social Responsibility und Nachhaltigkeitsorientierung leichter zu verstehen ist. Sie schließt so etwas wie „nach mir die Sintflut" aus. Das Ziel soll auch nicht erreicht werden, indem man „verbrannte Erde" hinterlässt.
- **braucht Aufrichtigkeit:** Das Ziel erlaubt nicht nur den Handelnden Aufrichtigkeit, sondern es selbst braucht diese auch von Anfang an, um sich verwirklichen zu können. Hier kommt wieder zum Ausdruck, dass es in die umgebende Welt integriert ist. Um es zu erreichen, ist ein Weg zu gehen, der immer wieder Engagement braucht. Und es braucht jemanden, der offen für Überraschungen ist und auch bereit, Missverständnisse auszuräumen. Nehmen wir zum Beispiel an, Sie sind Betreiber eines Kernkraftwerks und haben einige Tanks voll mit kontaminiertem Wasser. Dieses Wasser müssen Sie loswerden. Ihr Ziel heißt also: „Ich brauche einen Weg, um dieses Wasser loszuwerden und damit keinen Schaden anzurichten." Um das zu bewerkstelligen, brauchen Sie die Aufrichtigkeit, um alle Beteiligten in Ihrer Umgebung in diesen Prozess mit einzubeziehen.
- **lässt sich intuitiv als sauberes Ziel wahrnehmen:** Dieses Prinzip lädt dazu ein, ein Ziel auch mit anderen Sinnesorganen als dem analytischen Denken zu überprüfen und zu erspüren. Oft ist es hier hilfreich, auf die Stimmen von Nicht-Denkern, Kindern, Alten oder Außenseitern zu hören.

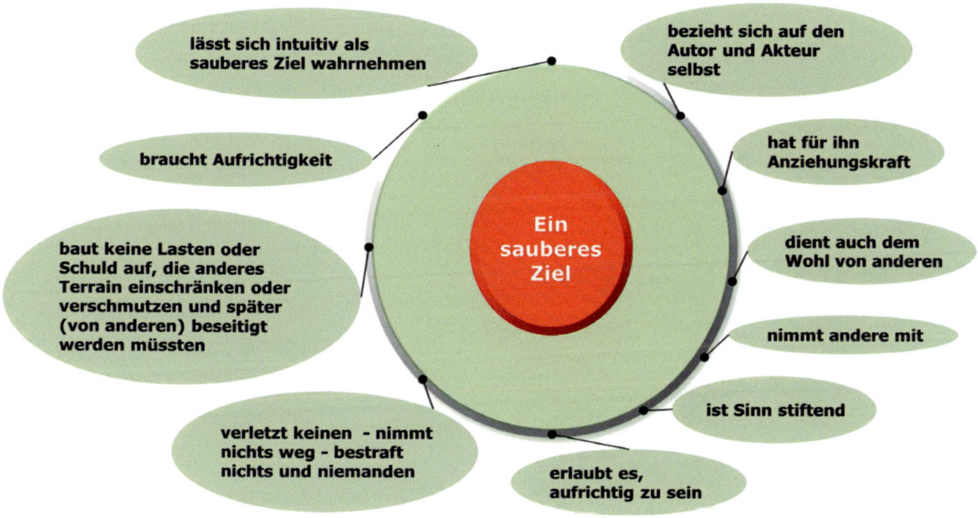

Abb. 31 Ein sauberes Ziel und seine Prinzipien

Wenn ein Ziel nicht erreicht wird

In einem solchen Fall lohnt es sich immer zu prüfen, wie es um die obengenannten Prinzipien steht. Vielleicht gibt es etwas anzupassen, das man vorher nicht gesehen hat. Es folgen zwei Beispielziele, die zeigen, woran man merken könnte, dass etwas „nicht ganz sauber" ist, und eine Art Checkliste, um die eigene Sicht zu verbessern.

Das Verdrängungsziel

Konkretes Beispiel aus dem Alltag: Ein Anbieter hat sich vorgenommen, einen anderen zu verdrängen. In diesem Ziel kommen der Nutzen und das Wohl anderer nicht vor. Im Gegenteil: Es geht ausschließlich um den Anbieter selbst, um seine Sichtweise auf den anderen und um sein Gefühl, man „müsse" dessen Position einnehmen. Ist aber wirklich nur das Bedürfnis am Werk, das sagt: „Ich brauche diesen Energieschub, die Nr. 1 zu sein"? Solche Ziele werden in Unternehmen wie auch im Sport gern ausgegeben, weil man meint, sie seien überzeugend und in der Lage, alle Kräfte zu mobilisieren. Vielleicht auch, weil man nicht näher bestimmen will, wie dieses Ziel erreicht werden soll, oder weil man will, dass sich alle auf dieses eine Ziel konzentrieren und sich um nichts anderes mehr kümmern. Wenn es dem Anbieter darum ginge, eine bestimmte Leistung zum Nutzen der Kunden und zum Füllen einer Angebotslücke in den Markt zu bringen, ließen sich vermutlich viel mehr unterstützende und kooperierende Kräfte mobilisieren. Es gäbe mehr Zufriedenheit bei den Nutzern, und nach dem Erreichen des Ziels wäre ein Follow-up möglich, das nicht nur aus Angriff und Verteidigung bestünde.

Die falsche Zielgröße

Was immer in Betracht zu ziehen ist, wenn ein Ziel nicht erreicht wurde: Die angenommene Zielgröße ist nicht die Messlatte, die das Erreichen des Ziels wirklich misst. Dies zeigt sich an einem Beispiel aus dem Vertrieb: Man setzt sich Umsatzziele und spricht vom „Umsatz machen". Umsatz entsteht aber dadurch, dass Kunden Leistung bezahlen. Was man als Lieferant als Ziel haben kann, ist eine Verbesserung der eigenen Leistung oder der Art, wie man sie erbringt. Auch eine Weiterentwicklung der Art und Weise, wie man den Kunden in Empfang nimmt, oder des Stils der vertraglichen Abwicklung sowie der Balance von Leistung und Gegenleistung können erfolgversprechende Ziele sein. Natürlich misst man konsequenterweise in Umsatz oder Marge, aber die Zielgrößen, die die Akteure selbst erreichen können, sind andere. Es könnte also durchaus sein, dass man das Ziel erreicht hat, die richtigen Kunden zum richtigen Zeitpunkt in der richtigen Weise zu erreichen und mit ihnen zusammenzuarbeiten. Und dennoch ist der Umsatz nicht da, wo man ihn sich erwünscht hat und wo man ihn vielleicht auch „braucht". Dann ist vielleicht nur die Zeit für neue Aufträge noch nicht reif — und es ist ja nicht Aufgabe der Kunden, die Bedürfnisse ihres Lieferanten zu erfüllen.

Checkliste: die Sicht verbessern

Oft ist es so, dass man im ersten Anlauf alles berücksichtigt und sehr gute Gründe für ein Ziel hat. Durch den Weg, den man dann geht, um das Ziel zu erreichen, erweitert sich häufig die Sicht und man erkennt Aspekte, die man vorher nicht sehen konnte:

- Checken Sie, ob Sie eventuell ein gegen Sie selbst gerichtetes Ziel hatten: Zum Beispiel haben Sie sich besonders viel in besonders kurzer Zeit vorgenommen, weil Sie glaubten, vorher schon viel Zeit verloren zu haben. In diesem Fall soll dann etwas anderes dafür „büßen", dass Sie vorher mit sich selbst unzufrieden waren. Das macht man gern, wenn man aus dem Schmerzkörper-Modus operiert.

- Checken Sie, ob das Nicht-Erreichen eventuell auch „noch nicht“, „nicht mehr“ oder „jetzt nicht“ bedeuten könnte.
- Fragen Sie sich, welches Ziel Sie eigentlich hätten formulieren müssen, um genau das zu erreichen, was Sie jetzt erreicht haben. War es vielleicht eine Vorstufe, die Sie vorher nicht gesehen hatten? Mussten Sie noch Verbündete für den nächsten Schritt finden?
- Hören Sie unter Umständen damit auf, nicht erreichten Zielen nachzujagen, indem Sie aus dem bisher Erreichten etwas lernen über die besonderen Qualitäten, die Ihnen zur Verfügung stehen. Bauen Sie diese Qualitäten in Ihre neuen Ziele ein, und behalten Sie dabei den Aspekt „zum Wohle anderer“ im Auge.
- Und falls Sie beim Erreichen eines Ziels richtig gescheitert sind: Wenn Sie den ersten Schrecken hinter sich haben, gibt es kreative und weiterführende Fragen wie: „Wenn dieses Scheitern mich auf einen anderen Weg lenken könnte, welche Elemente und Visionen gehören dann zu diesem Weg?“, „Was könnte mir dieser Weg bringen, was ich heute nicht habe?“, „Für wen würde ich diesen neuen Weg gehen?“

In diesem Zusammenhang hier ein Trost aus der Welt der Schauspielkunst, wie sie Kirk Baltz lehrt[3]: „Der Schmerz ist eine Quelle für Kunst. Die Verletzlichkeit erhöht den Grad der Kunst.“

Träume, Visionen, Intuition, Wünsche, Intentionen

Eine vielfach noch unentdeckte Quelle für gute Ziele können Träume sein, Träume im Sinne von Prä-Emergenzen.[4] Da ist plötzlich etwas in der Welt, vage beschreibbar, anziehend und verlockend, und dadurch bereits wirksam. Wenn man systematisch damit arbeitet, ist es so, als sähe einen etwas an, das zeitlich vor einem liegt: eine Vision davon, wie es einmal werden könnte. Das Besondere an solchen Visionen ist, dass sie auf die, die es betrifft, eine Sogwirkung haben.

Wer sich wirklich von Visionen leiten lassen will, muss zu seiner Identität stehen. Das ist verwandt mit dem Prinzip, dass ein sauberes Ziel seinen Autor auch als Akteur braucht, um erreicht zu werden. Im Zusammenhang von Unternehmen zeigt sich an dieser Stelle, ob die Führungskräfte ihre Führungsposition im Unternehmen wirklich einnehmen (können). Falls nicht, werden sie den Zugang zu dem, worum es in diesem Unternehmen wirklich geht, noch nicht entwickeln können. Dieser Zugang hat mit Intuition zu tun: das körperliche Empfinden oder Erahnen von etwas, das man noch nicht in eine Kausal-

3 Kirk Baltz findet man unter www.kirkbaltz.net

4 Vergleiche Kapitel 5.

beziehung zu bestehenden Fakten packen kann, und für das die Ausdrucksmöglichkeiten noch fehlen. Wir vermuten, dass die Verbindung zur eigenen Identität stark mit dem Zugang zur Intuition und damit auch zur Vision zu tun hat.

Und Wünsche? Wünschen kann man sich alles. Bei Wünschen, deren Autor man ist, muss man nicht unbedingt selbst auch Akteur sein, wir kennen zum Beispiel Gartenfreunde, die sich ständig Regen wünschen. Manchmal wird man mit Wünschen konfrontiert, deren Erfüllung dringende Bedürfnisse der Wünschenden befriedigen soll. Für diesen Fall lohnt sich das Training, Nein sagen zu können. Wünschen darf man sich zwar alles, aber auf die Erfüllung hat man keinen Einfluss. Daher muss man auch nicht alle Wünsche erfüllen.

Zuletzt Intentionen: Wir haben gute Erfahrungen damit gemacht, mit Intentionen so etwas wie vage Richtungsentscheidungen zu bezeichnen. Man weiß nicht genau, wo man steht. Man weiß nicht genau, wo es hingehen soll. Aber es gibt eine Ahnung, und vor allem gibt es bereits die Entscheidung und die Bereitschaft mitzugehen. In diesem Sinne sollten für saubere Intentionen die gleichen Prinzipien gelten wie für saubere Ziele.

Übung 14: Ein Ziel fruchtbar machen

1. Gibt es ein Ziel, das Sie schon länger verfolgen, aber trotz aller Bemühungen bisher nicht erreicht haben? Das sich aus Gründen, die Ihnen unerklärlich sind, bisher nicht realisieren ließ? Notieren Sie es präzise und mit allem, was Sie damit verbinden. In den nächsten Schritten haben Sie die Gelegenheit, es auf Herz und Nieren zu prüfen. Vielleicht liegt ja in Ihrem Ziel selbst etwas verborgen, das seine Realisierung erschwert oder sogar verhindert.
2. Autor sein – sehen Sie jetzt genau hin: Ist es wirklich Ihr Ziel, sind Sie der Autor? Wurde es Ihnen eher aufs Auge gedrückt? Oder sind Sie vielleicht der Meinung, dass man das mal „dringend in Angriff nehmen" müsste? Wenn Sie feststellen, dass Sie nicht der Autor sind, haben Sie jetzt zwei Möglichkeiten: Lassen Sie es fallen, oder machen Sie es zu Ihrem Ziel und stehen Sie persönlich dafür ein. Woran fehlt es Ihnen eventuell noch? Notieren Sie auch das.
3. Akteur sein: Können Sie dieses Ziel selbst erreichen, oder müssen da eher andere ran? Selbst etwas so Unverdächtiges wie „mein Ziel ist, dass wir hier alle an einem Strang ziehen" braucht noch viele andere Akteure außer Ihnen selbst. Hier kann schon eine neue Formulierung eine neue Perspektive eröffnen: „Ich möchte mich dafür einsetzen, dass ...". Ihr Ziel haben Sie dann erreicht, wenn Sie sich eingesetzt haben, auch wenn vielleicht etwas anderes dabei herauskommt als gedacht.

4. Hat Ihr Ziel Anziehungskraft für Sie, wollen Sie wirklich dorthin? Oder sehen Sie sich gezwungen, wollen sich vielleicht sogar bestrafen, weil Sie es bisher nicht geschafft haben? Modifizieren Sie es gegebenenfalls so, dass das Ziel selbst attraktiv wird, und nicht nur das Ergebnis, das Sie sich davon erhoffen. Oder entscheiden Sie sich dafür, es wirklich zu wollen. Wenn das nicht möglich ist, lassen Sie es eher fallen, sonst bleibt zu viel Raum für Ausreden, wenn es nicht klappt – denn wer will, findet Wege, und wer nicht will, findet Gründe.
5. Dient Ihr Ziel nicht nur Ihnen, sondern auch anderen? Kommt es anderen zugute, wenn Sie es erreichen? Oder müssen die anderen „Ihrem guten Beispiel folgen"? Damit könnten Sie schnell ganz allein sein.
6. Ist Ihr Ziel auch für andere einladend? Das setzt als Erstes voraus, dass es für Sie selbst einladend ist, siehe Punkt 4. Dann haben Sie die Chance, andere „mitnehmen" zu können, was für Motivation, Kraftentfaltung und Kreativität ein großes Plus ist. Sie brauchen dann niemanden zu überreden, und jeder kann Verantwortung für sich selbst übernehmen.
7. Macht es Sinn in einem größeren Zusammenhang? Dient es einer Art von Erfüllung? Nährt es Sie und andere – auch seelisch oder geistig?
8. Können Sie auf dem Weg zum Ziel völlig aufrichtig agieren, müssen Sie nichts verstecken? Das ist gut für klare Sicht und Fokussierung und erspart es Ihnen, Energie in Geheimhaltung oder Verschleierungstaktiken zu stecken.
9. Ist Ihr Ziel nachhaltig in dem Sinne, dass es nicht gegen andere gerichtet ist?
10. Zieht es keine Kollateralschäden nach sich? Wenn Sie Nachteile für andere billigend in Kauf nehmen, bauen Sie Erfolgshindernisse und Störungsquellen ein.
11. Ihr Ziel erlaubt bereits Aufrichtigkeit, und es braucht sie auch – vor allem von Ihnen. Nur Sie selbst wissen, ob Sie aufrichtig sind oder nicht. Alle anderen Beteiligten brauchen von Ihnen Aufrichtigkeit, sonst ziehen Sie Unaufrichtigkeit an.
12. Wenn Sie in sich hineinhorchen: Was spüren Sie? Ist Ihr Ziel sauber? Oder zweifeln Sie noch? Notieren Sie die Punkte, bei denen Sie nicht sicher sind. Notieren Sie auch die Punkte, die Ihnen unerfüllbar scheinen. Machen Sie sich nun auf den Weg zu Ihrem Ziel und behalten Sie die fraglichen Punkte im Auge. Wenn dann unterwegs etwas nicht klappt, checken Sie, ob es an einem dieser Punkte liegen könnte. Finden Sie Lösungen.

PS: Es kommt nicht darauf an, dass Sie perfekt sind. Eher darauf, dass Sie Ihre Wahrnehmung von Fehlerpotenzialen schärfen. Sie werden dann von Hindernissen nicht so leicht überrascht und sind handlungsfähiger. Was sehr hilft: Üben Sie gemeinsam mit einem wohlwollenden Partner und unterstützen Sie sich gegenseitig.

13 Führen wollen: Top Five Führungsqualitäten

Welche Qualitäten, Fähigkeiten und Eigenschaften braucht eine Führungskraft am dringendsten? Auf diese Frage gibt es wahrscheinlich so viele Antworten, wie es Antwortende gibt. So unterschiedlich die Antworten auch ausfallen mögen, so gut ergänzen sie sich auch oft. Dass man das eine braucht, muss ja nicht unbedingt heißen, dass das andere damit überflüssig wäre. Wenn man sich beschränken muss, damit die Antwort griffig bleibt, muss man eben etwas weglassen, das dann wahrscheinlich an anderer Stelle wieder auftaucht. So geht es auch uns mit den Führungsqualitäten, die für uns die fünf wichtigsten sind.[1] Wir können uns auf sie beschränken, weil viele andere in ihnen enthalten sind oder sich aus ihnen ergeben.

Diese fünf Führungsqualitäten basieren auf den individuellen Fähigkeiten und Gaben eines Menschen, und sie haben viel mit Intuition und Inspiration zu tun. Es handelt sich nicht um Techniken, die man einfach anwenden und alles andere beim Alten lassen könnte. Uns geht es eher um Qualitäten, die man aus dem eigenen Inneren heraus entwickelt und verstärkt. Dann „färben" diese Qualitäten alles Gelernte individuell ein und gestalten das konkrete Denken, Fühlen und Handeln. Man wird also wahrscheinlich sich selbst verändern, wenn man sich mit diesen Führungsqualitäten beschäftigt, man wird nicht der oder die Alte bleiben. Und damit wird man auch seine Ergebnisse verändern. Die Verstärkung von Führungsqualität dient in Businesszusammenhängen in erster Linie dazu, die Geschäfte zu verstetigen und sie wachsen zu lassen. Da hat man dann nicht nur Mitarbeiter, sondern auch Kollegen, Kunden, Lieferanten und viele andere Partner zu führen. Und nicht nur das: Man hat sich auch umgekehrt von ihnen führen zu lassen. Sich führen zu lassen, ist nicht nur die Aufgabe für Mitarbeiter, sondern es ist eine Aufgabe, die allen gestellt ist. In unserer Sicht von Gast & Gastgeber kommt sie zum Ausdruck.

1 Wir haben sie bei Mark Silver gefunden, der sie traditionellen Sufi-Weisheiten entnommen hat. S. Mark Silver, Unveiling the Heart of Your Business. 2nd Edition. Portland: BusinessHeart Press 2006.

Führungsqualitäten für jede Lebenslage

Was wir Führungsqualitäten nennen, ist also nicht nur für Führungskräfte im engeren Sinne geeignet, sondern letztlich für alle, die mit anderen zusammen leben und arbeiten. Führen ist in diesem Zusammenhang der verantwortungsbewusste Umgang mit den eigenen Fähigkeiten. Man kann sie immer wieder bewusst ansteuern – gedanklich, körperlich, träumend. Es geht darum, auf die Aufgaben und Fragen, die das Leben stellt, angemessen, wachstumsorientiert und dem Leben zugewandt zu antworten (response-ability), und dazu sind Empfindungen und Intuition ebenso wichtig wie verbale Logik.

Führungskräfte haben – wenn sie wirksam sein wollen – die „Pflicht", ihre Wahrnehmung von sich selbst und dem, was um sie herum geschieht, weiterzuentwickeln. Dies hilft vor allem, mit dem Druck umzugehen, dem man in Führungspositionen, und nicht nur dort, häufig ausgesetzt ist. Nur so kann man immer wieder die innere Balance und die Ruhe finden, die man für wichtige und oft weitreichende Entscheidungen braucht. Man wird sicherer und gleichzeitig freier, und man fühlt sich tendenziell gut aufgehoben, wo immer man gerade ist.

Die hier vorgestellten Führungsqualitäten lösen im besten Fall eine Art lebenslangen Lernprozess aus oder unterstützen ihn. Beenden wird man diesen wohl nicht, aber je früher man anfängt, desto schneller und selbstverständlicher werden die Führungsqualitäten ihre hilfreiche Wirkung im Geschehen entfalten.

Verletzlichkeit

Diese Qualität ist die wichtigste, und von ihr leiten sich die übrigen vier ab. Wir verstehen darunter die Fähigkeit, das Feine und Fragile – das, was höchste Sorgsamkeit braucht – in sich selbst und auch um sich herum zu spüren und den Raum dafür offen zu halten. Wenn das gelingt, hat man auch die Kraft, mit entwaffnender(!) Offenheit und ohne Angriff etwas sagen zu können wie „Ich weiß es nicht" oder „Vielleicht liege ich falsch". Diese Qualität (wieder) in Betrieb zu nehmen, braucht regelmäßiges Training im ganz normalen Leben. Was dazu führt, dass man öfter nicht mehr allein ist. Wenn diese Qualität hingegen brachliegt, ist man eher allein, muss oft alles selbst wissen, immer Recht haben, kann niemanden fragen, sich keinen Rat holen, kann nicht wirklich offen für Neues und Unbekanntes sein. Und vor allem: Man kann nicht aufrichtig um Hilfe bitten.

Verletzlichkeit ist die Qualität, die man auch bei einem kleinen Kind spüren kann. Sie hat etwas Berührendes und auch „Ansteckendes“ oder Inspirierendes in sich. Man könnte sie auch eine Seelenqualität nennen, und sie ist die zentrale Coolspot-Qualität.[2] Allerdings scheint sie auf den ersten Blick wenig alltagstauglich und ungeeignet, um mit den „harten“ Anforderungen des normalen Lebens umzugehen. Mit Business und den damit verbundenen Herausforderungen in dynamischen und komplexen Feldern scheint sie kaum vereinbar zu sein. Wenn es um Effektivität und Effizienz geht, könnte sie unter Umständen sogar lächerlich wirken. Nimmt man einmal nicht diese Sicht von Entweder-Oder ein und erlaubt sich für einen Moment die luxuriöse Sichtweise eines wohlwollenden Beobachters, so sehen Effektivität, Effizienz und planvolles Agieren wie eine rettende Antwort auf die kindliche und scheinbar wenig leistungsorientierte Verletzlichkeit aus.

Wenn Effektivität, Effizienz und planvolles Agieren im Laufe der Zeit zu drückenden Lasten geworden sind, dann werden die Signale lauter, Verletzlichkeit wieder zu entdecken und sie wieder ins Geschehen einfließen zu lassen. Dann wird wieder das wichtig, was Zusammenarbeiten angenehm sein lässt, was die Tür zu einem Ressourcen schonenden Umgang mit den Herausforderungen öffnet und was den Boden für Inspiration und Innovation bereitet. Das Ergebnis: Man trägt weiterhin Verantwortung für andere Menschen und für das geschäftliche Ergebnis, aber man muss nicht alles selbst und allein wissen, man muss nicht alles selbst am besten können, und man muss nicht alles selbst tun. Und: In dieser Führungsqualität „Verletzlichkeit“ steckt die Chance, dass sich alle anderen ebenfalls zu Führenden entwickeln können.

BEISPIEL

Verletzlichkeit ist eine urmenschliche Qualität. Wir haben es in einer Organisation der öffentlichen Verwaltung erlebt: Hier stand man unter der „Führung“ des Ministeriums und fürchtete vor allem „den Druck der Öffentlichkeit und der Politik“. Also gab es den Führungsgrundsatz: „Wir dürfen keinen Fehler machen.“ Das Ergebnis: Alles, was nach Fehlern aussah, wurde schnell weitergereicht oder in endlosen Verfahrensabläufen versenkt und unauffindbar gemacht. Daraus entstand eine ausgeprägte Intrigen-Kultur, es kam zu einem hohen Krankenstand und zu der Unmöglichkeit, mit Konflikten und Kreativem nutzbringend umzugehen. Die Klienten dieser Organisation fühlten sich schließlich oft missverstanden und alleingelassen.

[2] Siehe Kapitel 9.

! ACHTUNG

Die Devise „Wir dürfen keine Fehler machen“ führt nicht dazu, Fehler wirklich und immer zu vermeiden. Wo Menschen sind, werden Fehler gemacht; so furchtbar die Folgen in Einzelfällen auch manchmal sind, verhindern lassen sie sich nicht. (Zum Glück sind die Folgen in den meisten Fällen nicht lebensbedrohlich.)

„Wie gehen wir mit Fehlern um?“ ist eine Führungsfrage, die es erlaubt, aus Fehlern zu lernen und ihrer Behebung größte Aufmerksamkeit zu geben. Wo Fehler verboten sind, müssen sie eher vertuscht werden, wenn sie verbotswidrig dann doch passieren. Das bürdet die Folgen denen auf, die sie erleiden, und man lässt die Betroffenen mit diesen Folgen dazu noch allein. Eine Fehlerkultur, ein verantwortungsvoller und lösungsorientierter Umgang mit Fehlern ist ein wichtiger Bestandteil der Unternehmenskultur, und Verletzlichkeit ist dafür eine grundlegende Qualität. Wer sich der eigenen Verletzlichkeit bewusst ist, kann sie auch bei anderen wahrnehmen. Wer Mitgefühl für sich selbst hat, kann es auch für andere haben. Härte gegen sich selbst und andere mag in einigen Situationen manchmal nötig sein; wenn sie aber allgemeingültiges Führungsprinzip wird, gibt es viele Verletzte.

Wer seine Verletzlichkeit spüren und sie in sein Leben und Erleben aufnehmen kann, ist tendenziell nicht mehr allein. Wer sich Neuem und Unbekanntem öffnet und nicht alles schon vorher „weiß“, kann vieles entdecken, sogar eigene besondere Gaben, Stärken oder Privilegien, die dann auch einsatzfähig werden. Verletzlichkeit schafft viele Zugänge und erleichtert auch den Zugang zu den folgenden vier Führungsqualitäten.

Vertrauen

Hier ist eine innere Disposition, Entscheidung und Ausstrahlung gemeint, die zum Ausdruck bringt: Das, was passiert, ist in Ordnung, es ist das Passende. Was zu tun ist, wird gelingen, irgendwie. Die Lösung kann anders aussehen, als man denkt, und man braucht sie vorher nicht zu kennen. Diese Qualität ist auch mit einem angenehmen Gefühl von Zuhause-Sein verwandt. Mit dem Empfinden, geborgen zu sein, und der Zuversicht: „Es wird für mich gesorgt“. So kann man dem, was geschieht, seinen Segen geben. Das ist zugegebenermaßen eine sehr schwierige Führungsqualität in Kulturen, die mit Fug und Recht auf Beherrschbarkeit, Steuerung und Kontrolle setzen. Sofort wird auch klar, dass Verletzlichkeit hier eine Grundvoraussetzung ist.

Eine der Implikationen in dieser Führungsqualität ist: Man braucht vorher nicht zu wissen, wie es geht. Vertrauen ist ohne Bedingung. Mancher wird sich da an den Kopf fassen und fragen: „Ist das überhaupt praktikabel? Öffnet das nicht Dummheit, Halbwissen, Ignoranz, Fehlern und Beliebigkeit Tor und Tür?" Der Einwand ist berechtigt und die Sorge, die da zum Ausdruck kommt, auch. Trost gibt es durch den Kontext des Führens: Führen hat immer mit Zusammenarbeiten zu tun. Und das Zusammenarbeiten mit anderen wird die Dummheit, das Halbwissen, die Ignoranz, die Fehler und die Beliebigkeit immer wieder auflösen und das Ganze zum bestmöglichen Ergebnis führen. Wie könnte es etwas Neues geben, wie sollte jemals Entwicklung stattfinden, wenn man vorher schon alles weiß? Das viele Vorherwissen behindert die Sicht auf die Zukunft und auf etwas, das man noch nicht kennt. Politisch und poetisch zugleich hört sich das so an:

> *„Es braucht den Glauben an das Unglaubliche, das Trotzdem, das sich in einer trostlosen Gegenwart den Widerständen der herrschenden Ideologien widersetzt, es braucht die Hoffnung auf das, was der Philosoph Ernst Bloch das ‚Noch-Nicht' nennt – sonst ist Veränderung nicht möglich. Sonst lässt sich aber auch die Gegenwart auf Dauer kaum aushalten."*
>
> *Carolin Emcke zum Thema Ostern, in: Die Zeit Nr. 17 v. 20.4.2011*

Mit Vertrauen schafft man in sich selbst Raum, der frei macht, das zu tun, was wirklich getan werden muss. Nur mit dieser Freiheit ist die Wahrnehmung offen genug auch für bislang unbekannte Lösungen. Sie ermöglicht, das in einer Situation wirklich Passende und Angemessene zu tun, und nicht nur auf innere und äußere Zwänge zu antworten. Man muss sich von To-do-Listen und Erfahrungen der Vergangenheit lösen und kreativ werden. Das ist eine Mutprobe, und man braucht Vertrauen, um sich ihr zu stellen. Wenn man Vertrauen körperlich spüren kann, findet man Sicherheit und Halt. Darauf können Zukunftsweisendes, Innovationen und Erfindungen einen guten Nährboden finden.

Kontrolle ist erst danach wieder dran: Ist die Lösung wirklich eine Antwort auf die gestellte Aufgabe? Haben wir alle zur Verfügung stehenden Möglichkeiten genutzt? Haben wir alle gefragt, die dazu etwas beitragen könnten? Lassen wir das, was nicht mehr funktioniert hat, wirklich hinter uns? Wie können wir unsere Kunden von den Ergebnissen überzeugen, sie begeistern und vielleicht sogar in den zukünftigen Prozess einbinden?

Kreativität

Kreativität öffnet den Blick und macht das möglich, was sich in einem bestimmten Moment anbietet. Sie nimmt auf, was sich gerade zeigt und vertraut (!) dem Entfaltungsprozess. Kreativität lässt erkennen, auf welche Weise Seltsames, Nichtzusammenpassendes, sogar verrückt Erscheinendes zu etwas Sinnvollem und Nützlichem zusammengefügt werden kann. Es ist eine künstlerische Qualität, die Gegebenes und Etabliertes aus einer neuen Perspektive betrachtet und dadurch neue Zusammenhänge und Möglichkeiten entdeckt. So entsteht Kunst, und so entwickelt sich auch die Kunst des Führens und des Zusammenarbeitens.

Kreative Führungskräfte arbeiten wie Künstler, sie nutzen ihren Verstand und ihre handwerklichen Möglichkeiten, sie sind mit Herz und Seele dabei, und sie nutzen auch die Kraft ihrer Träume. Aus dem Handwerklichen kann dann etwas Neues entstehen, das aus einer anderen Betrachtungsweise resultiert. Man kann bereichs- und branchenübergreifend denken, ungeahnte Kooperationen entdecken und damit neue Produkte möglich machen. Kreativität hilft, über den Tellerrand zu sehen, sie hilft, neue Zusammenhänge zu erkennen und zusammenzufügen, was auf den ersten Blick vielleicht noch nicht zusammenpasst. Neue Sichtweisen können auch Altbewährtem wieder einen neuen Sinn geben, können in chaotische Situationen überraschend Ordnung bringen und Lösungswege weiterentwickeln. Mit Kreativität kann man Menschen erreichen und sie zu eigener Kreativität inspirieren und ermutigen.

Kreativität setzt Verletzlichkeit und Vertrauen voraus, denn kreative Lösungen sind nicht die, die man vorhersehen und planen kann. Menschen können dann kreativ werden, wenn man ihnen zuhört, ihnen einen Raum zum Experimentieren und zur Teilhabe öffnet. Kreatives Arbeiten verträgt zunächst keine Kontrolle, keine Beurteilung und keine Sanktionierung. Es braucht vielmehr ein Gefühl von Zuhause-Sein und das Vertrauen darauf, dass aus dem, was zunächst noch chaotisch aussieht, vielleicht etwas wirklich Brauchbares und Weiterführendes entstehen wird.

Souveränität

Souveränität ist die Führungsqualität, die das, was zur Verfügung steht, in Besitz nimmt, es nutzt und das auch zum Ausdruck bringt. Man braucht dazu Disziplin und ein Gefühl für die jeweiligen Gegebenheiten. Es geht darum, klare Entscheidungen zu treffen, der Kapitän auf dem eigenen Schiff zu sein, den Kurs zu bestimmen und die Segel setzen zu lassen. Insofern steckt in der Souveränität auch die Kraft, die in der alten Härte gegen sich selbst und andere mitschwingt. Zusätzlich hat sie aber auch etwas sehr Lebendiges, Individuelles und Prozess-Orientiertes. Das ist etwas anderes als hart zu sein um des Hart-Seins willen. Souveränität kommt auch im ?????-Modus vor, der sich bewusst gegen den Schmerzkörper-Modus entscheidet.[3]

Mit Souveränität ist unter anderem die Qualität angesprochen, die es erlaubt, Positionen einzunehmen und sie wieder zu verlassen, wenn es an der Zeit ist. Auch das Coolspot-Management braucht diese Qualität.[4] Man muss in sich selbst den Willen finden, Entscheidungen zu treffen. Die Idee, Sachzwängen folgen zu müssen und keine Wahl zu haben, genügt nicht. Das würde nämlich bedeuten, die Verantwortung für die Folgen abzugeben. Souverän zu handeln heißt vielmehr, offen (im Sinne von verletzlich) für die Konsequenzen des eigenen Tuns zu sein und die volle Verantwortung dafür zu übernehmen. Wie wir bereits gesehen haben, braucht das Mut. Man kann nicht immer sanft und fürsorglich sein, und man muss es auch nicht. Manchmal ist es angemessen, eher ruppig zu sein, sogar laut zu werden, damit andere die klare Absicht erkennen und folgen können. In akuten Notsituationen wäre etwas anderes sogar fahrlässig. Hierarchien haben einen Sinn, und eindeutige Zuständigkeiten ebenfalls. Auch flache Hierarchien sind immer noch Hierarchien. Man braucht als Führungskraft also auch weiterhin Konsequenz, Standfestigkeit, Mut und Risikobereitschaft. Der Boden, auf dem diese Eigenschaften gedeihen, ist reich und vielgestaltig. Inneres Management, Flow-Orientierung und die Bereitschaft zu eigenem qualitativen Wachstum sind nötig, um ihn zu nutzen.

Geduld

Sich für Geduld zu entscheiden, ist wahrscheinlich etwas sehr Souveränes. Man wird Gegner haben, denn Ungeduld wird im Business häufig als eine besondere Tugend angesehen, mit der man punkten kann. Geduld entsteht aus der Einsicht, dass ein Weg zu gehen ist. Die Qualität der Geduld gibt dem Geschehen den Raum, den es zu seiner Entfaltung braucht.

Geduld ist das einzige Mittel, das dabei hilft, an Projekten zu arbeiten, die eine lange Entwicklungszeit brauchen. Geduld braucht Verletzlichkeit, damit man sich überhaupt auf einen Weg in unbekanntes Terrain machen kann. Sie braucht Vertrauen, dass es werden kann und dass es werden wird. Kreativität kann Geduld

[3] Siehe Kapitel 8.

[4] Siehe Kapitel 9.

unterstützen, denn kreative Zwischenergebnisse machen Mut zu weiterer Geduld. Geduld braucht auch Souveränität, um in schwierigen und besonders langsamen Phasen die unterschiedlichen Kräfte anzuerkennen, die im Feld wirken, und damit auch die Mitstreiter an Bord zu halten. Geduld spendet Prozesswärme, die das Werden unterstützt – ähnlich wie in einem Komposthaufen. Geduld macht es möglich, mit dem Unbehagen fertig zu werden, das einen in langen und langwierigen Projekten leicht befallen kann. Man muss Rückschläge verkraften und aus ihnen lernen wollen, man muss durch vieles hindurch, bis man an das kommt, was endlich weiterbringt. In manchen dicken Büchern findet man nur wenige Sätze, die einem die Augen öffnen, aber für dieses Wenige hat sich die Geduld dann gelohnt.

Man braucht Geduld, um das finden zu wollen, von dem man vielleicht noch nicht wusste, dass man es gesucht hat. Es ist nicht schwer, sich beispielsweise in einer Konferenz oder einem Symposium am falschen Ort zu fühlen, zu glauben, hier nichts lernen zu können. Man braucht Geduld, um solange zuzuhören, bis man das findet, was den Einsatz an Zeit lohnt. Und nicht nur das: Man muss sich dafür entscheiden, dass es den Einsatz lohnt. Das ist oft gar nicht einfach. Wirkliche Geduld, die wohlwollend auf einen Prozess des Werdens gerichtet ist, wird belohnt. Immer. Hilfreich ist es, für die Art oder Form der Belohnung möglichst offen zu sein, siehe auch Kreativitat. Die Belohnung könnte anders ausfallen als vorher gedacht. Geduld braucht man, wenn etwas wirklich schwierig und unendlich langsam vorangeht. Wenn man also den Eindruck hat, die eigene Geduld habe sich nicht gelohnt, hat man wahrscheinlich unterwegs das Ziel geändert oder die Latte für Erfolg höher gehängt. So kann man beweisen, dass die Ressource Geduld falsch eingesetzt war, aber was will man mit diesem Beweis anfangen?

Wie langsam ist schnell, und wie schnell ist langsam? „Nur unendliche Geduld bringt sofortige Resultate" – diese schöne Weisheit bringt es auf den Punkt. „Gut Ding will Weile haben", sagten die Menschen früher. Es lohnt sich, genauer hinzusehen, wenn man den Eindruck hat, etwas sei auch mit aller Geduld nicht erreicht worden. Was ist stattdessen erreicht worden? Vielleicht nicht das gewünschte Ergebnis in Form der Umsatzsteigerung, die man für unerlässlich hält; aber möglicherweise die Einsicht, dass sie mit den bisher eingesetzten Maßnahmen nicht zu bekommen ist. „Ich habe alles versucht, aber nichts funktioniert." Dann gibt es (mindestens) zwei Möglichkeiten: weitersuchen, bis man es findet, oder das Ziel verändern. Beides braucht eher mehr Geduld als weniger.

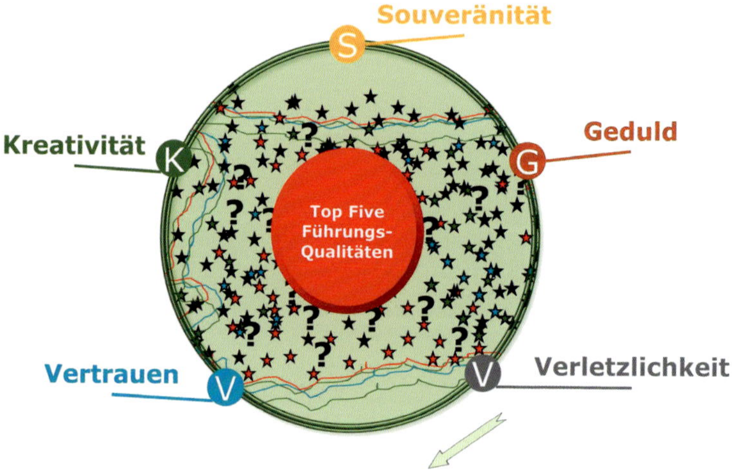

Abb. 32 Top Five Führungsqualitäten

Die Top Five Führungsqualitäten erzeugen ein Klima, in dem man Unterstützung findet und nicht allein ist. Wenn man selbst das Handeln anderer nicht nur auf mögliche Fehler oder Schwächen hin abklopft, um es dann sofort und unerbittlich niederzumachen, schafft man eher ein Klima von Akzeptanz, Großzügigkeit und Hilfsbereitschaft. Davon profitieren alle, auch man selbst. Ein Irrtum muss dann nicht gleich Kopf und Kragen kosten, sondern kann berichtigt werden. Ohne Irrtümer sind wahrscheinlich die besten Lösungen ohnehin nicht möglich.

Weisheit als Führungsqualität?

Wer alle diese Führungsqualitäten zur Vollendung bringt, kann vermutlich als weise gelten. Gibt es eine schönere Aussicht als die, sich von Weisen führen zu lassen? Für uns schwingt in Weisheit auch Güte mit, das Wohlwollen für alle Geschöpfe, und ebenso der Respekt vor der Weisheit der anderen. Aber nicht nur die vollendete Ausprägung, sondern alle Vorstufen einer solchen emergierenden Weisheit wären auch schon eine feine Sache. Warum also nicht sofort beginnen? Geduld könnte helfen, eigene und fremde Schwächen in dieser Disziplin wohlwollend und verständnisvoll hinzunehmen und bei eventuellem Ärger über mangelnde Perfektion den Weg dennoch weiter zu verfolgen.

Übung 15: Die Führungsqualität ermitteln, die jetzt weiterhilft

1. Gibt es bei Ihnen Resonanz zu den beschriebenen fünf Führungsqualitäten oder zu einzelnen von ihnen? Wenn ja, können Sie hier einen ersten praktischen Versuch damit machen. Schreiben Sie sich als Erstes alle fünf auf ein Blatt, damit Sie sie im Blick und im Bewusstsein haben.
2. Denken Sie an eine Herausforderung, mit der Sie gerade beschäftigt sind und für die Sie sich einen neuen Impuls wünschen. Notieren Sie sie.
3. Entspannen Sie sich. Nutzen Sie dazu Ihre persönliche Vorgehensweise, meditieren Sie oder machen Sie eine innere Arbeit. (Wenn Sie Orientierung brauchen, nutzen Sie zum Beispiel den Weg, der in Übung 10 beschrieben ist.) Vielleicht versetzen Sie sich an einen Ort, der für Sie kraftvoll wirkt. Wichtig ist, dass Sie sich mit etwas verbinden, sich öffnen, wohlwollend, milde und zugänglich werden. Falls das nicht gelingt, arbeiten Sie einfach weiter.
4. Bleiben Sie in diesem Zustand und finden Sie intuitiv diejenige der fünf Qualitäten, die Sie gerade jetzt besonders brauchen. Denken Sie nicht, begründen Sie nichts, lassen Sie sie einfach zu Ihnen kommen. Notieren Sie sie.
5. Sie wissen jetzt, welche Führungsqualität Sie besonders brauchen. Lösen Sie sich von den Vorstellungen, die Sie bisher mit dieser Qualität verbunden haben und lassen Sie sich überraschen. Lösen Sie sich von Ihrer konkreten Fragestellung und lassen Sie sich dazu inspirieren, diese Qualität auf möglicherweise ganz neue und noch ungekannte Weise zu erfahren. Lassen Sie es auch körperlich wirken. Lassen Sie sich Zeit.
6. Kommen Sie nun aus Ihrem meditativen Zustand wieder heraus und kehren Sie in die Konsensrealität zurück. Sehen Sie sich um, finden Sie wieder in Raum und Zeit hinein. Wie wollen Sie die gefundene Qualität für Ihre aktuelle Herausforderung nutzen? Überlegen Sie sich die nächsten Schritte und notieren Sie sie. Setzen Sie sie in die Tat um.
7. Schreiben Sie sich die gefundene Führungsqualität auf einen kleinen Zettel, den Sie in die Tasche stecken können. Nehmen Sie ihn ab und zu heraus und nutzen Sie ihn als Orientierung und Impuls.

14 Die Wirksamkeit von Meetings steigern: Arbeiten im Kreis

Der Kreis als Arbeitsformat hat in den letzten Jahren zunehmendes Interesse gefunden und wird inzwischen in zahlreichen unterschiedlichen Kontexten auch praktisch angewendet. Als wir mit unserer Arbeit im Gefängnis begannen, wurde schnell klar, dass gewünschte Wirkungen und Veränderungen mit den üblichen Mitteln nicht zu erreichen waren. Gleichzeitig war deutlich zu sehen und zu spüren, dass die Beteiligten ein großes Interesse daran hatten, weiterzukommen – egal was das für die Einzelnen auch immer bedeutete. Auch gab es Hinweise auf ein schlummerndes Potenzial an Gemeinschaftsfähigkeit, das wir gern ans Wirken bringen wollten. [1] Wir suchten also einen Einstieg, um die Beteiligten zusammenzubringen und ihnen eine Haltung von schrittweiser Offenheit und vorsichtiger Neugier zu erleichtern. Von Offenheit und Neugier dafür, dass in allen nervenaufreibenden Gegensätzlichkeiten auch etwas noch völlig Unbekanntes verborgen sein könnte, und dass dieses Unbekannte dazu beitragen kann, das Gemeinsame und Verbindende in der Situation der Haft deutlich werden zu lassen. Das Ziel war, dass schließlich die Idee entstehen könnte, einige Herausforderungen gemeinsam anzugehen – mit höchst unterschiedlichen Einzellösungen, aber auch mit der Möglichkeit, aus allen Lösungen für sich selbst etwas zu lernen. Und damit wenigstens einmal anzufangen.[2] Unsere Suche führte uns zu Experimenten und Erfahrungen mit dem Arbeitsformat Kreis, die in den 1980er und 90er Jahren – fußend auf indianischen Traditionen – im amerikanischen und kanadischen Raum gemacht worden waren.[3] In diesen Ansätzen der Healing oder Restorative Justice ist der Kreis ein Kernelement.[4] Das Besondere bei diesen Vorgehensweisen ist, dass die Beteiligten für kleine Momente ein Gespür für gegenseitiges Verstehen und für ausgewogene Beziehungen untereinander erleben können.[5]

[1] Alles das kann man eigentlich auch in Unternehmen beobachten. Im Unterschied zum Knast ist da aber die Zeit immer knapp, und die knappe Zeit wird dazu genutzt, sie durch Druck noch knapper zu machen.

[2] Erst viel später kamen wir zu der Sichtweise, dass unsere Aufgabenstellung hieß: Wie kann man in einem unstrukturierten Feld mit den Beteiligten Emergenz-Wege gehen? Oder: Wie kann man dem Unbekannten einen Rahmen geben, sodass es sich „sicher" entfalten kann?

[3] Siehe Tom Atlee, Bringing Down Walls. A Native Elder's Earth & Spirit-Based Prison Program. In: EarthLight #28, Winter 1997-8, pp 8-9, 22-23 und Rupert Ross, Returning to the Teachings. Exploring Aboriginal Justice, Penguin, Toronto, 1996.

[4] Siehe im Detail Jarem Sawatsky, The Ethic of Traditional Communities and the Spirit of Healing Justice, Jessica Kingsley Publishers, London, 2009, pp. 217ff.

[5] Hier sind wir wieder beim Coolspot – siehe Kapitel 9.

Arbeiten im Kreis macht die Kraft der Vielfalt nutzbar

Oft zitierte Urbilder im Zusammenhang mit dem Kreis als Versammlungsform sind

- die Versammlung rund um das (wärmende) Feuer,
- die Gleichwertigkeit aller Beteiligten,
- die Möglichkeit, frei die Stimme zu erheben,
- das Erleben gemeinsamer Stille,
- die gemeinsame Verantwortung für das aktuelle Geschehen.

Matthias zur Bonsen hat sich in Deutschland intensiv um die Kultivierung des Kreiswissens gekümmert und so auch Christina Baldwin und Ann Linnea 2007 zum ersten Mal nach Deutschland geholt. Da erlebten wir, wie sich das alte Kreiswissen in moderne Geschäftsgegebenheiten einbauen lässt.[6] Matthias zur Bonsen unterscheidet je nach Anwendungssituation und Bereitschaft der Beteiligten in Anlehnung an Baldwin & Linnea unter dem Begriff CIRCLE einige Formen des Arbeitens im Kreis (Stand Frühjahr 2013):

- „der **Story Circle oder Heart Circle** – ein Kreis, in dem sehr persönliche, manchmal berührende, manchmal lustige, Geschichten erzählt werden und der ein Team mehr zu einer Gemeinschaft zusammenwachsen lässt;
- der **Listening Circle**, den wir auch Lauschenden Kreis nennen und der es ermöglicht, schmerzhafte Emotionen zu heilen;
- der **Appreciation Circle**, in dem Menschen gewertschätzt werden oder eine Gruppe einen energiespendenderen Blickwinkel auf ihre Situation einnimmt;
- der **Original Thought Circle**, der in Situationen, wo überdurchschnittlich viel Kreativität gebraucht wird, gemeinsames schöpferisches ‚originäres' Denken fördert;
- der **Personal Identity Circle** (ein enger Verwandter des Story Circle), in dem Menschen Geschichten dazu erzählen, was sie im Kern ausmacht und wofür sie stehen;
- der **Collective Identity Circle**, in dem Geschichten aus der Vergangenheit der Organisation erzählt werden – wodurch größere Klarheit darüber entsteht, was die Organisation im Kern ausmacht und
- der **Reflection Circle**, ein beurteilungsfreier Raum, in dem Menschen den Mut haben, über positive wie schwierige Erfahrungen zu berichten und darüber zu reflektieren." [7]

---

[6] Vgl. das erste Buch: Christina Baldwin, Calling the Circle. The First and Future Culture, Bantam, New York 1998.

[7] Vergleiche http://www.all-in-one-spirit.de/sem/seminarCP.htm – Stand Mai 2013.

Für uns ist die Arbeit im Kreis zur alltäglichen Form geworden, sobald wir im Team und mit Teams arbeiten. Die Arbeit mit den Häftlingen im Gefängnis hat uns tief geprägt: Wir benutzen nur ganz wenige und sich fast von selbst ergebende Grundelemente und pflegen Offenheit und Neugier für das, was sich zum jeweiligen Zeitpunkt ergeben will. Das Arbeiten im Kreis hat viele unserer Kunden deutlich erfolgreicher gemacht: besonders im Projektmanagement, in der Vertriebsarbeit und bei vielen Meetings, in denen persönliche Präsenz, Konfliktbearbeitung und strategische Entscheidungen gefragt sind.

Das Besondere am Kreis ist, dass verschiedene Positionen so, wie sie gerade von Teilnehmern zum Ausdruck gebracht werden, zunächst einmal in all ihrer Vielfalt und Widersprüchlichkeit „einfach“ nebeneinander stehen dürfen. (In Wahrheit ist das nicht immer einfach, aber es ist möglich.) Es geht also nicht darum, dass eine Position besser ist als eine andere und diese ersetzt, schlägt oder übertrumpft. Alle können zunächst einmal gleichwertig nacheinander geäußert werden und nebeneinander bestehen bleiben. Der eine sagt zum Beispiel, „das ist mir hier alles viel zu langatmig erklärt“, und die nächste sagt: „Gut, dass ich das alles höre, denn jetzt verstehe ich mehr als vorher“, und ein dritter meint: „Das, was hier erklärt wird, verstehe ich nicht, es ist viel zu viel auf einmal.“ Dann kann es passieren, dass diese Vielfalt mit all ihren Gegensätzen und Widersprüchen für einen Moment von den Beteiligten sogar als lustig empfunden wird, und dass in dieser allgemeinen Belustigung eine erste zarte Verbundenheit entsteht – ein Coolspot, hurra! Das prägt die Arbeitsatmosphäre und ist der beste Ausgangspunkt für alles, was danach noch kommen mag.

Grundelemente für die praktische Arbeit

Um im Kreis zu arbeiten, muss man nicht viel verändern. Allerdings ist allein die Sitzordnung, ein Kreis von Stühlen oder Sesseln ohne Tisch in der Mitte, für manche gewöhnungsbedürftig oder auch herausfordernd. „Kindergarten“ und „Selbsthilfegruppe“ sind die häufigsten Kommentare, die wir von skeptischen Erstteilnehmern hören. Vielleicht treffen sie sogar den Kern der Sache ganz gut: Man hilft sich tatsächlich gemeinsam selbst, denn es gibt keinen Heilsbringer, der mit dem perfekten Konzept die versammelte Mannschaft belehren will. Der Kreis entwickelt seine Weisheit und Expertise aus dem Miteinander, aus der Vielfalt an Wissen und Erfahrung, die hier dank der teilnehmenden Menschen zusammenkommen.

Aus dem reichhaltigen Arsenal, das Christina Baldwin und Ann Linnea anbieten, haben wir einige Elemente aufgenommen und als Grundausstattung für unsere Anwendungssituationen zum Teil weiter entwickelt. Unsere Erfahrungen und das Feedback unserer Kunden zeigen, dass man bereits mit diesen wenigen Elementen sehr anspruchsvolle und erfolgreiche Teamarbeit leisten kann. Wenn es die Situation erlaubt oder verlangt, führen wir oft auch weitere Elemente ein, die den Teams helfen können, ihre individuelle Form des Austauschs zu pflegen und gemeinsame Rituale zu etablieren. Die folgenden Punkte sind erfahrungsgemäß nötig, um ein erfolgreiches Meeting im Kreis zu ermöglichen.[8]

- Der **Gastgeber**[9]: Er oder sie hat den Kreis aus einem bestimmten Grund einberufen und verfolgt damit auch ein Ziel. Beides wird zu Anfang kommuniziert: „Wir sitzen hier zusammen, um …" Dieser Gastgeber setzt den Rahmen für das Geschehen, wacht — wenn nötig und gewünscht — über die Tagesordnung und kümmert sich um das Follow-up. Wenn wir als Facilitatoren engagiert sind, übernimmt der Gastgeber die Begrüßung aller Anwesenden und gibt dann die Gastgeberrolle für das Meeting an uns weiter.
- Eine **Eingangsrunde:** Reihum stellt sich jede/r persönlich vor. Persönlich heißt, dass es nicht in erster Linie um eine Funktion oder Position geht, die man im Gefüge hat, sondern vor allem darum, wer man ist. „Wer bin ich heute?" ist die Frage, mit der wir diese Runde meistens einleiten. Da ist Raum für Persönliches, vielleicht sogar für innere Konflikte das Thema des Kreises betreffend, oder was auch immer gerade in den Sinn kommt. Die Teilnehmenden haben so die Möglichkeit, in Ruhe im Kreis anzukommen, sich vorsichtig zu zeigen und Vertrauen aufzubauen.
- Die **Kreismitte:** Meistens gestalten wir die Mitte so, dass die Teilnehmenden sich willkommen fühlen können. Hier hilft ein Symbol, mit dem sich das Team oder Unternehmen identifiziert: Gegenstände zum Beispiel aus der Natur, Fotos oder anderes, das die Teilnehmenden anregt, in Kontakt mit sich selbst zu kommen; alles, was Assoziationen zu wecken und Aufmerksamkeit und Fokussierung zu fördern vermag.
- **Raum anbieten** im wörtlichen und auch übertragenen Sinn, damit die Teilnehmer physisch, geistig und emotional im Kreis präsent sein können. Es muss auch Raum da sein für (noch) nicht besetzte Positionen. Man könnte zum Beispiel einen Platz für Smartphones und andere Gegenstände reservieren, wo sie in

[8] Dabei kann der Erfolg manchmal sehr anders aussehen, als man vorher dachte. Ein Gründerteam, das sich bei uns im Kreis traf, um die Voraussetzungen für das gemeinsame Arbeiten zu klären, traf sich nur dieses eine Mal und danach nicht wieder. Das war ein großer Erfolg, der Geld und Zeit sparte und außerdem langwierige Auseinandersetzungen erübrigte.

[9] Christina Baldwin und Ann Linnea nennen ihn den Host. Christina Baldwin & Ann Linnea; The Circle Way. A. a. O., pp 20 ff.

Ruhe warten können, bis sie wieder dran sind. Dieser Platz repräsentiert dann die Außenwelt, in die alle wieder zurückkehren und der sie ihre Ergebnisse aus dem Kreis zur Verfügung stellen werden.

- **Jede/r ist für das Geschehen verantwortlich:** Wer im Kreis etwas erreichen möchte, setzt sich durch eigene Beiträge dafür ein. Manches Ziel mag (noch) unerreichbar sein, aber das liegt nicht an den anderen Teilnehmern. Wenn etwas geschieht, das man keinesfalls haben möchte, so bietet der Kreis viele Möglichkeiten, aktiv zu werden.
- **Ziele:** Jede/r Teilnehmende formuliert ein oder mehrere persönliche Ziele, die sie oder er in diesem Meeting erreichen möchte. Auch Wünsche sind willkommen, aber Erwartungen des Typs „Ich erwarte, dass sich hier endlich mal alle beteiligen“ sind weniger hilfreich. Sie schränken den Raum für die anderen stark ein.
- **Der Kreis gehört allen:** Er dient nicht den Zwecken oder Zielen eines oder einer Einzelnen. Im Allgemeinen wird das von selbst deutlich, aber in Runden mit größeren hierarchischen Unterschieden ist es zu beachten. Man kann ein bestimmtes vorhergedachtes Ergebnis im Kreis nicht durch Macht erreichen.
- Einführen der drei **Kommunikationshaltungen**[10]: zugewandt zuhören, zielgerichtet sprechen, zum Wohlbefinden der Gruppe beitragen. Wir haben gute Erfahrungen damit gemacht, die Teilnehmer keinesfalls darauf zu verpflichten, sondern eher eine Anregung auszusprechen.
- Der **Schreiber:** Oft ist es sinnvoll, Verlauf und Ergebnisse des Meetings zu dokumentieren. Ein freiwilliger Protokollführer schreibt auf Flipcharts, sodass alle sehen können, was geschrieben wird. Nach einer gewissen Zeit ist der oder die nächste mit dem Schreiben an der Reihe.
- **Speicherung der Ergebnisse** für alle im Direktzugriff: Eine Person (wir, der Gastgeber oder ein Teilnehmer) fotografiert alle Charts und macht sie nach dem Meeting allen zugänglich.
- **Hotspots und Konflikte**: Sie haben Vorrang. Wenn sie aufgegriffen und behandelt werden, sobald sie sich zeigen, steigen die Chancen für großen Erfolg in kurzer Zeit enorm.
- Das **Bewusstsein** und die **Wahrnehmung** schärfen für alles, was geschieht. Vor allem um zu merken, wenn etwas ausgeblendet oder marginalisiert wird, wenn jemand oder etwas nicht zu Wort kommt — und ebenfalls für das Gegenteil in Form von sehr dominanten Positionen, die viel Raum beanspruchen. Schattenpositionen und Blindspots identifizieren und ansprechen! Und daran denken, dass es Spiegeleffekte gibt: Das, woran man gerade arbeitet, spiegelt sich auch im Arbeitsprozess.[11]

[10] Siehe Kapitel 10.

[11] Wenn wir in unserem Team zum Beispiel über Konflikte sprechen, dauert es nicht lange, bis wir sie im Gespräch erleben.

- **Coolspots** wollen gerahmt und gefeiert werden. Sie bringen das Meeting voran, indem sie die gemeinsame Basis für Vertrauen und Zusammenarbeiten immer tragfähiger werden lassen.
- Eine **Schlussrunde:** Wie zu Beginn bekommt jede/r Teilnehmende/r die Möglichkeit zu einem persönlichen Schlusswort. Diese Runde kann mit dem **Check der Ziele** verbunden werden, wenn die Zeit knapp ist. Wichtig ist es, das Geschehene zu würdigen und zu bejahen, und es nicht zu zerreden! Das ermöglicht es, mit Wohlwollen in die nächste Zukunft zu sehen, die eigenen Kräfte zu mobilisieren und für Mitstreiter einladend und inspirierend zu sein. Man könnte diese Runde auch den Schlusssegen nennen.

Wenn diese Elemente berücksichtigt werden, bietet der Kreis einen sicheren Platz, um Positionen einzunehmen und alles zu berücksichtigen, was kommen mag — ob es sich nun als gut oder böse, gewollt oder nicht gewollt, schnell oder langsam darstellt.

Der Kreis erlaubt und erleichtert Emergenz-Arbeit

Die Sichtweise, dass etwas werden will und dass es dafür den richtigen Ort gibt, die richtigen Beteiligten und den jeweils richtigen Zeitpunkt für Anfang und Ende, vermittelt Halt, Orientierung und Vertrauen. Der Kreis erleichtert das Verständnis dafür, dass immer ein Weg zu gehen ist, und dass man ihm folgen (oder sogar dienen) kann.[12] Solange der Kreis arbeitet, gibt es einen lebendigen Prozess des Emergierens. Die Teilnehmenden sind als ganze Menschen und nicht nur mit ihrem Denkvermögen präsent, können sich selbst und die anderen erleben und spüren, inspirieren sich gegenseitig, lernen von- und miteinander, werden gemeinsam produktiv und erfahren — einige manchmal sogar gegen ihren Willen — immer mehr Gemeinsamkeit.

Die Projekte und Themen, an denen sie arbeiten, profitieren davon enorm, können ihre Essenz entfalten und diese in die Performance einfließen lassen. Etwas Belebendes hält Einzug, gute Geister scheinen am Werk zu sein. (Wer den Eindruck hat, sein Team sei „von allen guten Geistern verlassen", könnte es also mal mit dem

[12] Wir benutzen hier abgewandelt die gleichen elementaren Prinzipien, die Harrison Owen für die Open Space Technology aus alten schamanischen Sichtweisen nutzbar gemacht hat - siehe Harrison Owen, Open Space Technology: A User's Guide, McGraw-Hill Professional; Auflage: 3rd Revised Edition, New York, 2008.

Kreis probieren.) Was lebendig ist, verändert sich permanent und kann qualitativ wachsen. Lebendig heißt auch, dass Konflikte und Spannungen immer dazu gehören und einen sicheren Raum bekommen. Die Erfahrung zeigt, dass diese Sichtweise nicht immer sofort, sondern manchmal erst im Rückblick möglich ist, wenn die Ergebnisse bereits ihr Licht auf das erlebte Geschehen zurückwerfen.

Die Magie zu Beginn des Kreises

Man kommt in den Kreis und fühlt sich vielleicht unsicher: Was wird wohl passieren, was wird man beitragen können, wer oder wie mögen die anderen sein, was werden sie wohl vorhaben, wird es ein brauchbares Ergebnis geben? Dann beginnt die Eingangsrunde, und indem einer nach dem anderen spricht, seine Beweggründe, seine Haltung, seine Position äußert, formiert sich langsam auch die eigene Position. Falls man als erste/r spricht, hat man die Chance, sofort zu Beginn ein Beispiel für das zu geben, was man sich selbst vom Kreis wünscht. Man kann die eigene Unsicherheit zum Ausdruck bringen und es damit sich selbst und den anderen erleichtern, man kann etwas von sich zeigen – Verletzlichkeit zum Beispiel, oder auch Vertrauen und Zuversicht. Dann beginnen sich ganz von selbst die Positionen im Kreis zueinander zu formieren, sie werden stabiler, man beginnt etwas zu erkennen – vielleicht zuerst bei den anderen, dann bei sich selbst. In jedem Beitrag kann man hören, wie der Sprechende die ihn umgebende Welt in diesem Moment sieht und wie er sich von der umgebenden Welt angesehen fühlt. Irgendwann die Entdeckung: Erst die Beziehungen machen einen selbst zu einem Teil eines Kreises. Zugehörigkeit wird spürbar. Auch Erschrecken, Staunen und Überraschung.

Es fällt auf: Alle drei Management-Dimensionen kommen hier zum Zuge. Als Erstes stößt man auf das, was im eigenen Inneren vor sich geht, setzt sich damit auseinander, bringt es zum Ausdruck, lässt sich unterstützen, findet Antworten, probiert etwas aus. Dann wird es essentiell, die Beziehungen zu den anderen zu gestalten, was nicht immer einfach ist. Man findet sich möglicherweise plötzlich in einer Art Zwangsgemeinschaft wieder. Fast jedes geschäftliche Meeting ist eine solche Zwangsgemeinschaft, aber meistens bleibt das im Verborgenen, weil man stark mit Kampfen beschäftigt ist. Man muss „sehen, wo man bleibt", die eigenen Schwächen verbergen und die der anderen nutzen, Land gewinnen und keins verlieren. Das alles funktioniert gewohnheitsmäßig in einer Atmosphäre, die professionell genannt wird und in einem hohen Tempo alles überfährt, was nicht schnell und nicht laut genug ist. Der Kreis verlangsamt diese Abläufe, und dadurch können Pausen und Lücken wahrnehmbar werden, die sonst sofort gefüllt würden.

Die Magie des Raums: Arbeitsergebnisse entstehen

Die einzelnen Positionen entfalten ihre Anziehungskräfte: Es gibt Bestätigung, Ablehnung, neue Ideen. Nach einer gewissen Zeit des Arbeitens wird eine erste Struktur sichtbar, und es gibt Hinweise darauf, wohin es gehen will. Man beginnt, sich wohl oder auch unwohl zu fühlen. Man kann Grenzen testen oder infrage stellen; Spannungen bauen sich auf, Konflikte brechen aus, Widerspruch stellt sich in den Weg: Der Kreis erlaubt das und hält es aus. Sein Rand wird von den Teilnehmenden gehalten. Wenn man sich dem Fluss des Geschehens anschließt und nicht versucht, gegen ihn anzugehen, wird man früher oder später auf Blindspots stoßen. Zuerst bemerkt man sie vermutlich bei den anderen, weil die Bretter vor deren Köpfen einfach besser zu sehen sind als die vor dem eigenen Kopf. Man durchwandert diese unterschiedlichen Blindspots mit- und gegeneinander, und kann dann immer besser den eigenen Anteil am Konfliktgeschehen erkennen. Schließlich ereignen sich Coolspots, in denen man erleben kann, dass die Gemeinsamkeiten doch größer sind als das, was trennt. Diese Coolspots werden gerahmt, eine neue gemeinsame Basis entsteht, man macht vielleicht eine kleine Pause, und weiter geht es in die nächste Runde, die wahrscheinlich einen neuen Hotspot bereithält.

Fast unmerklich erweitert sich dabei die Wahrnehmung auf andere Ebenen als die der Konsensrealität, die in der Tagesordnung abgebildet ist. Da steht nichts von Träumen, körperlichen Empfindungen, großen Entscheidungen oder Essenz. Aber all das bekommt hier Raum. Die Menschen, die da ganz unterschiedliche Positionen vertreten, werden immer menschlicher. Manche versteht man immer besser, manche werden einem selbst immer ähnlicher, manche werden vielleicht auch zu großen Schatten, an denen man einfach nicht vorbeikommt. Die Welt, in der man arbeitet, wird farbiger und lässt große Vielfalt ahnen. Vieles, was vorher versteckt wurde, kommt jetzt zum Vorschein.

Wenn man dann noch an die verschiedenen Handlungsmodi denkt, kann man bewusst damit experimentieren. Wenn ein Angebot da ist, greift man zu. Bevor man etwas gibt, vergewissert man sich, dass der Empfänger auch empfangsbereit ist. „Ich wollte doch nur helfen“, ist keine Entschuldigung mehr, wenn man unbedingt etwas geben wollte und damit Verwirrung angerichtet hat. Wahrscheinlich bekommt man eine Ahnung davon, wie viel schneller und gründlicher manche Missverständnisse sich auflösen ließen, wenn man es wollen könnte.

Die Magie des Segens: den Kreis schließen

In der Schlussrunde wird deutlich, dass viele Positionen sich verändert haben und dass neue entstanden sind. Vieles hat sich so verändert, dass man sich kaum noch daran erinnern kann, wie es einmal angefangen hat. Alles scheint zumindest einmal durchgeschüttelt und dann wieder zur Ruhe gekommen zu sein. Ergebnisse sind entstanden, die jetzt hinausgetragen und genutzt werden wollen. Es gibt eine neue Basis von Gemeinsamkeit, die darauf vertrauen lässt, dass man jederzeit wieder zusammenkommen kann. Man geht auseinander und gibt dem Geschehenen seinen „Segen“, damit es sich entfalten und wirken kann. Und man weiß: Man kann später im Alltag an diesen Kreis zurückdenken und ihn als Ankerpunkt nutzen für das, was man gerade tut.

Was der Kreis gern hat

Das Wichtigste ist die Initiative, einen Kreis etablieren zu wollen. Wo auch immer der Impuls herkommen mag, er braucht positive Verstärkung. Es gibt auch spontane und unvorbereitete Kreisbildungen: Menschen versammeln sich, rücken bald näher zusammen, bilden schließlich einen Kreis. Das kann fast automatisch ablaufen und muss gar nicht bewusst geschehen. Der Kreis ist eine Versammlungsform, die etwas Natürliches hat.

Gastgeber

Der Gastgeber oder die Gastgeberin ist für den Beginn des Kreises die zentrale Person. Er oder sie vertritt das Anliegen, um das es geht, lenkt die Aufmerksamkeit darauf und verfolgt das Ziel, einen Kreis entstehen zu lassen. Er oder sie beruft den Kreis ein und begrüßt die Teilnehmer. In Business-Zusammenhängen kann es vorkommen, dass der Gastgeber oder der, der den Kreis einberufen hat, nicht anwesend ist, weil er zum Beispiel kein natürliches Mitglied des Teilnehmerkreises ist. Dann muss er einen Stellvertreter mit der Gastgeberposition beauftragen und selbst eine Art Grußbotschaft verlesen lassen, die den eigentlichen Gastgeber im Raum präsent sein lässt. Es muss deutlich werden, dass der Gastgeber seinen Stellvertreter und das Anliegen, um das es geht, voll und ganz unterstützt, ihm seinen Segen gibt und auf die Ergebnisse des Meetings aufbauen wird.

Auf diese Weise vermittelt der Gastgeber allen Beteiligten die Sicherheit, dass sie sich im Kreis frei bewegen und entfalten können. Dass sie gehört und gesehen werden, und dass ihre Anwesenheit für das Anliegen wichtig ist. Ohne diese Sicherheit kann ein Kreis schon in der Eingangsrunde auseinanderfallen. Wir haben das einmal sehr drastisch erlebt. Als Facilitatoren gerieten wir dadurch in die Situation, den Zweck des Kreises selbst begründen zu müssen, wofür wir als Externe natürlich keine Legitimation hatten. Sofort regte sich bei vielen Teilnehmern Widerstand in Gestalt von Fragen wie: „Was wollen Sie überhaupt hier?", „Warum sollten wir Ihnen zuhören?" Wir standen auf einmal nicht mehr im Dienst der Sache, für die wir engagiert worden waren, sondern nur noch für uns selbst, und man empfand uns als Eindringlinge.

Mitte

Die Mitte haben ist der Dreh- und Angelpunkt des Kreises, der Ort, an dem man sich das Lagerfeuer denken kann. (Sich um ein wirkliches Feuer zu versammeln, sollte man nicht versäumen, wenn sich die Möglichkeit dazu bietet.) Sie verkörpert den Spirit des Kreises, das Verbindende der einzelnen Positionen und derer, die sie eingenommen haben. Aus der Mitte kommt die Energie, auf die man sich immer wieder beziehen kann. Im Dreieck, das für uns den kleinsten erkennbaren Kreis bildet, nennen wir sie „das, worum es wirklich geht".

Eine sorgfältige Gestaltung der Mitte wirkt bewusstseinsfördernd. Wenn sie lebendig und gut an die Situation angepasst ist, erlaubt das den Beteiligten, mehr in die Tiefe zu arbeiten. Im eben erwähnten Beispiel war die Mitte, die wir gestaltet hatten, das Einzige, was Interesse erregte und von einigen Teilnehmern angenommen wurde. Wir machen sehr gute Erfahrungen damit, die Mitte nach und nach entstehen und Gestalt annehmen zu lassen. Bei uns wandern oft Moderationskarten in die Mitte, die in vorhergegangenen Runden geschrieben wurden und noch ein paar Tage oder einige Sequenzen lang im Spiel bleiben und nachwirken. Wir haben den Eindruck, dass sie die Teilnehmenden darin bestärken, Emergenz-Wege kreativer und offener anzugehen. Im Raum befindliche Gegenstände können dazukommen, und es kann auch kleine Rituale oder symbolische Akte geben, die auf die Mitte verweisen. Je besser diese sich entfaltet, desto belastungsfähiger und robuster kann der Kreis arbeiten. Manchmal braucht die Mitte dann im Lauf eines Meetings etwas Pflege, damit sie klar bleibt und nicht „zugemüllt" wird. Im Eifer des Gefechts kann es passieren, dass zu viel in der Mitte abgeladen wurde. Also: Reinigen, Vereinfachen, Aufräumen — am besten nach einer gemeinsamen Entscheidung im Kreis. Am Ende des Meetings sollte die Mitte auch wieder aufgelöst werden. Ein klarer Schluss ist wichtig.

Rand

Kein Kreis ohne seinen Rand, der das Innen vom Außen trennt. Die Anwesenden bilden und halten ihn. Ihn wahrzunehmen ist wichtig, denn er sagt etwas über die Elastizität und Robustheit des Kreises aus. Wir haben in krassen Konfliktsituationen gute Erfahrungen damit gemacht, den Kreisrand elastisch wahrzunehmen: Jemand verlässt wütend den Raum? Denken wir uns den Kreis größer, mit einer großen Beule aus dem Raum hinaus, sodass der gerade Abwesende mit hineinpasst. Manches braucht eben mehr Entfaltungsraum, als man dachte. Und vielleicht kommt der Betreffende mit etwas zurück, das man drinnen gut brauchen kann, und das sich nur draußen finden ließ.

In fast jedem Kreis gibt es auch Teilnehmende, die sich nur selten zu Wort melden und dennoch sehr präsent sind. Ihre Anwesenheit gibt Sicherheit, sie halten unerschütterlich den Kreis und die Verbindung zur Mitte. Man sieht sie leiden, man sieht, wie sie sich freuen, und man hört sie nur selten. Ohne sie würde mancher Kreis auseinanderfliegen. Auf dem Rand sitzen natürlich auch einige, die man „eigentlich gar nicht dabei haben wollte, weil dann alles viel einfacher gewesen wäre“ – manche von ihnen sind körperlich präsent, manche machen sich irgendwann in Form von Schattenpositionen bemerkbar. Solche Positionen wirken, ohne dass sie von Anwesenden besetzt sind. Auch blinde Flecken (Blindspots) können sich zeigen, die man vorher nicht wahrnehmen konnte. Manchmal ist es dann gut, einige Sitzplätze in den Kreis einzufügen, um diese unsichtbaren Teilnehmer ins Bewusstsein zu holen. Der Rand ist auch die Verbindung zur Außenwelt. Sich daran zu erinnern ist extrem wichtig, wenn man blind und taub dafür wird, was zum Beispiel Kunden, Mitarbeiter oder Stake Holder brauchen.

Schreiber

Der Schreiber[13] nimmt das Gesagte und Gehörte auf Flipchart oder Karten auf – ohne Wertung und möglichst in der Originalformulierung. Oft ist es so, dass das Festgehaltene sich später anders darstellt, als es vielleicht zunächst intendiert war. Es ist so wie mit Träumen: Man träumt sie, und wenn man von ihnen berichtet, bekommen sie oft eine ganz neue Dynamik. Der Schreiber kann auch ein Fotograf oder Filmer sein oder von solchen unterstützt werden. Anhand der Dokumentation lässt sich das Erlebte auf einem zusätzlichen Wahrnehmungskanal, in geschriebener oder gezeichneter Form oder als Ton noch einmal erleben und even-

[13] Baldwin & Linnea (2010) pp 29 f und an anderen Stellen.

tuell verändert wahrnehmen. Das hat eine verstärkende Wirkung. Man kann das Aufgezeichnete bei Bedarf immer wieder nutzen oder einfach sammeln und später aus einer zeitlichen Distanz ganz neu und anders decodieren. Wenn wir zu zweit facilitieren, schreibt meistens einer von uns, in der Regel in Form von Mindmaps auf Flipcharts. Alle sollen es sehen und auch selbst zu dem beitragen können, was aufgeschrieben wird. Wir arbeiten meistens mit mehreren Flipcharts, die außen um den Kreis herum aufgestellt werden.

Hüter der Essenz

Der Hüter der Essenz[14] hält den Bezug zum dem, worum es wirklich geht — also zu dem, was die Beteiligten zusammengeführt hat —, vielleicht sogar ohne dass man es benennen könnte. Dafür steht die Mitte des Kreises. Der Hüter der Essenz hält räumlich die Beziehung zur Mitte. Er ist die Position des wohlwollenden, weisen Beobachters, allparteilich und nicht ins Geschehen verstrickt. Er könnte auch ein Symbol für Raum und Ruhe sein. Man muss die Position einmal eingenommen haben, um zu erfahren, auf welch überraschende Weise man von ihr organisiert wird. Der Hüter der Essenz rahmt wichtige Momente, bei uns zum Beispiel durch ein Klangsignal mit einer Zimbel, hält das Geschehen damit kurz an, erläutert, wozu er das tut, und nach einigen Sekunden Ruhe kann es weitergehen. Er bleibt auch dann eine neutrale und weise Instanz ohne besondere Meinung, wenn heftige Spannungen da sind oder Konflikte ausgetragen werden. In solchen Fällen ist es sehr hilfreich, wenn er wieder auf die gemeinsame Basis von Spirit und Zweck des Meetings hinweist. Seine Interventionen sind auf keinen Fall sanktionierend! In seiner Weisheit ist er nicht dazu geeignet, einzelne Parteien zu stärken oder zu schwächen. Er akzeptiert jede Position im Kreis und ist damit auch ein Garant für das Entfalten von Vielfalt und für die Möglichkeit, Konflikte zu durchwandern. Jede/r im Kreis kann diese Position einnehmen, und am besten wechselt man sich ab. Seine Interventionen macht der Hüter der Essenz aus eigenem Antrieb oder auf Wunsch einzelner Teilnehmer.

14 Baldwin & Linnea (2010) legen großen Wert auf diese Position, den sie den Guardian nennen, pp 28 f und pp 54 ff.

Redeobjekt

Wie viele andere Kreisanwender auch benutzen wir gern ein Redeobjekt, ein Objekt aus der Natur oder ein dafür speziell angefertigtes Teil, das in der Lage ist, eine besondere Bedeutung zu tragen. Man kann jeden beliebigen Gegenstand, der gerade zur Hand ist, dafür einsetzen. Wir machen die Erfahrung, dass sich das Objekt im Gebrauch von selbst „auflädt“ und seine Bedeutung entfaltet. Wer dafür empfänglich ist, empfindet das meistens als sehr angenehm und verbindend. Man reicht das Objekt von Hand zu Hand weiter, und nur wer es in der Hand hält, spricht. (Oder schweigt.) Alle anderen hören dem Sprechen (oder Schweigen) zu. Wenn man alles gesagt hat, reicht man es weiter oder legt es in die Mitte, sodass der nächste es aufnehmen kann, um zu sprechen.

Das Redeobjekt verlangsamt das Gespräch und macht den Kreis ruhiger und reflektierter. Die Wahrnehmung vertieft und intensiviert sich. Das Bewusstsein für die anwesende Vielfalt verstärkt sich, und das Wahrnehmen von Hotspots, Blindspots und Coolspots wird gefördert. Wir könnten so weit gehen, das Gespräch im Kreis mit Redeobjekt als eine bewusstseinserweiternde Maßnahme zu bezeichnen. Ganz von selbst werden die Teilnehmer berührbarer, oft auch behutsamer im Umgang miteinander. Führungsqualitäten werden bewusster, das Verständnis für die tieferen Ebenen des Miteinanders wächst. Auch schon länger schwelende Autoritätskonflikte können dabei plötzlich und vehement an die Oberfläche kommen. Ein Redeobjekt ist nicht für jede Situation im Kreis passend. Eine hitzige Diskussion zum Beispiel verträgt diese Verlangsamung nicht. Wenn man aber merkt, dass sich die Argumente zu wiederholen beginnen, kann man eine Runde mit Redeobjekt einschieben, um erneut eine gemeinsame Basis zu finden.

Was der Kreis nicht so gern hat

Überlastung der Mitte

Eine unaufgeräumte, überladene Mitte schwächt die Energie des Kreises. Der Spirit gerät aus dem Fokus, man wird von zu vielen Dingen abgelenkt. Das kann eintreten, wenn sich im Laufe der Arbeit zu vieles in der Mitte angesammelt hat (persönliche Gegenstände, beschriebene Karten, Papier und Stifte etc.). Es kann auch im übertragenen Sinn passieren: Die Luft ist „dick“ geworden; man muss vielleicht eine Pause machen, den Raum kurz verlassen und lüften, die Gedanken unterbrechen. Nach dem Aufräumen und Durchatmen kann es dann mit frischer Kraft weitergehen.

Dominieren wollen

Es kann vorkommen, dass jemand im Kreis versucht, das Geschehen zu dominieren. Vielleicht ist es der Chef oder die Chefin, der Facilitator, oder ein Teilnehmer mit dem Versuch, das Geschehen oder die Atmosphäre in eine bestimmte Richtung zu lenken. Wenn der Kreis gut drauf ist, wird es im Fall einer solchen Übernahme zu intensiven Konflikten kommen. Und damit wird sich dann etwas offenbaren, das unterhalb der Oberfläche wahrscheinlich schon länger gewirkt hat. Unbedingt thematisieren und durchwandern! (Bitte beachten: Der Hüter der Essenz ist auch hier nicht dafür verantwortlich, dass etwas Bestimmtes passiert, oder dass es lieb und freundlich zugeht!) Es kann im Empfinden solcher Störpotenziale große Unterschiede geben: Christina Baldwin und Ann Linnea empfehlen zum Beispiel immer, dass zwei Facilitatoren im Kreis einander gegenübersitzen sollten, um auf diese Weise den Kreis zusammenzuhalten, sie praktizieren es selbst ebenfalls so. Wir haben eher die Erfahrung gemacht, dass das zu Abläufen führt, die nicht der spontanen Energie eines individuellen Kreises entsprechen – oder zumindest nicht dem, was wir dafür halten. Für uns kann sich das so anfühlen, als würde der Kreis umklammert. Wir sitzen zu zweit im Kreis verteilt oder nebeneinander, um den Raum zu öffnen und zu Offenheit und Neugier einzuladen.

Zeit- und Sachdruck

Als Kreisarbeiter braucht man eine innere Disposition, die Raum und Zeit für die Beteiligten öffnet. Zeitdruck und thematische Enge dagegen machen sich im Kreis sofort bemerkbar und rütteln manchmal für sensible oder leicht erregbare Teilnehmer an der Vertrauensbasis. Man kann es ruhig angehen lassen, denn gute Kreisarbeit hat die Tendenz zu zeitlichen Punktlandungen; wir haben es schon oft mit großem Erstaunen erlebt. Über eine längere Strecke geht es vielleicht nur quälend langsam voran, und dann gibt es plötzlich eine überraschende Wendung (Coolspot), und sehr schnelle und überraschende Ergebnisse stellen sich ein.

Anfangs- und Schlussrunde unterlassen

Check-in und Check-out ausfallen zu lassen, ob aus Zeitmangel oder weil man vielleicht Rituale für nicht so wichtig hält, ist keine gute Idee. Sie geben dem ganzen Meeting einen Rahmen und machen es leicht, beim nächsten Mal den Faden wieder aufzunehmen. Sie schaffen Disziplin, denn was vor der Anfangs- und nach der Schlussrunde passiert, gehört nicht dazu. Wer etwas bewegen und bewirken will, muss seine Beiträge während des Meetings einbringen. Das Nicht-Beachten des

Anfangs hat eine ähnliche Wirkung wie das Hochdrehen eines noch nicht warmgelaufenen Motors, und ein unklares Ende zerfasert den Prozess. Besonders dann, wenn man konfliktäre Themen behandeln will, sollte man diese erleichternden Rituale unbedingt achten.

Menschen mit Positionen verwechseln

Das kann im Eifer des Gefechts leicht passieren. Daher braucht dieser Punkt permanente Aufmerksamkeit. Die zuletzt erwähnten Rituale der Eingangs- und Schlussrunde können beim Sortieren helfen: Wenn die Schlussrunde vorüber ist, bleiben die Positionen sozusagen im Kreis zurück. Die Menschen im Kreis nehmen Positionen ein und bringen sie zum Ausdruck, und der Mensch hinter der Position ist nicht mit der Position identisch. Wenn man sich selbst oder einen anderen vollkommen mit einer bestimmten Position identifiziert, wird man unbeweglich und starr, und man kann einen Coolspot tendenziell nicht erleben.

Will man im Kreis tiefere und nachhaltige Arbeitsergebnisse erzielen, ein Teamgefühl entstehen und wirken lassen, oder auch einfach schnell sein, sollte man in der Eingangsrunde mitteilen, wer man gerade ist, wo man herkommt und was einen zur Zeit prägt und beschäftigt. So kann man das Draußen zurücklassen und in der Runde ankommen. Das braucht Zuhören, Nachsinnen und Wirken-lassen. Alles, was mit der Tagesordnung, mit konkreten Zielen, Problemen oder Befürchtungen zu tun hat, sollte erst anschließend in einer zweiten Kreis-Runde eingebracht und dann auch dokumentiert werden. Anfangs- und Endrunden sind weniger fürs Mitschreiben als fürs Miterleben da.

Kreisarbeit und Dreieck

Im ersten Kapitel haben wir das Dreieck aus dem Kreis hergeleitet und gezeigt, dass es die einfachste und schnellste Form ist, um die Potenziale des Kreises zu nutzen. Das wichtigste Potenzial des Kreises liegt aus unserer Sicht darin, dass die latent immer wirkende Vielfalt manifest werden kann: denkbar, sichtbar, hörbar, erlebbar. Wie ist es nun also, wenn man im Kreis arbeitet und dabei im Dreieck denkt? Das Denken im Dreieck ist immer darum bemüht, Gast- und Gastgeber-Beziehungen zu finden und Distanzen zu balancieren, sowie zu bemerken, wenn sich die Beziehungsrichtungen drehen und aus dem Gast plötzlich ein Gastgeber geworden ist und umgekehrt. Dann kann man einige Überraschungen erleben, zum Beispiel die, dass man plötzlich für genau den Teilnehmer, der so „grauenhaften Blödsinn redet“, ein wohlmeinender Gastgeber ist bzw. sein könnte oder am besten sein sollte. Man kann auch eine Kultur geteilter Gastgeberschaft entwickeln: Positionen, die sich als Gastge-

ber in einem (gedachten) Dreieck anbieten, sind außer dem Gastgeber des Kreises auch der Facilitator und der Themenverantwortliche. So kann man, im Kreis sitzend, mit der eigenen Position und zwei weiteren immer wieder persönliche Dreiecke bilden. Damit öffnet das Dreieck-Denken, wenn es im Kreis praktiziert wird, zusätzliche Optionen für Reflexion und Handeln — auch dann, wenn niemand darüber spricht und niemand es zum Thema macht. Es bringt gegebenenfalls zusätzliche Klarheit und Energie ins Feld, zu denen man sonst vielleicht keinen Zugang gefunden hätte.
Gerade in Konfliktsituationen kann diese Energie eine vertiefte Ausdrucksfähigkeit, einen größeren Bewegungsspielraum und damit völlig ungeahnte Lösungsmöglichkeiten bewirken. Hin- und Her-Konstellationen werden sich über eine längere Zeit nicht halten können, und auch Dilemma-Situationen lassen sich viel leichter für die erlösende dritte Position öffnen. Im Kreis hat man die Auswahl: Viele andere Positionen, die sich als dritte Position eignen könnten, sind schon präsent.

Übung 16: Den Kreis nutzen, um die Kraft der Vielfalt anzuzapfen

1. Nehmen Sie einen Fall, bei dem Sie mit anderen im Team zusammenarbeiten — in einer Arbeitsgruppe, einem Projekt etc. Haben Sie den Eindruck, dass es in der Gruppe oft Störungen gibt, die sich schlecht auflösen lassen? Möchten Sie einen Weg finden, um damit umzugehen? Ist Ihnen im Großen und Ganzen an verbesserten Beziehungen und effektiverer Zusammenarbeit mit allen Beteiligten gelegen? Dann kann es losgehen.
2. Nehmen Sie sich etwas Zeit, um mit den einzelnen Beteiligten zu sprechen und herauszufinden, ob auch sie prinzipiell daran interessiert sind, die Zusammenarbeit zu verbessern. Danach laden Sie zu einem gemeinsamen Meeting ein. Kommunizieren Sie als Thema des Meetings die Verbesserung der Zusammenarbeit und nennen Sie dazu ein beispielhaftes Sachthema, bei dem die Gruppe immer wieder Schwierigkeiten hat. Alternativ können Sie die Teilnehmer auch bitten, eigene Beispiele mitzubringen. Vielleicht möchte Ihnen jemand aus dem Team bei Organisation und Durchführung des Meetings helfen?
3. Nun kommt der Kreis ins Spiel. Achten Sie darauf, dass der Raum groß genug ist, und stellen Sie Stühle im Kreis auf (für jeden Teilnehmer einen). Wenn Sie möchten, können Sie in der Mitte des Kreises ein Symbol platzieren, das zum Beispiel für den Erfolg der Arbeitsgruppe steht. Sie können die Mitte aber auch frei lassen. Stellen Sie ein oder (besser) mehrere Flipcharts und Pinnwände außen um den Kreis herum auf.

4. Wenn alle Teilnehmer sitzen, stellen Sie sich als Gastgeber der Runde vor und begrüßen Sie die Versammelten. Erläutern Sie, warum und zu welchem Zweck Sie die Runde zusammengerufen haben. Vereinbaren oder kommunizieren Sie einen Zeitrahmen.
5. Jetzt starten Sie mit einer Check-in Runde, am besten unterstützt von einem Redeobjekt, das reihum weitergereicht wird. Es geht darum zu sagen, wer man (heute) ist, wo man (heute) herkommt und was einen gerade beschäftigt. Die anderen hören zu und sprechen nicht (das ist manchmal auch in gut etablierten Kreisen noch schwierig). Wer nicht sprechen möchte, gibt das Redeobjekt an den Nachbarn weiter. Es ist wichtig, dass es jeder Teilnehmer einmal in der Hand hatte, um so den Kreis zu etablieren. Die Einführungsrunde sorgt dafür, dass sich alle als Teil des Kreises fühlen können — selbst wenn man sich das vor der Runde kaum vorstellen kann.
6. Jetzt wird es individuell und geht um die Themen, die Sie in Punkt 3 festgelegt haben. Formulieren Sie ein Ziel wie zum Beispiel: einen Weg finden, um darüber zu sprechen, was in Ihrem Team los ist, wo es steht und wie die Ziele erreicht werden können. Geben Sie den Teilnehmern die Möglichkeit, eigene Anregungen und Vorschläge einzubringen. Bitten Sie jemanden, alles auf Flipcharts zu notieren, damit es für jede/n sichtbar ist. Alternativ kann auch jede/r den eigenen Beitrag auf Karten schreiben und diese anschließend an eine Pinnwand hängen. Ermutigen Sie dazu, in dieser offenen Diskussionsrunde alles anzusprechen, was die Teilnehmer zu diesem Thema bewegt. Es geht jetzt darum, die verschiedenen Positionen im Team zu finden und für alle sichtbar zu machen.
7. Worauf sollten Sie achten?
   - Benutzen Sie beim Aufschreiben die Formulierung des Sprechenden, und „verbessern" Sie nichts mit Formulierungen, die Ihnen selbst lieber sind.
   - Es ist wichtig, dass alles, was gesagt wird, zur Kenntnis genommen und respektiert wird. Wahrscheinlich ist jetzt schon eine Diskussion in vollem Gang.
   - Gibt es Personen im Kreis, die bei bestimmten Themen automatisch Gastgeber sind? Lassen Sie sie Gastgeber sein.
   - Gibt es Konflikte? Verdeutlichen Sie sie.
   - Gibt es Schattenpositionen, die nicht eingenommen werden? Bringen Sie sie zum Ausdruck und ermuntern Sie auch alle anderen dazu.
   - Niemand sollte diktieren, wie Ziele oder andere Dinge auszusehen haben; sie sollten sich aus der gemeinsamen Diskussion ergeben. Niemand muss sich einer anderen Meinung beugen.
   - Wenn es irgendwie geht, ermöglichen Sie auch widersprüchlichen Positionen, nebeneinander zu stehen. Pflegen Sie einen Stil von „und — und" statt „entweder — oder".
   - Sie sind Gastgeber, aber für die Ergebnisse sind alle verantwortlich; für die Diskussion auch. Niemand muss zum Beispiel „Vernunft annehmen".

- Vertrauen Sie Ihrer eigenen Beispielwirkung und den Selbstregulierungskräften des Kreises.
- Geduld ist sehr wichtig: Der Kreis bringt in den meisten Fällen fast automatisch Ergebnisse.

8. Wenn die vereinbarte Zeit fast abgelaufen ist oder Sie den Eindruck haben, dass eine wichtige Diskussion zu Ende ist, fassen Sie zusammen, was geschafft wurde. Rahmen Sie es, damit es gemeinsam gewürdigt werden kann. Wie soll das Follow-up aussehen? Welche konkreten nächsten Schritte ergeben sich? Wenn Interesse besteht, vereinbaren Sie weitere Treffen. Das Arbeiten im Kreis lässt Vertrauen wachsen und steigert die Fähigkeit, mit Vielfalt umzugehen.
9. In einer Check-Out-Runde, mit Redeobjekt wie zu Beginn, können alle Beteiligten noch einmal zu Wort kommen. Dabei geht es darum, zum Ausdruck zu bringen, was schon geschafft ist, und das Gemeinsame in die Zukunft zu „verlängern“. Es ist für alle inspirierend, wenn hier der jeweils persönliche Wille zum Ausdruck kommt, sich weiter einzusetzen. Das geht am leichtesten, wenn jede/r über sich selbst spricht.

Teil 3 Im Alltag: Erfolg in komplexen und dynamischen Situationen

Hier kommen wir zu einigen beispielhaften Fällen, in denen die Werkzeuge und Methoden sowie die Perspektiven aus Teil 1 und 2 erfolgreich angewendet und teilweise auch situativ weiterentwickelt wurden. In jeder dieser spannungsreichen Ausgangssituationen waren Kräfte zu spüren, die das Feld zu sprengen drohten. „Die Brocken hinzuschmeißen“ war für einzelne Beteiligte hin und wieder eine große Versuchung. Letztlich siegte aber immer wieder der Wille zu Entscheidungen, die mehr Lebendigkeit und Lebensfreude versprachen. Das war in keinem dieser Fälle leicht; in allen Fällen aber wurden überraschende Ergebnisse möglich, die man vorher nicht hätte erdenken können und die zeigten, dass sich der Weg gelohnt hatte.

15 Akquisition: Kunden gewinnen

BEISPIEL: Akquisition 1. Phase

Das Dienstleistungsunternehmen DLU positioniert sich neu im Markt als Unternehmensberatung mit spezieller Ausrichtung auf Führungs- und Unternehmenskultur. Die Akteure haben die Sicht, dass jedes Problem seine Lösung in sich trägt und dass die meisten Menschen viel mehr Handlungsspielraum haben, als sie es in schwierigen Situationen für möglich halten. Dieser Sicht zur praktischen Umsetzung zu verhelfen, macht DLU zu seiner Vision. So wie es beim Start vieler Dienstleistungsunternehmen mit Pionieranspruch ist, ist es auch bei DLU: Die Mitglieder des Teams verfügen zwar über gutes Handwerkszeug und können auf Erfahrungen und Verbindungen bauen, die sie aus früheren beruflichen Etappen mitgebracht haben. Im Grunde müssen sie aber ihren Beruf neu erlernen und Schritt für Schritt in ihr neues Aktivitätsfeld hineinwachsen. Sich auf die Kunden einzustellen und mit ihnen zusammen zu arbeiten, wird zu einer Quelle ständigen Lernens. Als Einzelne und als Team verfügen sie über eine Reihe von besonderen Fähigkeiten. Diese ermöglichen es zum Beispiel, Spannungen und Konflikte bei den Kunden einerseits sichtbar zu machen und sie andererseits in neue Handlungsspielräume und Erfolgschancen umzuwandeln.

Im Laufe der Zeit erzielt DLU viele kleine und größere Erfolge, erlebt aber auch eine Reihe von Rückschlägen. Die Leute von DLU sehen sich als temporär wirkende Weg-Begleiter, Weg-Erleichterer und manchmal auch Weg-Ermöglicher. Die, mit denen sie zusammengearbeitet haben, bleiben DLU meist verbunden und haben auch Jahre später noch gute Erinnerungen an die gemeinsame Arbeit. So ist DLU im Markt inzwischen etabliert, und eine neue Etappe beginnt: Man will einen Sprung nach vorn machen, Kunden über längere Strecken begleiten und mit ihnen bestimmte Lernwege gehen. Das Ziel ist, dass sich die Beteiligten gemeinsam weiterentwickeln können, und dass sich das Erlernte in verschiedenen Problemlagen entfalten, bewähren und im Kundenunternehmen ausbreiten kann. Führungs- und Organisationskultur sollen zu wirksamen Erfolgsfaktoren werden. Zu diesem Zweck will DLU mit den Kunden systematischer und tiefgründiger arbeiten als bisher. Sie sollen ihre eigenen Fähigkeiten Schritt für Schritt ausbauen und die Selbstheilungskräfte ihrer Organisation mobilisieren können. Es soll möglich werden, Veränderungen in einer größeren Organisation kaskadenartig von oben nach unten oder von einem Zentrum zu den umliegenden Zentren zu bringen und im Alltag lebendig werden zu lassen.

Das DLU-Team steht also vor der Herausforderung, Kunden zu finden und zu gewinnen, die mehr Wert auf das Miteinander im Unternehmen legen wollen, um auf diese Weise wesentlich erfolgreicher zu werden. Und die bereit sind, zu diesem Zweck auch zu investieren.

Akquisition: Es darf zusammenkommen, was gut zusammenpasst

Kunden gewinnen – die Königsdisziplin für jedes Unternehmen. Und einer der wesentlichen Maßstäbe für die Feststellung, ob das Geschäft gut läuft oder weniger gut. Lange bevor es messbare Größen gibt, ist Akquisition zunächst einmal ein Bündel von Aktivitäten, zum Teil geplant und zum Teil spontan, manchmal absichtsvoll und manchmal auch erstaunlich unbemerkt. Wenn es gut läuft, entsteht eine Beziehung zu einem neuen Kunden. Oder es entsteht eine neuartige Beziehung mit einem bereits bestehenden Kunden. Auch möglich ist, dass eine Beziehung, die vielleicht wegen massiver Unzufriedenheit eines Kunden vom Scheitern bedroht ist, wieder umgedreht wird.

Dass es mit diesen Beziehungen nicht unbedingt so einfach ist, sieht man daran, dass es die Beteiligten ziemlich beuteln kann, und manchmal sind sie sogar schwer verunsichert. Das hat damit zu tun, dass unter der Oberfläche eingerollt und eingepackt so einiges aus den Feldern der beteiligten Unternehmen mitwirkt, das man als Außenstehender zwar spüren, aber nicht verstehen kann. Irritationen in der Kommunikation und in den Beziehungen sind die Folge. Wer sich mit Akquisition beschäftigt, beschäftigt sich also – meist eher ohne es zu wissen – mit einer Vielzahl von Effekten und Unbekannten. Die Zukunft, auf die man da hinarbeitet, ist ohnehin unbekannt. Wenn Akquisition erfolgreich verläuft, entsteht aus all dem so etwas wie ein neues eigenständiges Feld, in dem das Zusammenarbeiten von Lieferanten und Kunden positive Effekte für beide Seiten bewirkt.

Akquisition[1] hat mit Hinzu-Gewinnen auf verschiedenen Ebenen zu tun:

- Auf der Sachebene sind das gut beobachtbare Größen wie die Lieferung und Abnahme von Produkten oder das Verstehen und Lösen von fachlichen Problemen.
- Auf der Beziehungsebene findet alles statt, was mit Zusammenarbeiten zu tun hat. Da arbeiten Menschen zusammen, die vorher so nicht zusammengearbeitet haben.
- Aus der Feld-Perspektive betrachtet, in der komplexe und dynamische Herausforderungen der Normalfall sind, entsteht vielleicht eine neue Form von Sicherheit und Verlässlichkeit, ein erhöhtes Kreativitätspotenzial oder eine neue Fähigkeit, (qualitativ) zu wachsen.

[1] Der Begriff Akquisition kommt aus dem Lateinischen und hat mit Suchen und Fragen zu tun. Ursprünglich hieß es „ad quaerere“. Daraus wurde dann acquirere, und das heißt so etwas wie „dazu erwerben“ und „gewinnen“.

Akquisitionsaktivitäten verlaufen oft in mehreren Etappen, und so kann man Akquisition auch als einen Emergenz-Weg sehen, auf dem etwas werden will. Manchmal gibt es auch hohen Druck, weil etwas werden „muss". Dann können Menschen und Positionen schon mal überfrachtet und „geladen" sein. Wer sich auf Akquisition einlässt, wird nicht umhin kommen, sich auch mit den Schattenseiten, mit dem Scheitern seiner Pläne und Erwartungen, zu beschäftigen. Es gehört einfach dazu. Die Feldperspektive und ihre Werkzeuge machen es möglich, mit Akquisition offener, spielerischer, leichter und auch einfallsreicher umzugehen. Damit steigt die Wahrscheinlichkeit, dass tatsächlich zusammenkommt, was zusammenpasst, denn in einem solchen Prozess kann man spüren, wohin das Ganze will. Zusammenpassen muss es aber, und Verkaufen um jeden Preis ist dann kein passendes Ziel mehr.

Akquisition: Wer ist Gastgeber und wer ist Gast?

Wenn man die Leute von DLU fragen würde, würden sie vermutlich sagen: „Wir versuchen bei eventuellen Interessenten eine Idee unterzubringen. Wir wissen natürlich nicht, ob diese wirklich interessiert sind. Also haben wir den niedrigen Rang, denn wenn die Interessenten unsere Idee nicht wollen, sind wir raus. Dass die Interessenten viel ranghöher sind, sieht man auch an dem blöden Gefühl, das wir haben, wenn sie sich nicht wirklich für die Idee erwärmen können. Wir sind doch so etwas wie Rufer in der Wüste, die keiner hören will."

So scheint es oft in Akquisitions-Situationen. Allerdings könnte man es auch ganz anders sehen (und das führt dann zu anderen Ergebnissen). Der Anbieter hat ein Privileg: Er versteht besonders viel von seinem Produkt oder seiner Lösung, er hat Kompetenz und reichliche Möglichkeiten, das alles in verwendbare Leistungen umzusetzen. Er selbst weiß dieses Privileg vielleicht gar nicht zu schätzen, weil er so viel davon hat und weil es für ihn so selbstverständlich ist. Der (potenzielle) Interessent hat an der gleichen Stelle eine Lücke – vielleicht sogar eine schmerzende Lücke, die er gern geschlossen hätte, weil er dann etwas tun oder selbst anbieten kann, das ihm sonst nicht möglich ist. In dieser Sicht ist also der Anbieter im Akquisitionskontext der mit den größeren Möglichkeiten. Damit ist er der Gastgeber. Diese Gastgeber-Position könnten die Leute von DLU zum Beispiel so einnehmen: „Wir haben hier eine Idee, die uns begeistert und die wir Ihnen gern vorstellen möchten. Wir haben uns damit intensiv beschäftigt und sind gespannt, was mögliche Interessenten dazu sagen. Deshalb haben wir sofort an Sie gedacht." Wenn sie diese Position klar einnehmen, können sie auch mit Gesprächspartnern umgehen, die, um es vorsichtig auszudrücken, nicht begeistert reagieren. Das unangenehme Gefühl einer Zurückweisung, das sie vielleicht spüren, können sie dann als ein Signal des Feldes wahrnehmen und etwa so darauf antworten: „Kann es sein, dass unsere Idee bei Ihnen nicht auf Anhieb zündet? Vielleicht fehlt da von unserer Seite noch etwas, von dem Sie mehr verstehen als wir. Das ist für uns sehr wichtig. Wären Sie bereit, uns dazu etwas mehr zu sagen? Wir würden das Thema gern mit Ihrer Hilfe weiterentwickeln."

Wenn man die Gastgeber-Position ganz einnimmt, kann man auch die Beziehung zur Gast-Position besser halten: Kritische Fragen der Interessenten zeigen dann, dass man einen Gast hat, der den Raum ausprobiert und zu anderen Ergebnissen kommt, als man selbst für möglich gehalten hätte. Dies wäre also keineswegs das Signal, eine Angriffs- oder Verteidigungsposition einzunehmen. Man kann so Unsicherheit und unbekannten Zukunftsmöglichkeiten einen sicheren Raum zur Entwicklung geben und als Akquisiteur dem Interessenten ein guter Gastgeber sein, den Raum für Gespräche offenhalten, die Beziehung aufrechterhalten, auch wenn es nicht so gut läuft, und wohlwollend mit dem umgehen, was der Interessent oder Gast in diesem Feld tut. [2]

BEISPIEL: Akquisition 2. Phase

In der zweiten Akquisitionsphase meldet sich überraschend einer der drei Geschäftsführer der in ihrer Branche renommierten Kapitalgesellschaft (KG). Maßgebliche Mitglieder der zweiten Führungsebene bei KG wünschen sich mehr Klarheit in Strukturen und Abläufen und wollen zu diesem Zweck eine schnelle und grundsätzliche Intervention. Sie sind verärgert, fühlen sich verunsichert und äußern das auf unterschiedliche Art und Weise. Kurzum: Es gibt einen heftigen Konflikt, den man fast schon Aufruhr nennen kann. Der Geschäftsführer selbst wünscht sich ein schnelles Eingreifen, aber die beiden Geschäftsführungskollegen verhielten sich eher passiv und abwartend: Der eine sei gegen jede Aktion jetzt und der andere meine, er habe „wirklich anderes zu tun". In einem kurzfristig anberaumten Gespräch, in dem gemeinsam Handlungsoptionen entwickelt werden sollen, zeigt sich, dass die Unruhe in der zweiten Führungsebene ausgerechnet durch das Verhalten der beiden Geschäftsführer, die sich so wenig interessiert zeigen, hervorgerufen wird.
Nun kommt das DLU-Team in eine Spannungssituation. Der initiierende Geschäftsführer wünscht sich Unterstützung und sofortige Aktionen. Für ihn drängt die Zeit, weil er gute Leute nicht verlieren will. Die Situation scheint ihm klar, und er will klare Signale senden. Wenn DLU zum externen Unterstützer in diesem Konfliktfeld werden soll, dann braucht es aber das Vertrauen möglichst vieler der Beteiligten – in jedem Fall das der beiden angegriffenen Geschäftsführer.

[2] Wenn der Gastgeber allerdings seine Grenzen überschritten sieht, dann sagt er auch: „Das ist zu viel oder zu wenig" oder „Wenn wir das machen würden, dann würde ich mich außerhalb meines Kompetenz- und Erfahrungsraums bewegen. Und das will ich nicht."

Die drei Reisen

Die Komplexität von Feldern und der Umgang mit dem, was unbekannt in der Zukunft liegt, legen nicht nur in geschäftlichen Zusammenhängen einen behutsamen Aufbau von Beziehungen nahe. Dann können die Beteiligten Schritt für Schritt „verdauen" und das für sie Nötige entwickeln, um die neuen Beziehungen zu einer tragfähigen Basis für Zusammenarbeit zu machen. Man kann diesen Aufbau der Beziehungen in der Akquisition auch als Abfolge von drei Reisen sehen: Auf der ersten begegnen sich Fremde, die sich einander vorsichtig zuwenden. Auf der zweiten reist man zu dem Punkt, an dem man zueinander Vertrauen findet. Und erst auf der dritten kommt man dahin, wo Zusammenarbeiten denkbar wird und man über einen konkreten Fall sprechen kann. Diese Reisen können in extrem kurzer Zeit stattfinden, unter Umständen dauert es aber Wochen, Monate, sogar Jahre.

Das Entscheidende auf diesen drei Reisen ist,

- dass der Akquisiteur immer wieder ein Gespür dafür entwickelt, welche Aktivitäten und welcher Stil zu seiner Gastgeber-Position passen und welche eben nicht,
- dass der Interessent sich frei genug bewegen kann, um den Akquisiteur wohlwollend aufzunehmen,
- dass aus dem wohlwollenden Interessenten allmählich ein potenzieller Kunde wird, dem eine Zusammenarbeit mit dem Akquisiteur so reizvoll erscheint, dass er zu einem Versuch bereit ist.

Im Fall von DLU und KG sieht es bisher folgendermaßen aus: Der Kontext und die Natur der von DLU angebotenen und von KG gebrauchten Dienstleistung (Auflösung von tiefgegründeten und tiefgreifenden organisatorischen Dysbalancen und Einleiten von heilenden Veränderungsprozessen) braucht das Vertrauen der Beteiligten. Man muss darauf vertrauen können (oder besser: wollen), dass zur Lösung der anstehenden Aufgabe die Richtigen zusammengekommen sind. Der federführende Geschäftsführer ist hier wahrscheinlich bereits auf der dritten Reise, denn er hat DLU angesprochen und um ein Gespräch gebeten. Die beiden anderen Geschäftsführer dagegen haben die erste Reise noch vor sich. Sie jetzt mit einem Projekt zu konfrontieren, in dem es um die Qualität ihrer Unternehmensführung geht, würde die Spannungen im internen Konflikt bei KG noch verstärken. Für sie sind die Leute von DLU noch Fremde, die ihnen aufgedrängt wurden. Und was ist mit den aufgewühlten Mitgliedern der zweiten Führungsebene, von denen manche offensichtlich Abwanderungsgedanken hegen? Sie vertrauen nicht einmal ihrer Geschäftsführung, warum sollten sie unbekannten Externen trauen, die von einem Geschäftsführer aus dem Hut gezaubert wurden?

Das Akquisitions-Dreieck: Es entsteht Raum

Das Arbeiten mit dem Dreiecksmodell generiert Bewegung und Entwicklung. Vor allem erlaubt es, auch Gegensätze miteinander wirksam werden zu lassen. Und es erlaubt wahrzunehmen, wenn man eine Position (noch) nicht ganz einnehmen kann, oder wenn sich eine Veränderung in der Beziehungs-Balance ergibt. Im Kontext der Akquisition hat sich das Dreieck bewährt, das den Akquisiteur, den potenziellen Kunden und dessen Kunden, also den Kunden des Kunden, in ein Feld bringt. Wer mit dem Akquisitions-Dreieck akquiriert, fragt sich in vorbereitender Arbeit: „Was hat eigentlich der Kunde meines Kunden von dem, was ich hier mache?" oder „Was würde der Kunde meines Kunden zu dem sagen, was ich gerade seinem Lieferanten erzähle?" Diese Fragen geben den eigenen Akquisitionsaktivitäten einen größeren Raum und nehmen den Druck heraus.

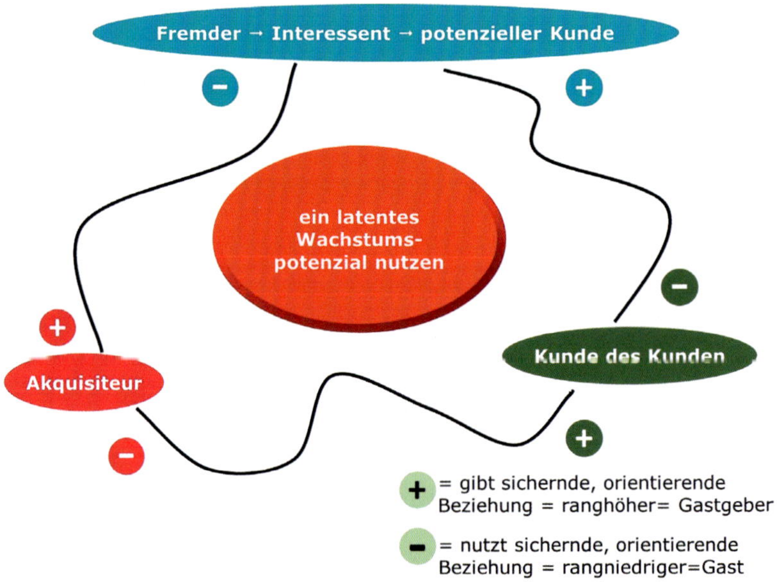

Abb. 33 Akquisitions-Dreieck vor Auftrag

Zusätzlich ist es von großer Bedeutung, dass das Akquisitions-Dreieck Raum für das schafft, worum es wirklich geht. Dieses wird durch die Mitte des Dreiecks symbolisiert und hat im Kontext von Akquisition immer etwas mit dem Nutzen von zur Zeit nicht ausgeschöpften Wachstumspotenzialen zu tun — und zwar Wachstumspotenzialen für alle Beteiligten. Das Akquisitions-Dreieck schärft auch den Blick dafür, dass wirtschaftliche Aktivitäten dann profitabel werden, wenn ein Kreislauf mit nachfolgenden Akteuren in Gang gesetzt wird.

BEISPIEL: Akquisition 3. Phase

Das Team von DLU schlägt dem aktionsbereiten Geschäftsführer vor, sich mit ihm und zwei von ihm benannten Vertretern der zweiten Führungsebene in einem experimentell angelegten Mini-Workshop zusammenzusetzen, um gemeinsam das Terrain zu erkunden und sich vorsichtig in das Problemfeld hineinzutasten. Die Leute von DLU und das Pilot-Team von KG kommen im Workshop gut miteinander klar und arbeiten in kurzer Zeit äußerst konstruktiv. Das macht der kleinen Abordnung von KG Mut, und sie schlägt dem DLU-Team vor, sich dem gesamten Team der zweiten Führungsebene vorzustellen. Damit hat das Team von DLU akquisitorisch einen ersten Meilenstein erreicht. Sie haben Beteiligte beider Ebenen erreichen können, und sie werden zum nächsten Schritt eingeladen. Als nächste Akquisitionsaufgabe steht an, die zweite Führungsebene zu gewinnen und anschließend die Geschäftsführung.

Das Akquisitions-Dreieck: Orientierung und Dynamik

Der Akquisiteur DLU ist Gastgeber des potenziellen Kunden, der Geschäftsführung von KG, in der zwei Geschäftsführer noch Fremde sind. Der potenzielle Kunde ist also Gast bei DLU. DLU hat an dieser Stelle mehr Möglichkeiten und kann diese den Gästen zur Verfügung stellen: Während die Gesprächspartner von KG an ihren Limits operieren, können die Leute von DLU noch Fragen stellen und weitere Informationen sammeln. Wer an seiner Grenze ist, kommt zu dem Schluss, dass nichts mehr geht — außer vielleicht Schuldzuweisungen. Die Leute von DLU haben dagegen die Sicht, es in diesem Konfliktfeld mit vielen gleichberechtigten Positionen zu tun zu haben. Sie können Schattenpositionen erahnen, deren Stimmen niemand hören will. Sie können es sich sogar leisten, nicht zu wissen, wie es weitergehen wird. Die Lösung wird sich erst im weiteren Prozess ergeben. Und wo ist nun der Kunde des Kunden — Gast des potenziellen Kunden und Gastgeber des Akquisiteurs? Auf den ersten Blick scheinen bei KG im betrachteten Zusammenhang Kunden im Sinne von Leistungsabnehmern und Umsatzbringern nicht aufzutauchen. Schaut man jedoch etwas anders hin, so wird deutlich: Der Aufruhr in der zweiten Führungsebene ist ein Problem für die gesamte Geschäftsführung von KG. Wenn es gelingt, dieses Problem zu lösen, werden als Erstes die Mitglieder der zweiten Führungsebene profitieren. Die zweite Führungsebene ist also der Kunde des Kunden.

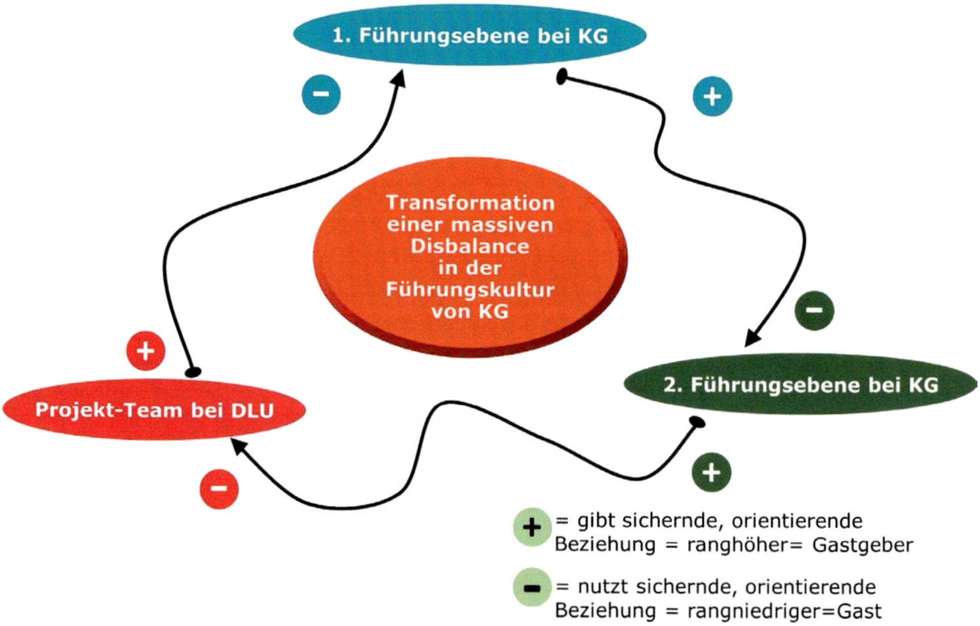

Abb. 34 Akquisitions-Dreieck vor Auftrag bei KG

BEISPIEL: Akquisition 4. Phase

Das Team von DLU stellt sich der gesamten zweiten Führungsebene von KG vor, beschreibt detailliert den Weg, der dazu geführt hat, dass sie hier im Saal sind, und erläutert die geplante Vorgehensweise. Die Mehrheit entscheidet sich nach der Präsentation für einen Versuch der Zusammenarbeit: Damit sind die Kunden des Kunden als Gastgeber für DLU gewonnen. Im Konfliktfeld kommt DLU damit in eine interessante Position. Jetzt ist es möglich, die nächste Etappe der Akquisition anzugehen: das Vertrauen der beiden unsichtbaren Geschäftsführer zu gewinnen, die bisher Distanz zum Prozess und zu DLU gewahrt haben. Es finden nun Einzelgespräche mit beiden statt, um sie als Auftraggeber zu akquirieren. Nach relativ kurzer Zeit erklärt sich jeder Einzelne bereit, sich im Geschäftsführungsteam mit dem Team von DLU zusammenzusetzen, um das weitere Procedere zu besprechen. Die Geschäftsführung bittet schließlich um einen Projektvorschlag, und in einem weiteren gemeinsamen Termin beauftragt sie DLU mit einer ersten Projekt-Etappe. Kern dieser Etappe soll es sein, mittels einer Befragung alle Positionen und Sichtweisen der Beteiligten einzufangen und daraus in einem Team-Event die wirklichen Herausforderungen und die nächsten Schritte zu entwickeln.

Das Kunden-Lieferanten-Dreieck

Wenn die Akquisition abgeschlossen ist und es zum Vertrags- oder Kaufabschluss kommt, wird auch aus dem Akquisitions-Dreieck ein neues Dreieck. Es entsteht das Kunden-Lieferanten-Dreieck, in dem sich die Gastgeber-Gast-Beziehungen umkehren:

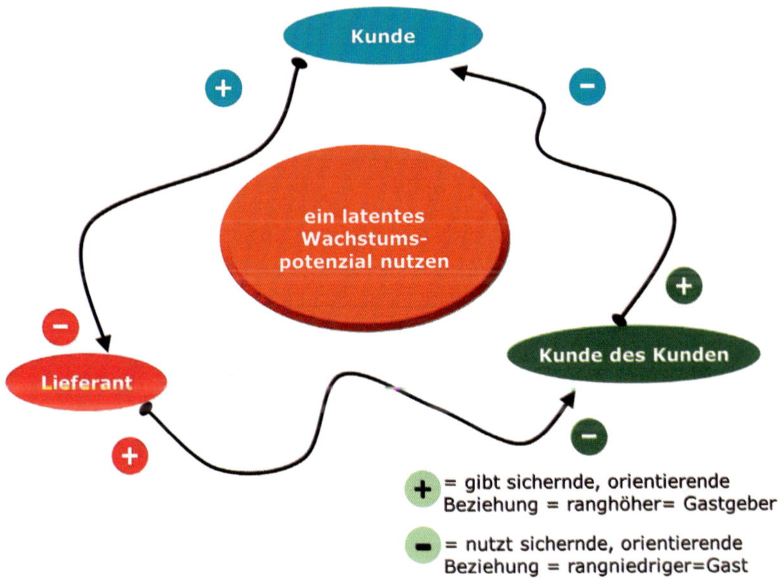

Abb. 35 Kunden-Lieferanten-Dreieck nach Vertragsabschluss

Aus dem Akquisiteur ist ein Lieferant und aus dem Interessenten ein Kunde geworden. Und nun ist der Kunde der Gastgeber des Lieferanten. Er ist es jetzt, der durch seinen Auftrag das Terrain absteckt und den Lieferanten so weit hineinlässt, wie es für die anstehende Aufgabe nötig ist.

Wer öfter mit Verkaufs- und Vertragsabschlüssen zu tun hat, weiß, dass dieser Moment etwas Besonderes ist. Rituale wie Handschlag oder feierliches Unterschreiben unterstreichen das. Neben all der Erleichterung, dass es nun geschafft ist, findet (still und leise) in diesem Moment der Rangwechsel statt.

Coolspot oder den Schmerz des Kunden spüren

Wie im Fall von DLU und KG begegnet man *allerdings* während des Akquisitionsprozesses sehr häufig einem „Schmerz" oder auch mehreren „Schmerzen". Oft versteht der Akquisiteur das so, als sei der potenzielle Kunde hier schwach und deshalb „zu packen". Und dann müsse „man ganz schnell den Sack zumachen", damit es kein Zurück mehr gibt. Wenn aber Menschen zum Ausdruck bringen, wo es ihnen wirklich weh tut, dann sind das Momente, in denen wirkliches Zusammenarbeiten in der Luft liegt. [3] Akquisiteure, die die Verletzlichkeit in diesen Momenten spüren und teilen können, machen Coolspots möglich.[4] Daraus kann man ein weiteres Prinzip für gelingende Akquisition ableiten: „Wenn du deinen Kunden wirklich erreichen willst, musst du seinen Schmerz spüren können." Das ist etwas sehr Körperliches, genauso wie das Spüren der Sehnsucht des Kunden.[5] Man könnte es auch Empathie nennen. Es geht darum zu erkennen, wo sich der Kunde gerade innerlich befindet, und sich in seine Situation einzufühlen. Bei diesem Hineinspüren kann sich der Akquisiteur fragen: „Was dient jetzt dem, was im Leben wirklich wichtig ist?", „Welche vielleicht kleine Geste von mir könnte jetzt zeigen, dass hier echtes Zusammenarbeiten möglich wird?" „Was könnte ich meinem Gesprächspartner anbieten, damit er mit seinen eigenen Kunden einen Schritt weiter kommt?"

Oft hat man als Kunde den Eindruck, man habe sich in die Hand des Lieferanten begeben und sei nun geschwächt. Oder man hat als Lieferant den schon erwähnten Drang, den Sack schnell zuzumachen, damit einem der Kunde nicht mehr entwischt. Es handelt sich dabei um Sichtweisen, in denen Zusammenarbeit als eine Opfer-Täter-Beziehung gesehen wird. Die Gründe dafür können unterschiedlich sein. Man ist nicht auf Augenhöhe. Wenn man es bemerkt, könnte man an dieser Stelle sich selbst fragen: „Respektiere ich eigentlich meinen zukünftigen Geschäftspartner? Bin ich bereit, in der nun beginnenden Geschäftsbeziehung auch mich selbst weiterzuentwickeln?" Wenn die Antwort eher Nein heißt und dann später unangenehme Momente auftauchen, kann man sich an diesen Augenblick zurückerinnern. Vielleicht ist jetzt der richtige Zeitpunkt, dem Geschäftspartner auf Augenhöhe zu begegnen und damit der Beziehung einen neuen Impuls zu geben.

---

3 Siehe hierzu die Führungsqualität Verletzlichkeit in Kapitel 13.

4 Siehe hierzu die verbindende Kraft in Coolspots, Kapitel 9.

5 Vielleicht ist das auch der Grund, warum man unter den guten Vertriebsleuten sehr oft die instinkthaft handelnden „Bauch-Typen" findet, die sich als rational einschätzende Planer und Controller zum Wahnsinn bringen können.

Und der Kunde des Kunden? Jedes Mal, wenn der Kunde seinem Lieferanten darüber berichtet, dass er seine Kunden besser erreicht und deren Zufriedenheit spürbar wächst, bekommt der Lieferant die Bestätigung, dass sein Kunde erfolgreich agiert. Wenn dieses Feedback schwächer wird oder nicht mehr begeistert klingt, gibt es etwas zu tun. Dann braucht das latente gemeinsame Wachstumspotenzial neue Aufmerksamkeit.

Übung 17: Mit einem Akquisitions-Dreieck eine unklare Situation klären

Haben Sie derzeit einen Fall, in dem Sie Akteur sind und einen potenziellen Kunden (Prospect) zum Kunden „machen" wollen? Sodass er sich dafür entscheidet, Ihre Leistungen in Anspruch zu nehmen und dafür eine Gegenleistung in Geld zu erbringen?

1. Skizzieren Sie auf einem Blatt Papier, was Ihre Leistungen sein werden, wo der Kunde Ihre Leistungen einbaut und welchen Zugewinn oder Nutzen ihm Ihre potenzielle Zusammenarbeit bringen wird.
2. Denken Sie noch einen Schritt weiter: Wer sind die Kunden Ihres potenziellen Kunden, die von dieser Zusammenarbeit profitieren würden? Das können zahlende Abnehmer sein, wenn Sie dazu beitragen, dass Ihr Kunde sein eigenes Leistungsangebot verbessert. Es können aber auch interne Kunden wie Mitarbeiter, Führungskräfte, Aktionäre oder Investoren sein, wenn Ihre Leistungen dazu beitragen, dass Ihr Kunde seine Beziehungen zu ihnen besser gestalten kann. Denken Sie kreativ und lassen Sie sich nicht von innerem Widerstand ablenken, der vielleicht sagt: „Woher soll ich das wissen?" oder „Dazu hat nie einer etwas gesagt".
3. Beschriften Sie nun das Dreieck unten mit konkreten Bezeichnungen: zunächst mit Ihrem Namen und dem Ihres potenziellen Kunden; finden Sie dann eine Bezeichnung für den Kunden Ihres potenziellen Kunden. (Sind Sie in der Gestaltung Ihrer Beziehung tatsächlich schon so weit, dass Sie von einem potenziellen Kunden sprechen können – gibt es eine konkrete Anfrage und die für eine Zusammenarbeit notwendige Vertrauensbasis? Wenn ja, ist es ein potenzieller Kunde. Wenn nein, handelt es sich eher um eine Beziehung zu einem Interessenten (Prospect): Sie kennen sich und interessieren sich für einander. Wenn Ihr Gegenüber eher noch ein Fremder (Stranger) ist, so wären sogar noch mehrere Schritte zu gehen, bis Ihre Beziehung als Basis für gemeinsame Geschäfte dienen kann. Je klarer Sie an dieser Stelle sind, desto schönere Erfolge können Sie erreichen.)

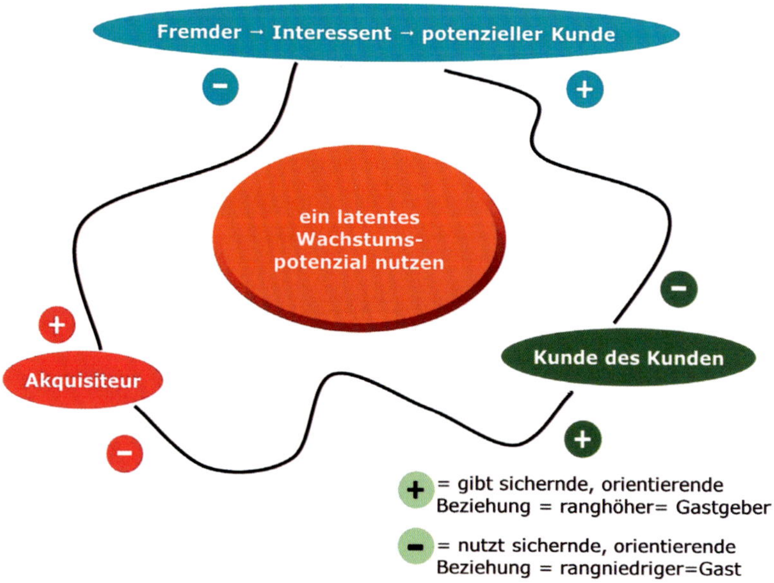

4. Nun sehen Sie sich Ihr Dreieck an: vom Kunden Ihres potenziellen Kunden (Prospect oder Stranger) sollten Sie Sicherheit, Orientierung und Raum bekommen, damit Sie selbst die Beziehung mit Ihrem potenziellen Kunden gestalten können, indem Sie ihm Sicherheit, Orientierung und Raum anbieten.
5. Machen Sie nun ein erstes internes Brainstorming: Stellen sich vor, Sie sind (virtueller) Gast beim Kunden Ihres potenziellen Kunden und beantworten Sie folgende Frage: „Wenn ich mir vorstelle, der Kunde des Kunden hätte mich eingeladen: Welche Qualitäten und Fähigkeiten von mir/unserem Unternehmen/Team würde er gern erleben und in Aktion sehen?"
   Spüren Sie sich intuitiv und spielerisch in die Beziehung hinein, auch wenn Sie keine konkrete Person kennen. Stellen Sie sich vor, der Kunde des Kunden hätte Freude an Ihren Qualitäten und Fähigkeiten und wählte sich aus der großen Anzahl einige aus, die ihm besonders wichtig sind. Notieren Sie 5–10 dieser Qualitäten in einer Liste 1 oder Mindmap 1.

6. Machen Sie ein zweites internes Brainstorming: Nun sind Sie der virtuelle Gastgeber Ihres potenziellen Kunden und haben im Hinterkopf, was der Kunde Ihres potenziellen Kunden gern von Ihnen erleben würde. Das ist so etwas wie der Hintergrund oder Rahmen, in dem sich die Beziehung zu Ihrem potenziellen Kunden abspielen wird. Sie können jetzt den Traum Ihrer zukünftigen Zusammenarbeit mit dem potenziellen Kunden träumen und dabei Hinweise bekommen, um die Beziehung praktisch zu gestalten.

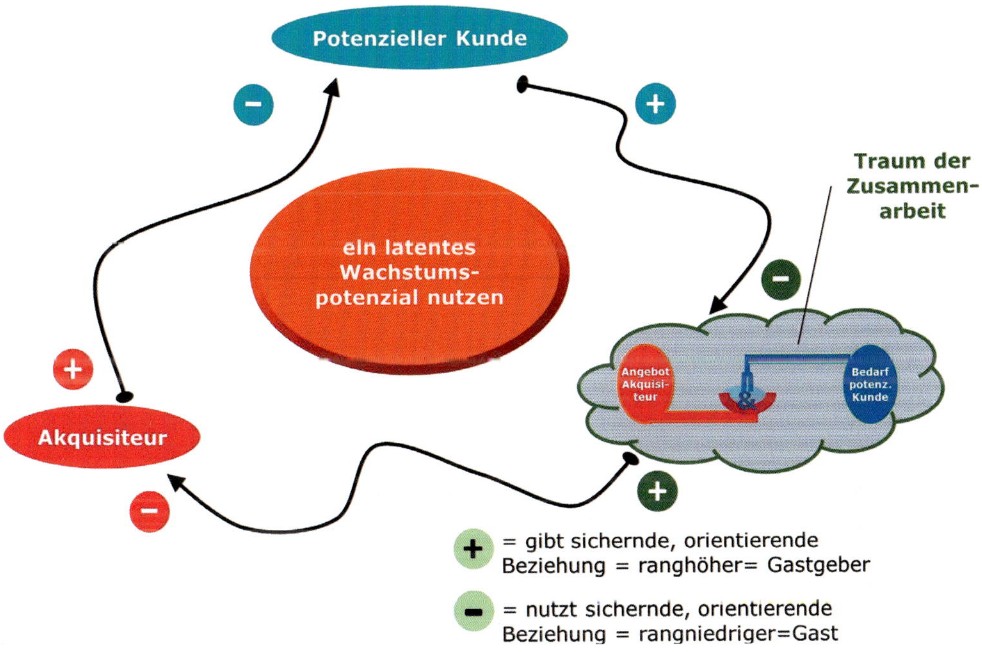

Abb. 36 Dreieck des Akquise-Traums

Beantworten Sie folgende Frage:
„Wenn ich mir vorstelle, den potenziellen Kunden einzuladen und ihm Sicherheit und Orientierungshilfe vermitteln zu wollen, welche Botschaften sollten ihn dann erreichen? Welche Impulse wären für ihn wichtig, damit er sich mir nähern und sich öffnen kann? Woran könnte er spüren, dass er als Gast bei mir gut aufgehoben ist?"
Notieren Sie 5–10 der Qualitäten, die Ihnen als Antworten einfallen, in einer Liste 2 oder Mindmap 2.

7. Sehen Sie sich jetzt Ihre Ergebnisse auf Blatt 1 und 2 an: Gibt es auf Blatt 2 noch etwas zu modifizieren oder zu ergänzen, damit Sie die Vorgaben aus Blatt 1 sowohl berücksichtigen als auch inhaltlich ausfüllen?

8. Wir kommen zur Praxis: Was ist Ihr nächster konkreter Schritt in Bezug auf Ihren potenziellen Kunden? Notieren Sie ihn und machen Sie sich an die Umsetzung.
9. Beobachten Sie in der nächsten Zeit, dass und wie Sie den Inhalt von Blatt 2 in den Aufbau der Beziehung einbringen. Sprechen Sie möglichst auch mit Ihrem potenziellen Kunden über seine Beziehung zu seinen Kunden. Vielleicht gewinnen Sie daraus weitere Erkenntnisse, mit denen Sie Blatt 1 ergänzen können.

Erleben Sie, wie Ihr Geschäft sich weiterentwickelt!

16 Ein Familienunternehmen entdeckt sich selbst neu

BEISPIEL Teil 1: Beginn einer Nachfolgeregelung

Das Familienunternehmen PD hat hochwertige Produkte und ergänzende Dienstleistungen für genussfreudige Endverbraucher in seinem Angebot. PD mit seinen beiden geschäftsführenden Gesellschaftern ist an seinem Standort in Süddeutschland bestens eingeführt, verwurzelt und für die Kunden ein fester Bestandteil ihres städtischen Lebens. Regelmäßig gewinnen einzelne Produkte erste Preise in Wettbewerben, die Kunden sind zufrieden, viele Stammkunden kommen mit großer Regelmäßigkeit. Alles sieht nach Blühen aus – nach kräftigen Umsätzen und guten Erträgen, Solidität und Qualität, nach Wachstum. Allerdings gibt es eine mächtige Schattenseite: Die Arbeitsbelastung ist enorm, die Geschäftsführer sind müde, manchmal bis zur Mutlosigkeit, und denken daran, einen Nachfolger zu suchen und sich zurückzuziehen. Eines Tages ergibt sich die Situation, dass eine neue Führungskraft als Geschäftsführer einsteigen und mittelfristig die Nachfolge eines der aktuellen Geschäftsführer antreten will, eventuell auch als Gesellschafter. Nach relativ kurzer Zeit entscheidet man sich, zunächst einfach zu dritt weiterzumachen und auf diesem Weg herauszufinden, wie sich alles Nötige regeln lässt und wie man miteinander zurechtkommt.

Das Unternehmer-Dreieck: klare Positionen und Beziehungen

Hier lässt sich ein Dreieck etablieren: das Unternehmer-Dreieck, das die essentiellen Positionen in einer unternehmerisch ausgerichteten Organisation zum Ausdruck bringt:

- Potenzial des Unternehmens — Eigentümer — Führungskräfte

Das Auseinanderziehen in die drei Positionen Gesellschafter, Führungskraft und Unternehmen schärft den Blick für das Geschehen, für zugrundeliegende Prinzipien, für Positionen und die Beziehungen zwischen ihnen. Was man im Modell leicht erkennen kann, lässt sich sofort als Orientierungshilfe in die Praxis übertragen und in praktisches Handeln umsetzen.

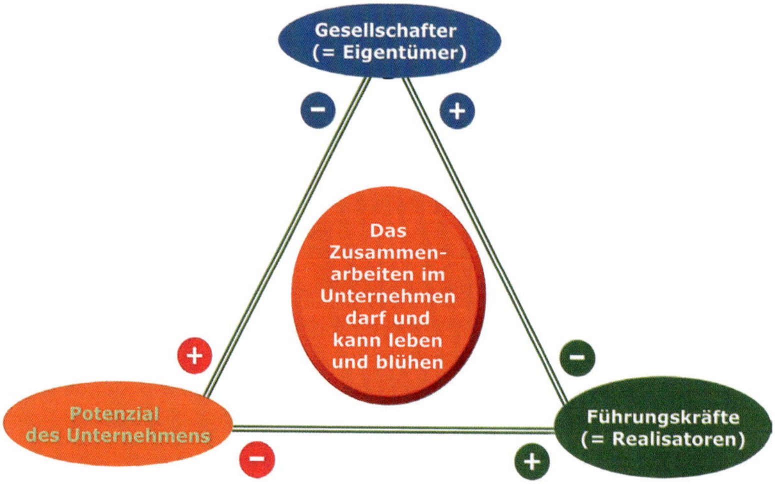

Abb. 37 Unternehmer-Dreieck

Das Potenzial des Unternehmens, das noch zu realisieren ist oder auch zu Teilen bereits realisiert wurde, besetzt die erste Position. Es folgen die Eigentümer und die Führungskräfte[1]. Beide haben für das Unternehmen sehr unterschiedliche Aufgaben zu erfüllen. Auch die Beziehungen, die sie zum Unternehmen haben, sind bei genauerer Betrachtung unterschiedlicher Natur: Den Eigentümern gehört alles, was das Unternehmen ausmacht – die Geschäftsidee, die zugehörigen Assets wie Know-how, Immobilien, Ausstattung, Maschinen, Geschäftsprozesse und vieles mehr. Eigentümer können Gesellschafter sein oder Aktionäre, und ihre Interessen liegen darin, das Eigentum zu erhalten, es zu pflegen und vielleicht auch zu mehren. Sie können es verkaufen oder etwas hinzukaufen. Allerdings sind sie nicht für den laufenden Geschäftsbetrieb zuständig. Diese Sichtweise kann für den einen oder anderen Eigentümer schwer zu ertragen sein, vor allem dann, wenn er anderen beim Verwalten und Managen seines Eigentums zusehen muss.

Die Führungskräfte sind diejenigen, die die im Unternehmen angelegten Potenziale realisieren. Sie können das am besten und sind von den Eigentümern genau deshalb ausgewählt worden. Sie beschäftigen sich mit den Bedürfnissen der Kunden, sorgen für eine Weiterentwicklung der Produkte, entwickeln die Führungskultur, stellen die richtigen Mitarbeiter ein, achten auf die Supply Chain. Nur im Rahmen ihrer Verträge können sie über kleinere Teile des Unternehmensvermögens verfügen, indem sie zum Beispiel Waren oder Material einkaufen. Über das Eigentum an

1 Wir subsummieren den Geschäftsführer als eine der vielen Arten von Führungskräften.

sich haben sie keine Verfügungsrechte. Daher müssen Führungskräfte und Eigentümer lernen zusammenzuarbeiten, indem sie unterschiedliche Aufgaben wahrnehmen und die Aufgabenbereiche des anderen respektieren.

Das mag theoretisch erscheinen, wird aber in manchem Unternehmen schon praktisch angewendet. Der Tegut-Erbe Thomas Gutberlet, der inzwischen einen verkauften Geschäftsbereich des Unternehmens leitet, beschreibt es folgendermaßen: „Ich war auch vorher angestellt. [...] Ich hatte jedoch immer das Bewusstsein, mich in den Dienst der Sache zu stellen, nicht als Eigentümer, sondern als Leistungsträger. Mein Anliegen war es immer, das Unternehmen nach vorne zu bringen, kundenorientiert [...] und in einem angenehmen Klima für die Mitarbeiter.“[2]

Gastgeber und Gäste sorgen für Belebung und Dynamik

Die Rangrichtung im Unternehmer-Dreieck sieht so aus:

- Das Unternehmenspotenzial ist Gastgeber der Eigentümer,
- die Eigentümer sind Gastgeber der Führungskräfte oder Leistungsträger,
- und die sind Gastgeber des Unternehmenspotenzials.

Das Potenzial des Unternehmens gibt den Eigentümern die Möglichkeit, damit etwas anzufangen, und deshalb hat es in dieser Beziehung den Rang des Gastgebers. Die Eigentümer, die ihr Eigentum wahren und mehren möchten, suchen sich Führungskräfte (in vielen Fällen sind das sie selbst), die genau das können, was dazu nötig ist.[3] Deren Gastgeber sind die Eigentümer, möglicherweise in Personalunion. Die Führungskräfte nutzen die ihnen von den Eigentümern übertragenen Befugnisse und Vollmachten, um das Unternehmen voranzubringen. Damit sind sie Gäste der Eigentümer. Im Rahmen ihrer fachlichen und persönlichen Möglichkeiten bringen sie das Unternehmen voran und sind damit die Gastgeber für das Unternehmenspotenzial. Das Unternehmen als ihr Gast kann seine Potenziale innerhalb der Möglichkeiten entwickeln, die den Geschäftsführern zur Verfügung stehen.

[2] Interview mit Thomas Gutberlet in: Wir. Das Magazin für Unternehmerfamilien. 3/13, S.11.

[3] Ein wichtiger Punkt in Familienunternehmen, die an familieninterne Nachfolger übergeben: Sind die Erben des Eigentums tatsächlich die Richtigen, um die innewohnenden Möglichkeiten auch als Führungskräfte besonders gut entfalten zu können? Selbst wenn hieran Zweifel bestehen, gibt es häufig keine unternehmerischen Konsequenzen, aber heftige Konflikte, die dem Unternehmen gravierenden Schaden zufügen können.

Das, worum es in der Mitte dieses Dreiecks geht, ist das Vorankommen der Zusammenarbeit im Inneren des Unternehmens. Das Modell des Unternehmer-Dreiecks unterstützt die Beteiligten dabei, ihr Zusammenarbeiten kontinuierlich weiterzuentwickeln: zum Wohl des Unternehmens, der Eigentümer, der Führungskräfte und ihrer Mitarbeiter. Das beginnt im Inneren des Unternehmens, hat aber das Ziel, draußen im Geschäftsumfeld wirksam zu sein, für die Kunden, andere Geschäftspartner und die gesellschaftliche Umgebung. Es ist also kein Selbstzweck. Wirksam zu sein heißt für ein Wirtschaftsunternehmen, dass es wirtschaftlichen Erfolg hat und durch seine Überschüsse Zukunft gestalten kann. Die Eigentümer haben in der Regel ein lebhaftes Interesse daran, dass das Unternehmenspotenzial durch diese Wirksamkeit gestärkt wird und sich nicht etwa verbraucht. Darauf zu achten, ist eine ihrer wichtigsten Aufgaben.

Urgesteine, Gründungsmythen und Zusammenarbeiten

Nicht selten sieht es in inhabergeführten Familienunternehmen so aus, als ob sich die Positionen von Geschäftsführern und Gesellschaftern nicht unterscheiden ließen, weil geschäftsführende Gesellschafter beide verkörpern. Verschärft wird das häufig noch dadurch, dass auch die Identität des Unternehmens vollkommen mit der seiner Eigentümer und Geschäftsführer zu verschmelzen scheint. Diese Sicht findet man nicht nur in kleineren Unternehmen. Wenn in einem größeren Unternehmen die Eigentümer keine spürbare Rolle mehr spielen, kann dies (angestellte) Führungskräfte dazu verführen, sich als Eigentümer zu fühlen und aus dieser Position zu agieren.[4] Floriert das Unternehmen, gelten sie als „starke Identifikationsfiguren", wenn es aber in eine schwierige Lage gerät, nennt man sie „selbstherrlich".

Auch für einen erfolgreichen Gründungsunternehmer liegt es nahe, zunächst die verschmolzene Sichtweise auf sich selbst als Eigentümer, erste Führungskraft und Unternehmen zugleich zu pflegen. Ist man nicht diesen schweren Weg gegangen, hängt nicht alles von einem selbst ab, genießt man nicht gerade dafür hohes Ansehen? So wird man zu einem „Urgestein", und je mehr Zeit vergeht, desto stärker verkörpert man den Gründungsmythos. Urgesteine und Gründungsmythen werden gebraucht, wenn man Orientierung und Sicherheit sucht, denn sie stiften tatsächlich Identität. Sie dienen als Symbol für einen erfolgreichen Emergenz-Weg: von der Idee zum funktionierenden Unternehmen. Sie haben die ersten Rahmenbedingungen für das Zusammenarbeiten geschaffen. Wenn Situationen komplexer

[4] Interessante Beispiele sind im Werdegang von Berthold Beitz zu finden. Siehe: Joachim Käppner: Berthold Beitz: Die Biographie. BV Berlin Verlag GmbH, Berlin 2010.

und dynamischer werden, hilft es dem Zusammenarbeiten sehr, die verschmolzene Sichtweise zu trennen und eine klare Sicht auf die unterschiedlichen Positionen und ihre Beziehungen untereinander zu entwickeln. Das Thema Unternehmensnachfolge ist eine solche Situation, in der Komplexität und Dynamik zunehmen. Das Unternehmer-Dreieck öffnet dafür einen Lösungsraum.

BEISPIEL Teil 2: Das neue Dreier-Team

Bei PD verteilt sich nun das Geschehen auf zwei Bühnen. Auf der einen wird im anlaufenden Prozess der Nachfolgeregelung sehr darauf geachtet, dass sich die geschäftsführenden Gesellschafter gegenüber dem Unternehmen neu positionieren. Man bemüht sich, die anfallenden Aufgaben entweder der Eigentümer- oder der Geschäftsführerposition zuzuordnen, die Beziehungen zueinander und zum Unternehmen zu gestalten und die Arbeitsprozesse entsprechend aufzuteilen. Das ist leichter gesagt als getan. Die Position des Nachfolgers als Geschäftsführer wird nämlich immer wieder dadurch überlagert, dass er in Zukunft auch Eigentümer werden will und soll. Diese Option bringt Fragen hervor wie „Wir müssen über den Preis für meinen Anteil sprechen“ oder „Wie groß muss mein Anteil überhaupt sein, damit meine Stimme Gewicht bekommt?“ und ähnliches. Diese Fragen lenken immer wieder davon ab, das Miteinander in der Geschäftsführung des Unternehmens so zu regeln, dass die Abläufe und dann auch die Kunden von der Vergrößerung der Mannschaft profitieren. Nicht zuletzt muss der zusätzliche Geschäftsführer ja auch bezahlt werden.

Auf der zweiten Bühne zeigen sich spontan Belebung und Wachstum im täglichen operativen Geschäft. Verlängerte Öffnungszeiten und zusätzliches Personal verbessern den Service für die Kunden, eine wöchentliche Besprechung im kleinen Kreis etabliert sich, man erweitert das Produkt- und Dienstleistungsangebot, der „Neue“ gewinnt die Herzen von Kunden und Mitarbeitern. Schon bald kann er die Altgeschäftsführer spürbar entlasten. Die heitere Seite der Unternehmensidentität blüht sichtbar auf, was sich auch in einer Steigerung der Umsätze niederschlägt. Ohne dass es ausgesprochen würde, hat das Unternehmen PD eine Zukunftsperspektive bekommen, die bereits in die Gegenwart positiv hineinwirkt.

Zusammenarbeiten und Identität

- **Prinzip 1**: Die Identität eines Unternehmens blüht, wenn das Zusammenarbeiten im Unternehmen blühen kann.

Identität kann man nicht „machen". Man kann sie spüren und finden und aus ihr etwas machen. Identität ist wirksam, indem sie nach außen zum Ausdruck kommt und nach innen zurückgespiegelt wird. Das Unternehmen ist nach innen und außen attraktiv.

Durch die Zusammenarbeit mit dem neuen Geschäftsführer konnten die Altgesellschafter von PD ihr Unternehmen aus einer gänzlich neuen Perspektive betrachten: Die Arbeit des Geschäftsführers erlaubte ihnen plötzlich, eine PD-Identität zu sehen, die losgelöst von ihrer eigenen war. Sie sahen, dass auch ohne ihr Zutun bei PD viel passierte und empfanden es als große Erleichterung. Diese Identität konnten sie unterstützen, ohne sich selbst dabei aufzuzehren. Der Blick auf das eigene Unternehmen wurde viel unbefangener. Sogar Konflikte, die lange im Untergrund rumort hatten, konnten jetzt wahrgenommen und angepackt werden, ohne dass sich Panik ausbreitete. Wie sich später zeigte, brachten deren Lösungen das Ganze weiter.

Wenn das Zusammenarbeiten gut läuft, können die Beteiligten mit dem umgehen, was ihnen begegnet; es fällt ihnen leichter, es zu akzeptieren, und sie können es im Team bearbeiten. So lassen sich Pannen und Konflikte bewältigen, Wege zu wunderbaren Erfolgen gehen und sogar geniale Neuerungen entdecken. Man kann Verbindungen gestalten, und man kann sie auch sauber beenden. Wenn ein Team das Zusammenarbeiten auch in unangenehmen Momenten nicht infrage stellt, kann die Unternehmensidentität am besten blühen und selbst große Schwierigkeiten überleben.

BEISPIEL Teil 3: Die Krise – zurück auf Los

Insgesamt scheint alles gut zu laufen, bis es plötzlich eine überraschende Wendung gibt: Der neue Geschäftsführer steigt aus persönlichen Gründen kurzfristig wieder aus und verlässt PD. In einem Debriefing der Ereignisse wird deutlich, dass die Positionen im Unternehmer-Dreieck immer wieder durcheinandergeraten waren. Unterschiedliche und widersprüchliche Auffassungen von Verantwortung ergaben sich daraus. Welche Rechte und Pflichten hatten die Einzelnen, wer hatte in welchen Fragen das Sagen? Wer bestimmte, wie es weitergehen sollte? Wie weit fühlte sich jeder der drei dem Unternehmen verpflichtet? Wer sollte wem verantwortlich sein, und wie sollte das praktisch ablaufen? Was tun mit persönlichen Konflikten, die die Arbeitsleistung beeinträchtigten? Wer durfte welche Kosten

verursachen? Wo war die Grenze zwischen Kostenbewusstsein und Knauserigkeit? Welche eisernen Prinzipien sollten bleiben, welche abgeschafft, und welche neu eingeführt werden? Was war nur für einen nützlich und was für alle und das Ganze?
Während der Zeit zu dritt hatte es zwar Anläufe gegeben, alle diese Fragen systematisch zu behandeln, aber keiner hatte richtig gefruchtet. Keiner der drei war in der Lage, seine Position in diesem Dreieck adäquat einzunehmen. So blieb vieles in der Schwebe, und man behalf sich mit adhoc-Entscheidungen, um den laufenden Betrieb nicht zu stören. Das hatte zu einer immer größeren Unzufriedenheit auf Seiten der Altgesellschafter und auch des neuen Geschäftsführers geführt. Misstrauen breitete sich aus, und jede Seite warf der anderen massive Grenzüberschreitungen vor. Dennoch kommt der Abgang unerwartet und erschüttert alle Beteiligten tief. Die Zurückbleibenden sind fassungslos, wütend und verzweifelt.

Identität und Wahrnehmung

- **Prinzip 2**: Die Identität eines Unternehmens blüht robuster, wenn man wahrnehmen kann, was ist, ohne diese Wahrnehmung mit einer Bewertung zu vermischen.

Trotz des verständlichen Grolls konnte man bei PD sehr schnell wahrnehmen, dass der Nachfolger viel Gutes bewirkt hatte. Man erlag nicht der Versuchung, das alles im Zorn vom Tisch zu fegen. Dies funktioniert desto besser, je mehr man in sich selbst für innere Klarheit und Ruhe sorgen kann, also Selbstreflexion oder innere Arbeit pflegt und praktiziert. Wenn es dann einmal richtig knallt und unangenehm wird, wird man nicht reflexhaft nach den „Schuldigen" suchen, um sie zu bestrafen und so das Übel aus der Welt zu schaffen. Eine leicht distanzierte und wohlwollende Wahrnehmung kann es sich leisten, außer Mängeln und Fehlleistungen auch das zu sehen, was weiterbringt. Nur dann können die Beteiligten sich dazu ermuntert fühlen, neue Möglichkeiten zu finden. Solches Wohlwollen wird durch ein Vertrauen möglich, auf das sich alle Beteiligten prinzipiell verständigen, und das sie auch in schwierigen Situationen nicht infrage stellen wollen. Ein solches Klima hilft den Einzelnen dabei, sich weniger oft persönlich angegriffen zu fühlen, dadurch klarer zu sehen und bewusster zu handeln. Die Identität eines Unternehmens lebt damit sicherer.

BEISPIEL Teil 4: Etwas bleibt und wird lebendiger – die Identität des Unternehmens

Trotz des abrupten Endes hat PD von der Zeit mit der Dreier-Spitze profitiert, und diese Einschätzung bleibt auch nach dem Ausscheiden des Nachfolgers stabil. Die „Alten" kommen angeschlagen aus den Turbulenzen heraus, fühlen sich aber gleichzeitig gestärkt. Immer noch genießen sie das Blühen ihres Unternehmens. Sie haben einen klaren Blick für die internen Prozesse und für den Rhythmus der Abläufe entwickelt. Sie können jetzt ab und zu ihr Unternehmen aus einer neuen Perspektive innerer Distanz betrachten und dabei erkennen, dass PD sich auf „natürliche" Weise selbst bewegen kann, und dass sie keineswegs immer alles selbst anstoßen müssen. Sie entdecken die Identität ihres Unternehmens neu und spüren deren Wirkung.

Identität und Coolspots

- **Prinzip 3**: Die Identität eines Unternehmens blüht robuster, wenn Coolspots ermöglicht werden.

Mit Störungen und Konflikten umzugehen ist eines der wichtigen Elemente, wenn man wachsen und weiterkommen will. Ein designierter Nachfolger, der nach kurzer Zeit nicht nachfolgt, sondern das Unternehmen wieder verlässt, ist eine sehr schwerwiegende Störung. Ein solches Ereignis kann auch etwas aufdecken, das schon länger rumorte, aber den Beteiligten nicht bewusst war. So ergibt sich die Gelegenheit, einen Blindspot aufzulösen oder eine Schattenposition zu entdecken. Wenn man das gemeinsam im Team tut und die Bedeutung dieser Entdeckung für die Beteiligten und das Geschehen transparent macht, ist das ein gemeinsamer Lernschritt. Das hat für alle eine befreiende und erleichternde Wirkung (Coolspot) und wirkt sich auch auf die Identität des Unternehmens befreiend aus.

Ein Coolspot kommt meist überraschend und an unerwarteter Stelle, während man einen Konflikt gemeinsam durchwandert. Der Coolspot ist ein flüchtiges Angebot: Man muss ihn schnell wahrnehmen, zum Ausdruck bringen, den anderen zugänglich machen und daran arbeiten, wie man das Gefundene nutzen will. Daraus entsteht etwas Verbindendes, eine neue gemeinsame Basis. Man könnte es auch qualitatives Wachstum nennen.

BEISPIEL Teil 5: Verarbeitung der gemeinsamen Erfahrung

Den Altgeschäftsführern ist es wichtig, zu zeigen, dass sie den ausgeschiedenen Nachfolger in guter Erinnerung behalten. Daher arrangieren sie einige Wochen später eine Zusammenkunft mit dem ganzen Team, in der alle ihre Erinnerungen an diese Zeit äußern können. Viele schöne Erinnerungen werden geteilt, und es gibt auch einiges aufzuräumen: Diskussionen über Aufgaben und Abläufe waren in Gang gesetzt worden, konnten aber nicht mehr zu Ende gebracht werden. Das hatte Hoffnungen auf neue Herangehensweisen geweckt, die nun enttäuscht sind. Alle sind sich einig, dass der Nachfolger Heiterkeit ins Arbeiten gebracht hat, und die Erinnerung an diese Energie wirkt auf alle belebend. Der eine Altgeschäftsführer stürzt sich mit neuer Energie in die Produktion, der andere sieht Mitarbeiter und Kunden in einem viel freundlicheren Licht und kann sich ihnen besser zuwenden. Die Arbeit wird wesentlich stringenter aufgeteilt. Man hat das Gefühl, gemeinsam ein gutes Stück vorangekommen zu sein. Die Atmosphäre wird lebendiger, was auch die Kunden bemerken. Was jetzt bewusst wird: Nicht nur der Nachfolger war jung, auch viele junge Mitarbeiter sind an Bord. Damit fühlt man sich jetzt auch als eine Art Familie – das Merkmal „Familienunternehmen" wird deutlicher.

Identität und Zuhause-Gefühl

- **Prinzip 4**: Die Identität eines Unternehmens blüht robuster, wenn durch Kommunikation Sicherheit entsteht.

Im normalen Unternehmensalltag hat man meist weder Zeit noch Sinn für „abgehobene" Dinge wie eine Verabschiedungsrunde für eine Führungskraft, die durch ihren plötzlichen Abgang viel Unordnung zurückgelassen hat. Es muss einfach laufen und funktionieren. Wenn es dennoch gelingt, die Abläufe auch einmal zu unterbrechen und damit außergewöhnliche Vorkommnisse zu würdigen, leistet man einen großen Beitrag zur „inneren Sicherheit" im Unternehmen. Mitarbeiter, die ihre Hoffnungen, Befürchtungen und Ängste in einem solchen Rahmen äußern können, fühlen sich sicher und können auch anderen Sicherheit vermitteln. Führungskräfte, die dieses Bedürfnis nach Sicherheit respektieren und darauf antworten, machen es sich selbst, den Mitarbeitern und auch dem Unternehmen leichter.

Übung 18: Mit dem Unternehmens-Dreieck die eigene Position einnehmen

Sind Sie selbstständig oder in einer Führungsposition, in der Sie auch mit den Eigentümern des Unternehmens im Dialog stehen? Dann fällt Ihnen vermutlich eine Situation ein, in der Sie sich mehr Klarheit zu Ihrer eigenen Position wünschen.

1. Machen Sie sich Notizen zu Ihrem Fall und notieren Sie auch, was Sie für sich erreichen möchten. Vielleicht mehr Klarheit, mehr Autorität oder einfach nur eine andere Gemütslage?
2. Betrachten Sie zunächst das Unternehmer-Dreieck: Welche der drei Positionen ist die, an der Sie zur Zeit am meisten „siedeln" – an der Sie sich am liebsten aufhalten oder in die Sie situationsbedingt am häufigsten gerufen werden?

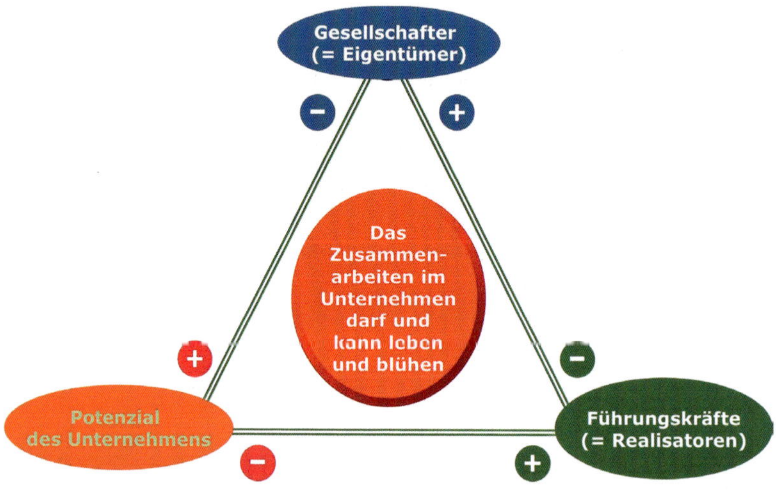

1. Markieren Sie diese Position und spüren Sie sich tief hinein. Was ist das Besondere gerade hier? Wie fühlen Sie sich hier? Sind Sie wegen Ihrer eigenen Qualitäten und Möglichkeiten hier, oder eher aus „externen" Gründen? Machen Sie sich Notizen.
2. Nun sehen Sie sich aus Ihrer Position die beiden anderen an: Welche von ihnen hält Ihnen den Rücken frei und gibt Ihnen ein gewisses Maß an Sicherheit? Markieren Sie sie. Fühlen Sie sich mit dieser Position uneingeschränkt wohl, oder gibt es Verbesserungsbedarf? Machen Sie sich Notizen.

3. Nun sehen Sie sich die dritte Position an: Können Sie sich vorstellen, dass sie sich von Ihnen gestärkt fühlt? Dass sie sich gern im Schutz Ihres Terrains bewegt? Dass sie von Ihnen Orientierung und Gestaltungsmöglichkeiten bekommt? Notieren Sie Ihre Beobachtungen.
4. Markieren Sie nun im Dreieck oben die Gast- und Gastgeber-Beziehungen: Die Position, die Sie in Schritt 4 ermittelt haben, ist Ihr Gastgeber. Die Position, die Sie in Schritt 5 gefunden haben, ist Ihr Gast. Was ergibt sich daraus für Ihre Position und ihr Handeln
5. erstens Ihrem Gast gegenüber: Wie wollen Sie ihm Sicherheit geben? Können Sie Ihren Rang als Gastgeber gut einnehmen? Ermuntern Sie Ihren Gast dazu, lebendig zu sein? Lassen Sie sich von diesen Fragen dazu anregen, Ihre Position als Gastgeber immer mehr auszufüllen;
6. zweitens Ihrem Gastgeber gegenüber: Akzeptieren Sie den Spielraum, den er Ihnen gibt? Können Sie darin überhaupt einen Spielraum erkennen, den Sie nutzen könnten? Fühlen Sie sich von ihm gestärkt? Können Sie annehmen, dass er Ihnen tatsächlich den Rücken stärken will? Lassen Sie sich von diesen Fragen dazu anregen, Ihre Position als Gast immer mehr auszufüllen.
7. Dreht sich Ihr Dreieck in der gleichen Richtung wie in der Abbildung angegeben?
8. Geht es in Ihrem Dreieck auch um den Kontext „Das Zusammenarbeiten im Unternehmen darf leben und blühen“, oder geht es um etwas anderes? Wie ist die Richtung dann?
9. Vielleicht erreichen Sie keine zufriedenstellende Klarheit? Dann könnten Sie ausprobieren, wie es sich auswirkt, wenn Sie die Gast-Gastgeber-Richtung umdrehen. Vielleicht bringt Ihnen das schon mehr Klarheit und Handlungsmöglichkeiten.
10. Haben Sie Erkenntnisse für Ihren konkreten Fall gewonnen? Notieren Sie konkrete nächste Schritte und beginnen Sie, sie in Handlungen umzusetzen. Behutsam.
11. Wiederholen Sie die Übung, wann immer es Ihnen passend erscheint, bei auftretenden Spannungen oder Konflikten. Lassen Sie sich von verschiedenen Resultaten überraschen! Könnte es darüber hinaus für Sie Orientierungshilfe geben, wenn Sie sich in schwierigen Situationen daran erinnern, dass es möglicherweise um das Blühen und Gedeihen des Zusammenarbeitens in Ihrem Unternehmen geht?

17 Lebendig und leistungsfähig durch wohlwollende Teamkultur

BEISPIEL Teil 1: Spannung und Knall

Ein Team von drei Geschäftsführern möchte eine Marketingaktion verabschieden, damit die Unterlage ausgesandt werden kann. Alle drei sind gleichermaßen zuständig und stimmberechtigt, alle drei haben bereits in mehreren Durchgängen ihr Know-how eingebracht, geschrieben, gestaltet und diskutiert. Einer der drei ist federführend im Projekt und möchte es nun zum Abschluss bringen. Einige Punkte sind noch offen und sollen von allen abgesegnet werden. Die Zeit drängt. Man setzt sich eine Frist von einer Stunde, in der man die fraglichen Punkte zu Ende bringen will.

Eine gewisse Spannung ist von Anfang an spürbar, wenngleich zu Beginn alle noch vorsichtig in ihren Wortmeldungen sind. Das äußert sich darin, dass sie sehr behutsam formulieren und Vorwürfe oder Äußerungen von Unzufriedenheit offensichtlich vermeiden wollen. Bald aber spitzt sich das Gespräch zu, Kritik an Formulierungen und Zielen weicht persönlichen Vorwürfen: „Natürlich, dieser Einwand kommt ja seit Jahren schon von dir“, „Du weißt ja wie immer alles besser, dabei hast du von dieser Sache wirklich wenig Ahnung. Informier dich doch mal über den state of the art!“ Und schließlich: „Gleich wirst du auf die Uhr sehen und feststellen, dass unsere Zeit abgelaufen ist. Und dann sind wir wieder keinen Schritt weiter als zu Beginn!“ Zum Abschluss dann „Macht doch euren Kram ohne mich!“ und als Antwort „Dann muss ich es eben mal wieder allein machen, wie fast immer.“ Vor allem zwei sprechen hier, der Dritte hält sich beobachtend im Hintergrund, als es eng zu werden beginnt.

Wohlwollende Teamkultur braucht Vielfalt und Beweglichkeit

In dieser Momentaufnahme wirkt die Atmosphäre in diesem Team nicht besonders wohlwollend. Wohlwollende Teamkultur ist vergleichbar mit einem Heimatgelände, in dem man sich mit anderen zusammen aufgehoben weiß und das den Umgang mit allen denkbaren und auch undenkbaren Ereignissen erleichtert und manchmal sogar erst möglich macht.[1] Die drei im Beispiel scheinen keine gemeinsame Heimat zu haben. Wohlwollende Teamkultur gibt den Beteiligten die Möglichkeit, sich selbst weiterzuentwickeln und zu Respekt vor sich selbst und anderen zu kommen. Gleichzeitig ermöglicht sie dem Team, die nötigen Emergenz-Wege zu gehen, um gesteckte Ziele zu erreichen. Emergenz-Wege zu gehen heißt, dass alles Raum bekommt: Unbekanntes oder Ungreifbares, wie es sich in Träumen, Visionen und Konflikten äußert, ebenso wie das Konkrete und Fassbare, das sich in Fortschritten, technischem Know-how, Berechnungen und Konfliktlösungen zeigt. Das Ziel und die Ergebnisse brauchen volle Aufmerksamkeit.

Eine wohlwollende Teamkultur organisiert sich selbst und verbraucht keine zusätzlichen Ressourcen. Sie braucht „nur" Aufmerksamkeit und größtmögliche Vielfalt, um in Bewegung zu bleiben. Ob sie funktioniert, lässt sich leicht an wirtschaftlichen Kriterien wie Effizienz, Effektivität oder Nachhaltigkeit messen. Eine solche Teamkultur verhindert weder unangenehme Situationen noch Angst und Ärger. Sie sorgt aber dafür, dass diese Zustände nicht dauerhaft, sondern konstruktiv angegangen werden. Sie ermuntert dazu, immer das nächste in Angriff zu nehmen, und ermöglicht damit positive Resultate, die neuen Träumen und Visionen Raum geben. Den Einzelnen gibt sie das Gefühl, von potenziellen Verbündeten umgeben zu sein. Es gibt eine realistische Chance, Glücksmomente zu erleben. Damit sind wir beim Coolspot.

Ohne Positionswechsel kein Coolspot

Wann ist ein Team lebendig und leistungsfähig, und woran merkt man es? Zum Beispiel daran, dass einzelne Positionen von verschiedenen Menschen eingenommen werden können. Wenn dagegen Menschen dauerhaft auf bestimmte Positionen festgelegt sind, sitzt etwas fest, und Coolspots haben es schwer. Bei den dreien aus dem Beispiel lässt sich das gut beobachten: Alle Argumente beziehen ihren Zündstoff aus der Vergangenheit, und es scheint sich in der Zwischenzeit an der Verteilung der Positionen nichts verändert zu haben. Von einem Coolspot sind sie weit entfernt. Ein kleiner Hoffnungsschimmer geht nur von dem schweigenden Dritten aus. Hier darf man vielleicht mit einer erleichternden Überraschung rechnen.

1 Vgl.: „Three particularly important activities for promoting a positive climate include fostering compassion, forgiveness, and gratitude among employees in organizations", so sieht es Kim Cameron, Positive Leadership. Strategies for Extraordinary Performance. Berret-Koehler Publishers, Inc. San Francisco, 2nd Edition, 2012, p. 32.

Wohlwollende Teamkultur wächst – aber nicht immer von selbst

„Teamkultur wachsen zu lassen ist ein organischer und lebendiger Prozess“[2], der im besten Fall auf alles zugreifen kann, was dem Team zur Verfügung steht. „Alles“ meint dabei wirklich alles, und wenn man die Art und Weise des eigenen Zusammenarbeitens zum Thema macht, können manchmal sogar Tränen fließen; jahrelange Konfliktmuster und lange unterdrückte Spannungen und Emotionen bekommen dann plötzlich ein Ventil. Die gute Nachricht: Es lohnt sich auf jeden Fall. Die Emotionen können nicht dauerhaft draußen bleiben, auch wenn man das noch so sehr fordern mag. Sie sind ohnehin da, und sie gehören dazu. Sie machen lebendig, sie sind die Grundlage von Kreativität, und ohne sie gibt es keine tragfähigen Beziehungen. Sich immer nur auf die Sache zu konzentrieren und von allem Persönlichen abzusehen, ist auf die Dauer unmöglich. Die Emotionen lassen sich nicht zum Verschwinden bringen, sie wirken unter der Oberfläche weiter und bestimmen im Verborgenen nicht nur das Geschehen, sondern auch die Arbeitsergebnisse. Versteckter Widerstand, Neid und Konkurrenzdenken, sogar Intrigen, Sabotage, Querulantentum, Mobbing und viele andere nicht zu kontrollierende Vorgänge schmälern dann zunehmend Arbeitsfreude, Effektivität und Effizienz. Misstrauen bestimmt den Umgang miteinander und wird zum Klimakiller.

Auch im Team aus dem Beispiel liegt etwas in der Luft, das nach Misstrauen aussieht. Ausgesprochen wird es nicht, aber es organisiert das Meeting. Eine Schattenposition vielleicht?[3] Etwas, das im bisherigen Projektverlauf nicht zu Wort kam? Ohne Zweifel haben wir es hier mit einem Hotspot zu tun. Es darf daher vermutet werden, dass die Beteiligten Blindspots haben, die sie auflösen könnten, um etwas dazuzulernen und einen Coolspot zu ermöglichen, der ihnen eine neue gemeinsame Basis schafft.[4] Der selbst gewählte Zeitdruck ist ein erstes Indiz dafür, dass hier etwas schon „viel zu lange in der Luft hängt und endlich abgeschlossen werden soll“. Will jemand etwas durchdrücken? Soll etwas möglichst schnell der Vergangenheit angehören? Gibt es Bedürfnisse, Notwendigkeiten, Sorgen und Ängste, die nicht gehört wurden oder nicht an die Oberfläche kommen sollen?[5]

---

[2] So sagen es Tor Eneroth, Pleuntje van Meer, Niran Jiang, Phil Clothier, Hector Infer: Get Connected. A Practical Guide to Grow a Desired Team Culture. Document of Barrett Values Centre, April 2013, p 7.

[3] Siehe Kapitel 6.

[4] Siehe Kapitel 9.

[5] Siehe auch Kapitel 5.

Eine weitere Möglichkeit: Das Ziel ist das Problem. Was soll mit der Unterlage und der Aktion wirklich erreicht werden? Gibt es da vielleicht etwas Unsauberes?[6]

Ganz klar zu erkennen: Menschen und Positionen werden nicht auseinandergehalten.[7] Das passiert besonders leicht, wenn man sich schon lange kennt. Vielleicht passiert es aber auch dann besonders leicht, wenn man sich gerade erst kennenlernt. Vielleicht passiert es überhaupt immer sehr leicht, denn vermutlich ist diese Differenzierung eine der schwierigsten Übungen überhaupt. In der Hitze eines Gefechts scheint es übermenschliche Kräfte zu erfordern, den Menschen, der eine vollkommen inakzeptable Position vertritt, nicht für einen vollkommen inakzeptablen Menschen zu halten. Es mag daher sehr theoretisch sein, genau das für den Beginn eines Lösungswegs zu halten, und vielleicht spricht vieles dagegen, so etwas auch nur zu versuchen. Aber es ist nicht unmöglich. Und vor allem: Es hilft.

Die drei im Beispiel sind vor die Wand gefahren. Sie erreichen ihr Ziel nicht, überdies sind mindestens zwei von ihnen so hoffnungslos ineinander verkeilt, dass eine Lösung in immer weitere Ferne rückt. Der Ablauf des Konflikts lässt darauf schließen, dass er einem bereits gut eingespielten Muster folgt, aus dem nur ein Wunder heraushelfen könnte. Möglicherweise haben alle drei genug von derartigen Konflikten, sind von ihnen zermürbt und leiden schon beträchtlich. Für einen der oben aufgezählten Lösungsansätze sind sie allerdings noch längst nicht reif. Es ist noch nicht einmal klar, ob eine Lösung von allen angestrebt wird.

▶ **BEISPIEL Teil 2: Den Dritten sprechen lassen und zuhören**

Jetzt meldet sich der Dritte zu Wort: „Ich möchte diese Situation und diese Art Konflikt nicht mehr erleben. Ich möchte, dass dieser hier der letzte seiner Art ist. Ich sehe auch, dass wir da alleine nicht herauskommen. Wir müssen jemanden um Hilfe bitten, und ich weiß auch schon, wen: unseren Aufsichtsrat. Er ist unser natürlicher Gesprächspartner. Nutzen wir also die Möglichkeiten, die in unseren Strukturen angelegt ist. Seid Ihr damit einverstanden, wenn ich ihn anrufe und um einen kurzfristigen Termin bitte?“

6 Siehe Kapitel 12.

7 Siehe Kapitel 14.

Klare Positionen einnehmen

Mit dieser Aussage nimmt der dritte Geschäftsführer eine Gastgeberposition ein, auch wenn ihm das vielleicht nicht bewusst ist. Mit seinem Vorschlag, eine Person um Hilfe zu bitten, die mit einer gewissen Autorität ausgestattet ist und bereits zum Feld gehört, hat er den ersten Schritt zu einer Lösung gemacht. Wenn er es ehrlich meint, geht es dabei nicht um ihn selbst: Er will den Stab so schnell wie möglich weitergeben. Im Setting des Konflikts bewirkt das eine tiefgreifende Veränderung: Bis jetzt gab es an dieser Stelle eine von niemandem ausgesprochene Position, die so etwas sagte wie: „Wir müssen uns mit unserem Konflikt abfinden, denn er ist unlösbar, und Hilfe gibt es nicht." An Hilfe auch nur zu denken, war für die Beteiligten unmöglich. Dieser Blindspot (den die Beteiligten wahrscheinlich nicht so nennen) ist durch den Vorstoß der dritten Person erkennbar geworden. Wenn sie nicht das Gesicht verlieren wollen, werden die beiden anderen Geschäftsführer dem Vorschlag zustimmen. Vielleicht finden sie sogar in ihren Führungsstatuten oder Gesellschaftsverträgen Bestimmungen, die ihnen diese Zustimmung erleichtern.

Blindspot und Schattenposition

Gleichzeitig mit dem Blindspot ist auch eine Schattenposition in Erscheinung getreten: ein Helfer, der von außen kommt. Ist es nicht das Einfachste von der Welt, sich Hilfe zu holen, wenn man allein nicht mehr weiter weiß? Nein, es ist keineswegs einfach, wie man hier sieht, sondern es gehört zu den allerschwierigsten Dingen. Die Möglichkeit liegt im Raum, aber man ignoriert oder verdrängt sie, so lange es geht. Erst wenn einer sie offen ausspricht, ist sie auf dem Tisch. Man kann es als peinlich empfinden, um Hilfe zu bitten und damit einzugestehen, dass man selbst nicht weiterkommt. Aber durch immer wieder gleiches Vorgehen kann man keine Veränderung erreichen; vielmehr muss man eine Schwelle überschreiten und etwas völlig anderes tun als bisher. Eine solche Schwelle überschreiten die Beteiligten hier, wenn sie sich Unterstützung von außen holen. Wenn es gelingt, so „über den eigenen Schatten zu springen", ist der Raum für neue Lösungsmöglichkeiten offen.

So kann wohlwollende Teamkultur wachsen:

- Einer macht den ersten Schritt, die anderen hören wohlwollend zu und machen ebenfalls einen Schritt.
- Jeder sollte es für möglich halten, dass man Blindspots hat und gerade nicht alles weiß.
- Wichtig ist es, so zu agieren, dass sich andere dafür entscheiden können, einen Lösungsweg mitzugehen.

- Das vorläufige Ziel ist nicht mehr ein konkretes Arbeitsergebnis, sondern das Erkunden und Auflösen des Konflikts (um dann konkrete Arbeitsergebnisse zu erreichen).
- Sobald es möglich ist, werden Positionen, die eher Ballast-Charakter haben, aufgegeben.
- Wenn man sich im Konfliktfall in Angriffs- und Verteidigungsbeziehungen gezogen fühlt, ist es wichtig, für sich selbst diesen „inneren Überlebenskampf" zu klären und aufzulösen.
- Jeder sollte herausfinden, welche Privilegien er „eigentlich" in diesem Moment zur Verfügung hat, und diese einsetzen.

Professionalität

In Spannungssituationen ist oft die Aufforderung zu hören, man solle sich professionell verhalten und „die Emotionen" aus dem Spiel lassen. Dahinter steckt die Hoffnung, wenn alle sich „vernünftig" verhielten und auf die Sachziele konzentrierten, wären Problem und Störung schnell vom Tisch. Von dieser Art Professionalität erhofft man sich so etwas wie gebündelte Energie und Schnelligkeit, Disziplin statt Ablenkung, eine sichere Problemlösung und das Gefühl von Beherrschbarkeit und gutem Funktionieren — das Gegenteil von Aufregung, Chaos und Panik. Wirkliche Professionalität hat aber auch viel mit Lernen zu tun. Es gäbe all die professionellen Praktiken, Spielregeln und Wirkmechanismen nicht, wenn es vorher nicht Experimentieren und Lernen gegeben hätte. So dienen Konflikte immer auch dazu, etwas Neues bewusst werden zu lassen und daraus zu lernen. Etwas zu lernen, das man später, vielleicht schon sehr bald, gut wird gebrauchen können.

Man könnte daher in dem Ruf nach Professionalität auch noch etwas anderes hören: „Nutze alle deine Möglichkeiten und wende deine Fähigkeiten so an, dass du wachsen kannst. Und inspiriere durch dein Engagement andere Beteiligte, es ebenso zu machen." Zu diesen Möglichkeiten gehören dann außer der konsensrealen Rationalität auch noch die, die sich aus dem Modell der fünf Ebenen in Kapitel 7 ergeben.

So kann wohlwollende Teamkultur in Richtung Professionalität wachsen:

- die Kompetenzen anderer anerkennen und sich von ihnen führen lassen,
- Konflikte lösen *wollen*,
- aufmerksam sein auch für Signale aus tieferen Ebenen,
- bereit sein, einmal Erreichtes nicht wieder infrage zu stellen,
- Wohlwollen für die Situation, das Setting, die Beteiligten, sich selbst,
- Einsatz im Dienst der gemeinsamen Sache.

Der Facilitator: eine klassische Position im Feld

In Feldern mit ihrer Vielfalt von Positionen kommt es häufig vor, dass einzelne Positionen miteinander verhakt sind. Gleichzeitig bietet die Dynamik des Feldes immer auch die Chance für Coolspots, diese besonderen Momente, in denen die Gegensätzlichkeit von Positionen sich auflöst und Berührendes und Verbindendes ins Spiel kommt. Coolspots erlauben den Beteiligten, in bis dahin unbekanntes Terrain vorzustoßen und Entscheidungen zu treffen, die neue Gegebenheiten schaffen. Der Facilitator ist die Position im Feld, die den Weg zum Coolspot erleichtert und manchmal sogar erst möglich macht.[8] Das Besondere am Facilitator ist, dass sein Mitwirken den verschiedensten Positionen im Feld erlaubt, sich zu äußern und gehört zu werden. Er verfolgt nur ein einziges Ziel: Das, was werden will, soll sich entwickeln können, und zwar möglichst zum Wohl der Beteiligten. Er weiß vorher weder, was sich da entwickeln will, noch weiß er, was genau das Wohl der Beteiligten ist. Interessen im Hinblick auf einen gewünschten Ausgang des Ganzen verfolgt er nicht. Involvierte Führungspersonen kommen daher als Facilitator nur dann infrage, wenn sie ergebnisoffen agieren können. „Objektivität“ oder Überparteilichkeit reichen nicht aus. Die Position ist ausschließlich an dieses Werden geknüpft und braucht nicht unbedingt formal besetzt zu sein. Prinzipiell kann jeder Beteiligte sie einnehmen, solange er ohne eigene Interessen alle Parteien im Prozess des Werdens unterstützen kann – man könnte das „Allparteilichkeit“ nennen. Wenn das Feld schon stark verhakt ist, ist es also eine gute Idee, explizit einen (externen) Facilitator mit in die Arena zu nehmen.

▶ **BEISPIEL Teil 3: Facilitation im Konfliktfeld**

Der Aufsichtsrat hört aufmerksam zu und fragt nach, bis er sich ein eigenes Bild machen kann. Er erkennt, dass schnell etwas geschehen muss, um Schaden vom Unternehmen abzuwenden, und empfiehlt einen externen Facilitator, obwohl seine drei Gesprächspartner von der Notwendigkeit externer Beratung nicht wirklich überzeugt sind. Bei einem ersten Termin mit dem Facilitator werden erneut die alten Vorwürfe zur Sprache gebracht. Der Facilitator bündelt das Gesagte zu der Aussage, dass auf allen Beteiligten starker Druck lastet und verdeutlicht seine Worte bildlich, indem er einen Staudamm aufs Flipchart zeichnet. Das Bild kommt gut an, und auf Vorschlag eines Team-Mitglieds erweitert er es mit Turbinen-Kanal und dahinter liegender Landschaft und Orten, die mit Wasser und Energie versorgt werden, sowie einem darunter schlummernden überfluteten Dorf. Die

[8] Zum Facilitator: „Leaders are concerned with doing the right thing, managers are concerned with doing things right, and facilitators are concerned with helping people do things.“ in: Richard G. Weaver, John D. Farrell: Managers as Facilitators: A Practical Guide to Getting Work Done in a Changing Workplace. Berrett-Koehler Publishers, Inc., San Francisco, CA, 1997, p.5.

Zeichnung begeistert das Team, und jeder findet darin immer neue eigene Aspekte für das gemeinsame Unternehmen mit seinem gesammelten Know-how, das sich wegen der Konflikte aufstaut und nicht abfließen kann, um Kunden mit Energie zu versorgen. Für einen der drei wird das überflutete Dorf zum Symbol seines Privatlebens, das er zugunsten des Unternehmens fast völlig aufgegeben hat. Alle drei haben sich verändert. Jetzt kann die große Frage gestellt werden: Worüber streiten wir uns wirklich?
Die Team-Mitglieder sind sich sofort darüber einig, dass übermäßiger Druck nicht zu ihrem Geschäft passt. Sofort können sie für ihr Miteinander beschließen: Wenn der Druck zu stark wird, hat jeder ein sofortiges Veto-Recht, und es wird verlangsamt, bis sich das Druckgefühl aufgelöst hat. Im nächsten Schritt vereinbaren sie auch, dass jedes Team-Mitglied das Recht bekommt, Aspekte seines Privatlebens mit ins Team zu bringen. Und zwar nicht, um sie dort zu lösen oder um mit guten Ratschlägen versorgt zu werden, sondern um einander zuzuhören und daraus vielleicht auch für das Miteinander zu lernen. Und auch, damit private Dinge nicht im Wettbewerb mit den beruflichen zu stehen brauchen. Das versunkene Dorf auf dem Boden des Stausees erinnert jetzt daran, dass es einen sinnstiftenden Mythos zum Unternehmen gibt. Sich dessen zu erinnern, kann in kritischen Situationen belebend und verbindend wirken.[9] *Die Zeichnung, die zuerst den Druck versinnbildlichte, ist jetzt für alle zu einem Symbol für wohltuende Ruhe geworden. Der Facilitator stellt nun die Frage, wozu der Streit gut gewesen sein könnte. Sie beschäftigen sich noch einmal systematisch mit dem konkreten Konfliktfall. Nach und nach entdecken sie, dass die ganze Marketing-Aktion unter einem extremen Druck stand, den auch die Empfänger vermutlich gespürt hätten. Diesen Druck auf ihre potenziellen Kunden wollen sie nun herausnehmen. Und auch einige andere Situationen identifizieren sie, in denen sie lieber „aus der Tiefe eines ruhenden Sees“ agieren wollen, als unter dem Druck der Furcht, es könnte nicht funktionieren und werde sowieso nicht reichen.*

Wohlwollen braucht sichere Gründung

Der Facilitator hat durch das Bild des Staudammes offensichtlich bei allen Beteiligten eine Tür geöffnet. Dahinter konnte sich etwas zeigen, das ihnen vorher nicht bewusst zugänglich war und das ihnen dabei half, sich wie aus dem Nichts in unerwarteter Intensität miteinander verbunden zu fühlen – eine klassische Coolspot-Situation also. Um eine anhaltende Wirkung zu erzielen, war es danach

[9] Zum sinnstiftenden Ort siehe Kapitel 19.

von Bedeutung, die Brücke zum kritischen Ausgangspunkt zu schlagen. Denn der Konflikt war ja in dem Moment entstanden, als die drei Geschäftsführer sich mit ihrer Marketing-Aktion nach außen wenden wollten. Diese Herausforderung hatte ans Licht gebracht, dass innen noch nicht alles bereit war. Nachdem der Coolspot intern zur Entspannung geführt und eine neue Basis für den Umgang mit Druck ermöglicht hat, wird es nun wichtig sein, am Ball zu bleiben und das Erreichte auch wieder mit den offensichtlichen Herausforderungen in den Kundenbeziehungen zu verbinden. Die neue Basis muss zum Startpunkt für alle weiteren diesbezüglichen Aktionen und Maßnahmen ausgebaut werden.

Ein solcher Coolspot lässt Wohlwollen entstehen, das möglichst bei der nächsten Gelegenheit bereits als Vorschuss wirken wird. Da Wohlwollen ein sehr „weicher" und vager Faktor ist, braucht er immer wieder die Verbindung zu Aktivitäten in der Konsensrealität, um wirksam zu werden. Umgekehrt kann jeder Erfolg in der Konsensrealität dazu dienen, das Wohlwollen (oder auch einen anderen weichen Faktor) zu erfrischen, zu erneuern und zu verstärken. Ohne solche Auffrischungen durch die Konsensrealität verlieren weiche Faktoren im Lauf der Zeit ihre eher leise Kraft; sie leiern aus und versanden in bloßen Lippenbekenntnissen, Appellen oder Beschwörungsfloskeln.

Damit eine wohlwollende Teamkultur lebendig und leistungsfähig wirken kann, müssen Lebendigkeit und Leistungsfähigkeit auch erprobt werden und zum Einsatz kommen. Die Teamkultur braucht ein bestätigendes Feedback – und damit auch Teams, die ihre bewusste Wahrnehmung für derlei Bestätigendes schärfen. Kundenfeedback ist ebenfalls wichtig: Wie kann man es (wohlwollend) erfragen, um darin Anhaltspunkte für Verbesserungen zu identifizieren?

Die folgende Abbildung fasst zusammen, wie eine wohlwollende Kultur im Team entwickelt werden kann, während sich das Team gleichzeitig von einem Hotspot durch die Auflösung von Blindspots zu einem Coolspot bewegt, um sofort wieder auf dem Weg zum nächsten Hotspot zu sein:

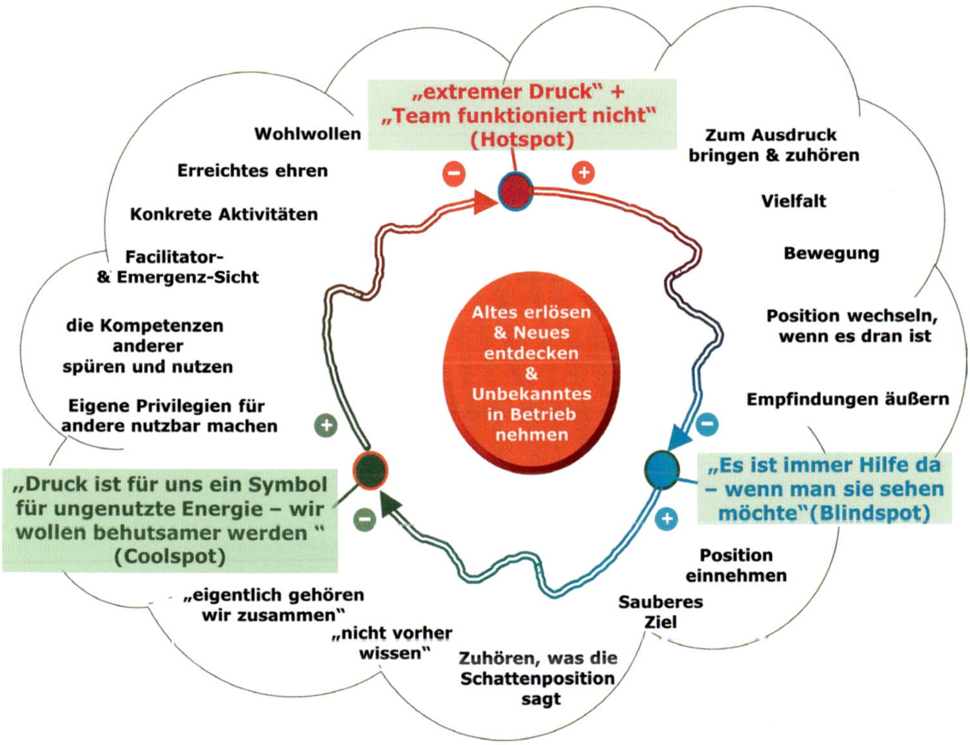

Abb. 38 Mit Elementen einer wohlwollenden Teamkultur das Konfliktpotenzial auflösen und nutzbar machen

Übung 19: Sich für die Facilitator-Position fit machen

Jede/r kann prinzipiell die Position eines Facilitators einnehmen, wenn sie/er einem Werdeprozess das Werden erleichtern will: den Raum für Gespräch und Auseinandersetzung öffnen und offenhalten; Vertrauen ermöglichen; den Weg zu einem guten Ende sichern – wohlgemerkt, einem Werdeprozess, und nicht der eigenen Wunschvorstellung eines bestimmten Ziels. Einige Voraussetzungen sind allerdings nötig, um sich für diese Position fit zu machen. Sie finden sie in der Liste unten. Am besten gehen Sie die Liste zunächst einmal in Ruhe für sich selbst durch. Denken Sie dabei an einen Fall, in dem die Facilitator-Position belebt werden muss, um zu einer guten Lösung zu kommen. Nehmen Sie deutlich wahr, an welchen der folgenden Punkte dabei für Sie Herausforderungen oder sogar schwierige Hindernisse entstehen könnten.

1. Stellen Sie sich voll und ganz in den Dienst der Sache. Dienen Sie sonst niemandem, auch nicht sich selbst. Damit übernehmen Sie Verantwortung für den Prozess. Sie sind nicht verantwortlich für ein bestimmtes Ergebnis oder für „gute" Stimmung. Sie brauchen nicht perfekt zu sein.
2. Vielleicht können Sie sich das Werden wie einen Teppich vorstellen, der sich jetzt, vielleicht behutsam, vielleicht auch abrupt und heftig, ausrollen wird. Verschiedene Positionen gibt es auf diesem Teppich. Einige werden von den Beteiligten gern und schnell eingenommen, andere sind eher unbeliebt oder sogar tabuisiert. Aber für das vollständige Ausrollen werden sie alle gebraucht.
3. Seien Sie allparteilich und hören Sie allen Positionen zu. Ermutigen Sie schweigende Teilnehmer zum Sprechen. Verhelfen Sie Minderheiten dazu, ernst genommen zu werden. Stärken Sie schwache Positionen, und unterstützen Sie sehr dominante Positionen dabei, milder und geduldiger zu werden.
4. Sagen Sie, aus welcher Position Sie sprechen, wenn Sie sich äußern. Ermuntern Sie die Teilnehmenden dazu, es ebenso zu machen. Das lässt Spielraum entstehen und schafft Klarheit.
5. Unterstützen Sie die Teilnehmenden auch dabei, Positionen zu verlassen, die ihnen nicht mehr adäquat erscheinen, und neue Positionen einzunehmen.
6. Achten Sie auf Gastgeber- und Gast-Beziehungen, und seien Sie diesbezüglich beweglich. Wenn Sie sich als Gastgeber fühlen: Wer ist Ihr Gast? Und wenn Sie Gast sind: Wer ist dann gerade Ihr Gastgeber?
7. Berücksichtigen Sie alle Wahrnehmungsebenen, lassen Sie Träume sich entfalten. Bieten Sie Bilder und Symbole an, die Ihnen in den Sinn kommen. Wenn Sie Resonanz spüren, lassen Sie sie weiter mitarbeiten. Was nicht angenommen wird, lassen Sie einfach im Hintergrund weiter wirken.
8. Erlauben und unterstützen Sie Stille, lassen Sie sie wirken.
9. Wenn Sie bemerken, dass etwas zwar wirkt, aber nicht zum Ausdruck kommt (eine Schattenposition, ein Tabu): Drücken Sie aus, was Sie wahrnehmen. Zeigen Sie sich dabei verletzlich — Sie müssen nicht rechthaben.
10. Ermöglichen Sie, dass man berührt sein darf. Machen Sie solche Momente gemeinschaftsfähig.
11. Seien Sie aufmerksam für Coolspots. Rahmen Sie sie. Vergessen Sie dabei nicht: Das Spüren findet bei den Beteiligten körperlich statt und ist nicht auf Anweisung möglich
12. Fragen Sie sich selbst und die übrigen Beteiligten: Wohin will das Ganze?
13. Denken Sie daran: Wo Konflikte sind, da ist Leben.
14. Ermuntern Sie die Beteiligten zu machbaren Aktionen und nächsten Schritten. Wer organisiert und übernimmt die Verantwortung?
15. Vergessen Sie nicht, dass die Facilitator-Position für das Werden Verantwortung übernimmt. Wenn es geworden ist, ist diese Position obsolet.

Sie haben jetzt etwas vorausgeträumt, das Sie nun bei nächster Gelegenheit in einem realen Meeting oder auch in einer Form virtueller Zusammenarbeit ins Leben bringen können. Dabei kann alles völlig anders ablaufen, als Sie es sich jetzt nach der Trockenübung vorstellen. Sie brauchen keine formale Befugnis zur Leitung des Meetings zu haben, sondern können sich auch als Teilnehmer/in „dem Prozess zur Verfügung stellen". Sie brauchen nicht perfekt zu sein, und Sie können mit einzelnen Punkten beginnen, die Sie beherzigen wollen. Vielleicht wählen Sie zwei oder drei der Punkte aus, die Sie als kritisch oder besonders bedeutsam für sich ansehen. Experimentieren Sie damit, füllen Sie sie mit Ihrem persönlichen Stil aus. Wahrscheinlich wird Ihr Handeln dazu führen, dass andere Sie unterstützen und Ihrem Beispiel folgen werden. Und wieder andere könnten sich aufgerufen fühlen, gegen diese Art von Veränderung Widerstand zu leisten. Auch das ist Lebendigkeit.

Was Ihnen in Momenten von Spannungen, Kritik und auch Ratlosigkeit vielleicht hilft: Der Werde-Prozess (der Teppich) will sich entrollen, und er hat es gern, wenn Sie dabei sind.

18 Jobverlust: eine Krise, die sich nutzen lässt

BEISPIEL 1: Vom Top-Crack zu Mittelmaß?

Seit Jahren ist RA einer der absoluten Top-Cracks in einem internationalen Dienstleistungsunternehmen. Er hat einen guten Ruf in der Szene, ist überall verdrahtet und bekannt. Plötzlich geht alles ganz schnell und er ist draußen – natürlich „gut versorgt" und mit lobenden Worten nach draußen geleitet, aber er ist draußen. Es fühlt sich wie eine Riesen-Sauerei an: ungerechtfertigt, ungerecht, willkürlich, aus heiterem Himmel. Natürlich geht es jetzt darum, die Drähte sofort heißlaufen zu lassen und ohne großes Tamtam schnell wieder in der Szene aufzutauchen – nur von einer anderen Basis aus. Und alle sollen sehen, dass einfach alles weitergeht wie zuvor. Denen, die an diesem Rausschmiss (das Wort darf man natürlich weder sagen noch denken) mitgewirkt haben, wird er zeigen, welchen Riesenverlust sie durch diese Aktion im eigenen Haus angerichtet haben.

Leider ist die Rechnung an irgendeiner Stelle ohne den Wirt gemacht. Das zeigt sich darin, dass RA sich keineswegs gut fühlt, obwohl er nun mit doppelter Anstrengung am Werk ist. Zwar nimmt ihn nach kurzer Zeit ein Unternehmen freudig und schnell als neuen Partner und zukünftig tragende Säule an Bord, was o. k. ist – aber eben auch nur o. k. Die spielerische Leichtigkeit, mit der RA vorher seine Projekte und Deals gemacht hatte, will sich dort nicht einstellen. Richtig mühsam wird es nun, und wenn die Ehepartnerin nicht wäre, dann tauchte der Gedanke, alles hätte keinen Sinn mehr, sicher noch wesentlich öfter auf ...

BEISPIEL 2: Vom ewigen Kletterkünstler zum „Loser-auf-immer"?

Im Gegensatz zu den anderen, die mit ihm von der Kaderschmiede ins Unternehmen gekommen sind, ist SR nah bei den Menschen. Eine Mission nach der anderen wird SR übertragen, in unterschiedlichen Kulturkreisen, in unterschiedlichen Industriebranchen, und jede mehrt seinen Erfolg. Niemand könnte daran zweifeln, dass er in diesem Unternehmen einmal ganz oben ankommen wird, es ist nur noch eine Frage der Zeit. Zeit? Die hat er jetzt fast gar nicht mehr. Daher müssen auch die anderen immer ein bisschen schneller machen.

Plötzlich geht es allerdings bei ihm ganz besonders schnell. Nach all den Jahren und unzähligen Erfolgen endlich ganz oben angekommen, dauert es eines Tages nur wenige Stunden, und er ist draußen. Im Nachhinein sieht man vielleicht klarer, dass es sich schon länger zugespitzt hat, aber trotzdem: Ungerechter und unfairer als in seinem Fall könnte es nicht sein. Dazu kommt, dass er prominent ist und jetzt alle über ihn sprechen. Allerdings anders: Wo SR früher in Berichten als Held und Ausnahme-Executive geleuchtet hatte, werden jetzt Nebensätze mit verklausulierten Andeutungen zu den eigentlichen Botschaften.

BEISPIEL 3: Er rettete jeden, und dann schlug der Groll zu

TK kennt sein Metier und lernt permanent dazu. In drei Sprachen zu arbeiten und nebenbei den Job für die mitzumachen, die es nicht schaffen, ist für ihn keine wirkliche Anstrengung. Im Gegenteil: Er braucht das. Es tut ihm gut, wenn er jemanden raushauen kann. Viele kennen ihn, und alle können sich auf ihn verlassen. Zwei Unternehmensübernahmen hat er schon überstanden; es stört ihn nicht besonders, dass die Vorgesetzten wechseln und auch die Unternehmenssprachen. Ein kleiner Haken liegt vielleicht darin, dass sein bisheriger Aufstieg keiner von den großen ist. Zwar verdient TK gut, aber die besonderen Leistungen, die er bringt, führen eher bei den anderen zu Prämien als bei ihm. Und jetzt wird es wirklich Zeit, mindestens den Titel Vice-President auf der Visitenkarte stehen zu haben. Nach all diesen Jahren müsste TK nun auch mal an die Reihe kommen. In dieser Sache wird er vehement von seiner Frau unterstützt. Sie hat die ewigen Anstrengungen und den permanenten Zeitmangel satt und will klare Ergebnisse sehen. Es kann nicht mehr lange dauern, denn der Chef hat durchblicken lassen, dass er sich für TK einsetzen werde. Dann aber kommt die Botschaft: Nein, das Budget für so etwas sei nicht da. Die Lage sei zu schwierig. TK verstehe sicher, dass es da jetzt keine Beförderung geben könne, das passe einfach nicht in die Landschaft, aber man werde sich Ende des nächsten Jahres noch einmal bei ihm melden. Das ist zu viel. Binnen zwei Wochen leitet TK seinen Abgang ein; jetzt müssen sie richtig zahlen, jetzt sollen sie doch sehen, wie sie ohne ihn klarkommen. Er ist jetzt einfach weg. Allerdings ist er jetzt immer zu Hause. Bei seiner Frau. Da, wo er sich seit Jahren nicht mehr länger als 48 Stunden am Stück aufgehalten hat. Ist das wirklich sein Zuhause? Wer ist er denn noch? Und diese Frau an seiner Seite? Wo könnte diese Reise hingehen, für ihn, für sie, für sie beide?

Die existenzielle Bedrohung

Drei Fälle, drei individuelle Geschichten, aber das Resultat ist für die Beteiligten ähnlich: Nichts ist mehr so wie vorher. Wer das einmal erlebt hat, weiß, dass diese Situation eine tiefgreifende existenzielle Bedrohung ist – trotz aller Abfindungen, trotz aller vorsorglichen Rücklagenbildung, trotz aller Beschwörungen wie „Das kann mir nicht passieren" oder „Damit muss man einfach professionell umgehen". Wenn man in diese Situation kommt, begegnet man seelischen Schmerzen, denen man so vielleicht noch nicht begegnet ist. Man fühlt sich plötzlich sehr allein.

„Du bist nicht mehr der, der Du warst, und Du wirst es auch nicht mehr werden. Du gehörst nicht mehr dazu", sagt eine innere Stimme und löst diesen Schmerz aus. Es ist tatsächlich so, als habe man unwiderruflich ein Stück Heimat verloren. Man weiß im Grunde gar nicht mehr, wer man wirklich ist, was man wirklich kann und wo es wirklich, wirklich, hingehen soll. Ein echter Trauerfall. Dieses Trauern ist eine innere Reise durch mehrere Etappen. Oft startet es mit der Etappe des Leugnens: „Nein, mir macht das alles nichts aus." Es folgt die Etappe der Wut und des Grolls: „Dass das ausgerechnet mir passiert. Da wären ganz andere, die hätten es verdient." Die Etappe der Angst: „Ich weiß nicht mehr, wo ich stehe". Die Etappe der Depression: „Das ist das Ende, und es wird jetzt noch schlimmer werden. Und es ist ja klar, dass es mich trifft, wen auch sonst?" Aber auch die Etappe des Erinnerns: „Wenn ich an den verheißungsvollen Anfang denke ... und wenn ich an die Kollegen denke ... damals haben wir immer ... das ist nun also alles vorbei ..." Aber irgendwann kommt der Moment, in dem man das Alte plötzlich nicht mehr braucht. Dann dreht sich etwas ganz entschieden, und für einen Augenblick hat man das Gefühl „alles ist gut". [1]

! **WICHTIG**

Ein Trauerfall aufgrund einer Verlusterfahrung ist ein Emergenz-Weg

Einem Außenstehenden fällt es leichter, wahrzunehmen und auch zu sagen, dass es sich um einen Trauerfall handelt. Es geht etwas zu Ende, und es muss etwas erreicht werden, das jenseits aller Vorstellungen liegt. So kann man den Fall des Jobverlusts als eine spezielle Art Emergenz-Weg sehen: Durch Verlust und Schmerz wird etwas in Gang gebracht, das man vorher wahrscheinlich nicht sehen konnte (und in vielen Fällen auch nicht sehen wollte).

Das Drei-Baustellen-Dreieck

In den vielen Fällen, in denen uns der Jobverlust bei unseren Kunden begegnet ist, entstand immer wieder das Bild, dass auf drei Baustellen gleichzeitig gearbeitet wird.

[1] Vgl. hierzu zum Beispiel Isabella Klien, Kreislauf der Veränderung - Ready to Go. In Armin Rohm (hrsg.), Change Tools II. Erfahrende Prozessberater präsentieren wirksame Workshop-Interventionen. managerSeminar Verlags GmbH, Bonn, 2011, pp 147 - 158.

- Da ist einmal die Baustelle des inneren Managements, auf der es um die Frage geht: „Wer bin ich eigentlich, und was muss ich für mich selbst tun?“
- Die zweite Baustelle beschäftigt sich mit dem Job oder der beruflichen Tätigkeit und mit der Kernfrage: „Was tue ich, um einen guten Job zu haben und einen guten Job zu machen?“
- Die dritte Baustelle ist das gemeinsame Leben mit Partnerin oder Partner, und da lautet die Frage: „Was können mein Partner/meine Partnerin und ich tun, damit es uns als Paar gut geht?“ Diese dritte Baustelle wird oft zunächst gar nicht gesehen, und es herrscht dort sogar eine schockbedingte Sprachlosigkeit. Wenn man schärfer hinsieht, ist allerdings der Schmerz dort besonders groß und hat manchmal schon eine längere Vorgeschichte.[2]

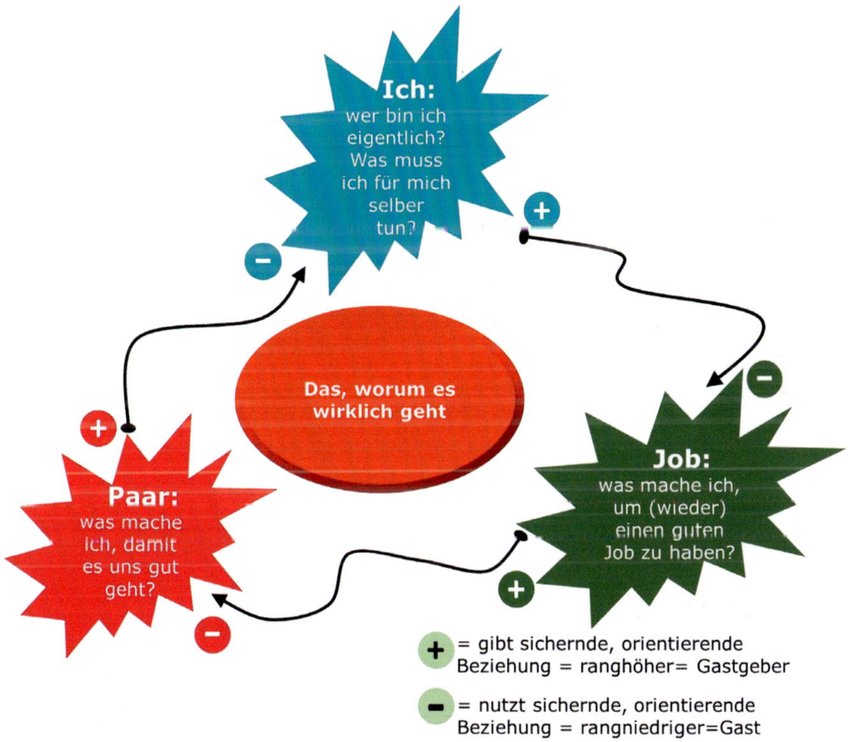

Abb. 39 Drei-Baustellen-Dreieck

[2] Hier wollen wir einen Punkt noch betonen: Alle Baustellen sind die desjenigen, der den Job verloren hat. Er ist es, der seine Baustellen zu bearbeiten hat, wenn er wirklich zu einer neuen Situation kommen möchte. Der Partner oder die Partnerin wirkt daran mit, aber auf seine oder ihre eigene Weise und so, dass er oder sie eher den eigenen Anteil des Problems behandelt – ja, den gibt es! Natürlich macht das Unglück des Partners auch einen selbst unglücklich, aber dieses Unglück lässt sich nicht beheben, wenn man nur versucht, auf den Partner einzuwirken.

Der alte Job muss beendet werden – wirklich beendet. Das ist dann geschafft, wenn man mit den vergangenen Geschehnissen zunehmend in Frieden kommt. Eine solche innere Position muss aktiv erarbeitet werden, damit man sie immer wieder ansteuern kann. Andernfalls besteht die Gefahr, alles Neue weiterhin im Licht des Vergangenen zu sehen. Erst wenn es sich innerlich friedlich anfühlt, kann man den Blick dahin lenken, wo es etwas Neues zu entdecken gibt. Die private Partnerschaft wird gebraucht, um in dieser Beziehung einen Raum persönlicher Sicherheit zu finden. Das in einer solchen Krisensituation zu gestalten, kann eine täglich neue Herausforderung sein. Aber es ist wichtig, denn mit der Arbeit an der Situation des Jobverlusts kann man erst dann wirklich beginnen, wenn man nicht mehr so allein ist, wie man sich innerlich fühlt.

Das Ziel ist es nun, mit den eigenen inneren Gegebenheiten so umzugehen, dass man wieder gemeinschaftsfähig und damit jobfähig wird. Das ist die Kernaufgabe. Die Gefahr der Vereinzelung ist in dieser Situation besonders groß, und jede Form von Zusammenarbeiten wird leicht als Schwäche empfunden. Das Zusammenarbeiten ist in diesem Feld eine besonders schwierige Kunst. Es lohnt sich aber, sich ihr aktiv zuzuwenden. In einer Situation von Ende und Neubeginn sind immer zwei Kräfte zu spüren: Die eine drückt (von hinten) hinaus aus dem Bisherigen, und die andere – zunächst kaum spürbar – zieht dahin, wo es in Zukunft weitergehen soll. Das Zusammenarbeiten mit anderen verhilft dieser zweiten Kraft zu wesentlich schnellerer Wirkung. Der Schmerz, der manche Betroffenen völlig unvorbereitet aus heiterem Himmel trifft, kann auch als Wegzeichen verstanden werden. Als ein Zeichen dessen, dass man zurzeit keinen Zugang zu etwas sehr Bedeutsamem hat. Lässt man das Dreieck mit seinen drei Positionen auf sich wirken, dann könnte in der Mitte so etwas wie Zuhause-Sein stehen: das seelische Zuhause-Sein bei sich selbst und in der Partnerbeziehung, aber auch eine seelische Verankerung im beruflichen Feld.

Der Job dient im Normalfall dazu, die materiellen Mittel für den Lebensunterhalt zu generieren. Diese professionelle Welt ist aber auch die, in der besondere Fähigkeiten (nicht nur beruflicher Art) des Akteurs zum Tragen kommen können und „Abnehmer“ finden. Aus dieser Welt von Qualifikation, Wohlstand, Status, Macht und Entfaltungsmöglichkeiten bezieht auch das Zusammenleben in der Partnerschaft einen kleinen oder größeren Teil des „Stroms“, der es am Laufen und in Bewegung hält.

Die Kraft des Zuhause-Seins

Fangen wir mit dem Gegenteil an: Wenn man sich irgendwo nicht zuhause fühlt, fühlt man sich nicht wohl, wird rastlos, unruhig, suchend, und oft verlässt man diesen Ort auch möglichst schnell wieder. Es ist so, als habe man dort „nichts verloren" und müsse an einen anderen Ort weiterziehen. Wenn man sich dagegen zuhause fühlt, spürt man so etwas wie Sicherheit und Geborgenheit, und vielleicht sogar die Lust und Kraft, etwas zu tun, das man bis dahin noch nicht getan hat.

Wer seinen Job verliert, verliert in vielen Fällen auch eine Art von Zuhause. So lässt sich der Jobverlust auch als Signal verstehen, sich auf den Weg zu einem neuen Zuhause zu machen. Dieses neue Zuhause könnte man in einer neuen Art des Umgangs mit den Herausforderungen des Lebens finden: im Umgang mit sich selbst, mit der partnerschaftlichen Beziehung und auch mit der Berufstätigkeit. Wir machen immer wieder die Erfahrung, dass es in allen Fällen auch um eine neue Sicht auf das eigene Leben geht. Unter Schmerzen wird etwas entdeckt, das vorher außerhalb der Wahrnehmung lag.

▶ **BEISPIEL 1: Eine persönliche Entdeckung**

RA gerät in Wehmut und Zorn, wenn er an seine großen Zeiten zurückdenkt. In seiner Partnerschaft allerdings hat sich nach einer kurzen Phase von Zweifel wundersam eine neue Art des Miteinanders entwickelt. Seine Partnerin rät ihm, sich für den Weg in die Selbstständigkeit fit zu machen. Er habe in aller Welt so viele interessante Freunde und sei so anerkannt gut, dass er nun zu seiner eigenen Marke werden könne.
In einem Coaching, in dem er die vergangene Zeit aufarbeitet, um für einen Neubeginn inneren Frieden mit seinen Kontrahenten zu schließen, entdeckt er etwas, das für ihn wie ein Schlüssel zu einer neuen Tür ist: Die Menschen in seiner Umgebung haben ihn eigentlich gern und warten darauf, dass er seine persönlichen inneren Qualitäten ins Feld einbringt. Bisher glaubte er, mit allen im Wettbewerb zu sein. Daher hielt er es für besser, sich zurückzuhalten. Mit einem Schlag wird ihm jetzt klar, dass sich die Welt gar nicht um ihn als Mittelpunkt drehte. Jetzt kann er sehen, dass sein Erfolg dann eintritt, wenn seine Kunden erfolgreich sind. Das erleichtert ihm den Einstieg ins Zusammenarbeiten mit anderen.

In diesem Fall war es die Partnerin, die dem ehemaligen Top-Crack die Sicherheit und das Zuhause gegeben hat. Das entsprechende Dreieck sieht folgendermaßen aus: Die Paar-Baustelle ist ein sicherer Gastgeber für die Ich-Baustelle, sodass dort in Ruhe gearbeitet und experimentiert werden kann. So kann die Ich-Baustelle der Gastgeber für die Job-Baustelle sein, auf der die Ich-Ergebnisse in zielgerichtetes Handeln umgesetzt werden. Die Job-Baustelle ist dann für die Paar-Baustelle ein guter Gastgeber, denn wenn es gut läuft, erweitern die Resultate der Job-Baustelle den Raum, in dem das Paar agieren kann. Je weiter die Krise entschärft wird, desto mehr kann hier wieder aus dem Notfall- in den Normalbetrieb umgeschaltet werden. In der Paar-Beziehung werden die Fortschritte der Job-Baustelle als Entlastung spürbar.[3]

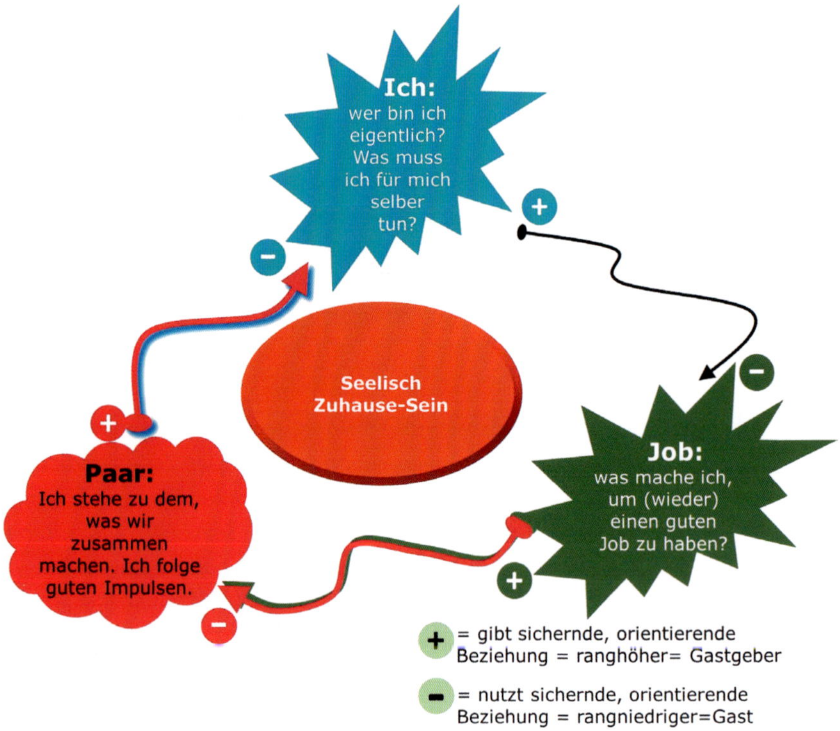

Abb. 40 Neues Gleichgewicht initiiert in der Paar-Baustelle

Die Arbeit auf den verschiedenen Baustellen vermittelte RA Klarheit darüber, dass der Weg des selbstständigen Dienstleisters für ihn der richtige wäre. Der persönliche Veränderungsweg führte Schritt für Schritt auch zu Veränderungen in der Sicht auf die berufliche Zukunft.

3 ...und die Paar-Baustelle ist so klug, sich in die Beziehung von Ich-Baustelle und Job-Baustelle nicht direkt einzumischen. Das ermuntert die Ich-Baustelle dazu, selbstständig ein guter Gastgeber für die Job-Baustelle zu werden.

BEISPIEL 2: Eine Erlösung

Lange Zeit bleibt für SR alles in der Schwebe. Nacheinander übernimmt er zwei neue Aufgaben, und dann tritt etwas völlig Unerwartetes ein: Gesundheitliche Schwierigkeiten veranlassen ihn, Schritt für Schritt die Welt anders zu sehen. Intuitiv wird ihm klar, dass seine Partnerin, die ihm vorher eher folgte, für die neue Situation ausgezeichnete Werkzeuge zur Verfügung hat. Er verlässt die Welt der operativen Verantwortung in Unternehmen und empfindet sich jetzt als einen Entdeckungsreisenden, der sich selbst kennenlernt und neue Wege zu Zufriedenheit, Erfüllung und sogar Ruhe erforschen kann. Endlich wird der Druck der Vergangenheit nach und nach von den Schultern genommen. Auf einmal hat er „alle Zeit der Welt", um sich auf einen ganz neuen beruflichen Weg zu machen. Den einstigen Glamour braucht er nicht mehr.

Auch in diesem Fall war die Ich-Baustelle Gast der Partnerin, von der die maßgeblichen Impulse kamen, um sich in innerer Arbeit mit sich selbst „bekanntzumachen". Die Entdeckung verborgener und bis dahin unzugänglicher Möglichkeiten in sich selbst führte zu einem neuen Gefühl von Sicherheit und Zuversicht — so wie auch ein guter Gastgeber Sicherheit ausstrahlt. Das erlaubte SR, die Job-Angelegenheiten als eine Art Gast bei sich selbst zu sehen. Schritt für Schritt wurde er der Job-Baustelle ein guter Gastgeber. Es verschwand der Druck, sich nach dem zu richten, von dem er glaubte, die anderen erwarteten es von ihm. Er musste deren Erwartungen nun nicht mehr dergestalt übertreffen, dass er immer noch besser sein musste, als alle anderen es sich überhaupt vorstellen konnten.

Da er materiell versorgt war, hatte er genügend Spielraum, um in Ruhe eine neue berufliche Tätigkeit zu entwickeln. Wo es vorher nur Zeitdruck und Eile gegeben hatte, wurden nun ruhige Bahnen gezogen. Die Partnerschaft als Gast dieser neuen Lebenssituation bekam neue Aufmerksamkeit, wurde wieder sehr lebendig und zu einem gefragten Ratgeber.

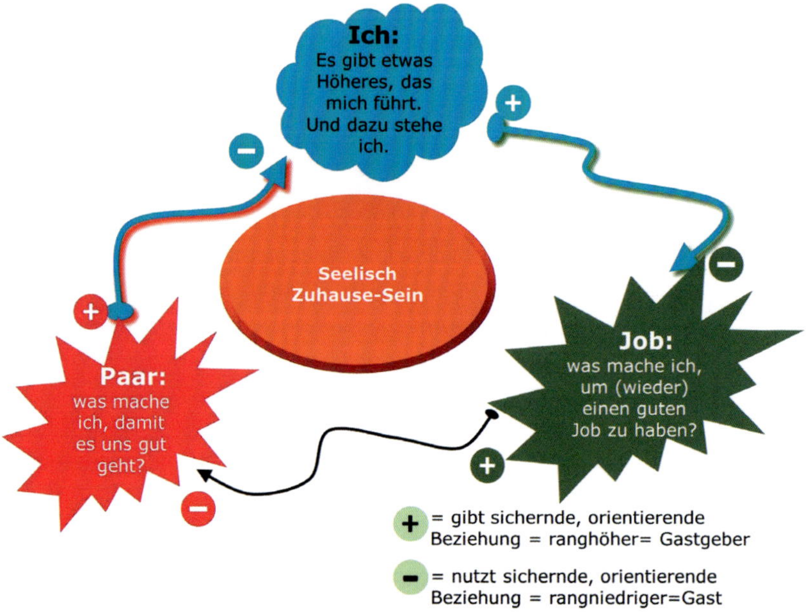

Abb. 41 Neues Gleichgewicht initiiert in der Ich-Baustelle

BEISPIEL 3: Eine neue Sicht des eigenen Wirkens

Für TK bleibt der Groll lange im Vordergrund. Intensiv prozessiert er mit seinem alten Arbeitgeber und beschäftigt teilweise mehrere Rechtsanwälte gleichzeitig. Die Situation spitzt sich zu und plötzlich sind gegenseitig die schwersten Vorwürfe im Raum. Alles scheint sich zu überschlagen. Im Zuge seines Prozess-Managements beschäftigt sich TK auch damit, wie er als Chef und Führungskraft auf andere gewirkt haben mag. Er evaluiert seine Wirkung auf andere im Arbeitsumfeld und entdeckt in sich selbst besondere Fähigkeiten, die für Unternehmen und Organisationen von Wert sein können, weil sie genau dort eine Lücke haben.
Sofort nimmt er erste Gespräche auf, und sehr schnell verändert sich dabei seine Perspektive: Sein Interesse, in den gerichtlichen Auseinandersetzungen rund um seine Kündigung das Äußerste herauszuholen, schwindet. Er will jetzt frei werden, um den beruflichen Neustart anzugehen. Tatsächlich gelingt es, die Streitigkeiten so beizulegen, dass er eine zufriedenstellende finanzielle Basis für die nächsten Schritte hat. Gleichzeitig beginnt er eine Weiterbildung, die ihn zu gänzlich neuen persönlichen Möglichkeiten und Freiheiten bringt. Nun sieht die Welt sehr anders aus, und TK braucht keinen großen Konzern mehr im Rücken, um seine Bedeutung zu spüren. Früher rettete er im Namen des Unternehmens seine Kunden, und nun wird er zu ihrem persönlichen Verbündeten. Für seine Partnerin ist diese Entwicklung eine Befreiung, denn das ganze vorherige Leben war vom Geschehen im Konzern geprägt.

In diesem Fall entstand aus der Intensität des Grolls gegenüber dem alten Arbeitgeber eine neue Art von Kundenorientierung und die Job-Baustelle wurde zum Ausgangspunkt für die weitere Entwicklung.

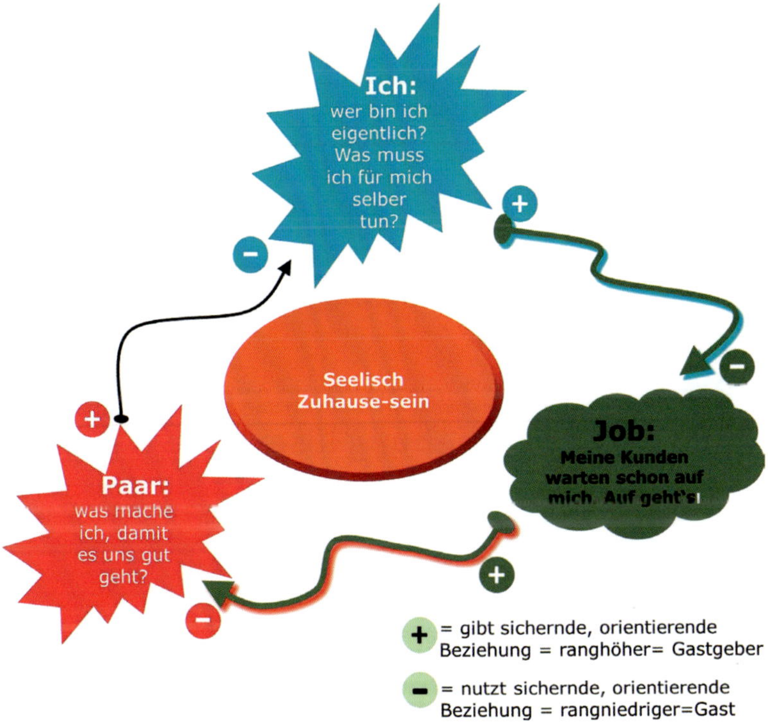

Abb. 42 Neues Gleichgewicht initiiert in der Job-Baustelle

In der Folge bekam die Ich-Baustelle durch die Weiterbildung eine neue Balance, was dann ebenfalls die Entwicklung der Partnerschaft beflügelte. Die Partnerschafts-Baustelle kommt hier auf den ersten Blick nur am Rande vor: Entweder sie leidet, oder es geht ihr besser. Vermutlich geschah einiges im Hintergrund und war für Außenstehende aus guten Gründen nicht sichtbar.

Kann man das Drama vermeiden?

Wenn es schließlich geschafft ist, stellen viele rückblickend die Frage, ob man all die Angst, Bedrohung und Ungewissheit auch hätte vermeiden können. Wenn etwas mehr Zeit vergangen ist, sagen die meisten Beteiligten irgendwann: „Gut, dass es passiert ist." Vor allem schätzen sie das Ende des Einzelkämpfens und den Zuwachs an Zusammenarbeiten mit anderen.[4] Unserer Erfahrung nach lohnt es sich immer, das Drei-Baustellen-Dreieck zur Orientierung in Herausforderungen zu nutzen, in denen der Job und die Partnerschaft vorkommen. Vielleicht stellt man fest, dass es sich andersherum dreht als oben dargestellt. Sicher funktioniert es auch dann gut, wenn die eigene innere Entwicklung der Gastgeber für das partnerschaftliche Leben ist.

Übung 20: Eine Herausforderung zwischen Job und Partnerbeziehung lösen

Gibt es in Ihrem aktuellen Alltag eine Situation, in der Ihr Berufsleben und Ihr Leben mit Partnerin oder Partner „aufeinanderstoßen" und zu Spannungen führen? Wenn Sie Ihre persönlichen Möglichkeiten zum Zusammenarbeiten in diesem Feld erhöhen möchten, können Sie diese Gelegenheit jetzt nutzen. Nehmen Sie etwas zum Schreiben und Skizzieren zur Hand.

1. Machen Sie sich Notizen, zunächst zu Ihrer beruflichen Situation: Worum geht es? Wo gibt es Spannungen? Wer ist beteiligt? Müssen Sie bald eine Entscheidung treffen, oder könnten Sie auch noch länger weitermachen wie bisher?
2. Wie sieht es auf der privaten Seite aus: Worum geht es? Wo gibt es Spannungen? Wer ist beteiligt? Müssen Sie bald eine Entscheidung treffen, oder könnten Sie auch noch länger weitermachen wie bisher?
3. Eine kleine Frage am Rande: Wie geht es Ihnen zurzeit persönlich? Sind Sie ausgeglichen und gut drauf? Was signalisiert Ihnen Ihr Körper, Ihr allgemeiner Gesundheitszustand? Haben Sie vielleicht das Gefühl, dass ein neuer Schritt dran ist? Verspüren Sie so etwas wie qualitativen Wachstumsbedarf? Oder kann alles so weiterlaufen wie immer?
4. Jetzt kommt das Drei-Baustellen-Dreieck, das Sie in der Abbildung unten finden. Beschriften Sie es individuell: Wie wollen Sie Ihre berufliche Herausforde-

4 „Arbeiten" ist hier nicht nur auf berufliche Arbeit beschränkt, sondern meint auch das Arbeiten an Beziehungen.

rung zusammenfassend nennen? Notieren Sie es an der Job-Position. Wie heißt Ihre Herausforderung in der Partnerschaftsbeziehung? Bitte notieren. Und wie möchten Sie Ihre Ich-Herausforderung bzw. Ihre Ich-Situation nennen? Bitte auch notieren.

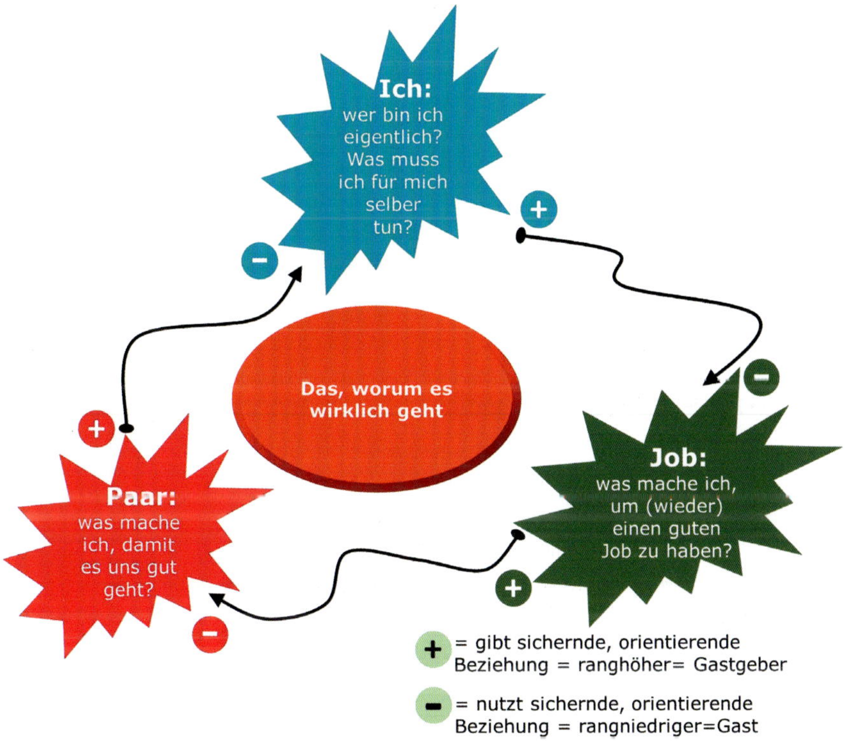

5. Nun überprüfen Sie die Gastgeber- und Gast-Beziehungen; sind sie so wie hier eingezeichnet? Die Ich-Situation gibt der Job-Situation Sicherheit und einen Bewegungsrahmen. Die Job-Situation gibt der Paar-Situation einen Rahmen mit Grenzen und Möglichkeiten. Und die Paar-Situation erlaubt und begrenzt den Spielraum im Ich-Bereich.
   Oder dreht sich das Dreieck in Ihrem Fall andersherum? Wenn ja, ist das auch in Ordnung. Es kommt in diesem Arbeitsschritt darauf an, die für Ihren Fall passende Richtung zu ermitteln. Wenn Sie sie in einer Beziehung klar erspüren können, genügt das. Die anderen Beziehungen leiten sich daraus ab. Ergibt sich eventuell eine Beziehung, die Sie für unmöglich halten? Dann spüren Sie sich in das Überraschende hinein: Vielleicht machen Sie da schon eine hilfreiche Entdeckung.

6. Betrachten Sie nun den Mittelpunkt des Dreiecks: Können Sie schon erkennen, worum es in Ihrem Fall geht? Worum sich die drei Baustellen gebildet haben und wodurch sie verbunden sind? Haben Sie eine Idee? Notieren Sie sie.
7. Nun sehen Sie sich Ihre drei Pole an: In welcher der Baustellen fühlen Sie sich am ehesten wohl und sicher und haben das größte Vertrauen in Ihre Handlungsmöglichkeiten? Was könnten Sie auf dieser Baustelle – wir nennen sie einmal Aktions-Baustelle – jetzt tun, um einen Schritt weiterzukommen und gleichzeitig der Baustelle, die hier Gast ist, einen sicheren Rahmen und mehr Orientierung als bisher zu geben? Schreiben Sie es auf.
8. Lassen Sie sich nun in der Aktions-Baustelle auch von der Situation in der Baustelle inspirieren, die hier Gastgeber ist. Selbst wenn Sie die Lage dort nicht ideal finden: Wofür steht die Gastgeber-Baustelle? Wenn Sie die Essenz dieser Baustelle spüren, was können Sie dann auf der Aktions-Baustelle anders machen? Notieren Sie auch diesen Aspekt und legen Sie fest, was Ihr nächster praktischer Schritt sein soll.
9. Passen Ihre Ergebnisse aus Punkt 7 und 8 zusammen? Ergänzen sie sich? Lassen sie sich integrieren? Gibt es noch etwas zu modifizieren? Notieren Sie es.
10. Wenn Sie sich Ihre Ergebnisse nun ansehen, haben Sie Anhaltspunkte gefunden, um mit Ihrem Konflikt von beruflichem und partnerschaftlichem Leben anders umzugehen?
    - Was werden Sie jetzt konkret tun?
    - Was werden Sie tun, damit die Gastgeber-Baustelle mehr Feedback und mehr Lebendigkeit aus der Aktions-Baustelle bekommt?
    - Was werden Sie tun, damit die Gast-Baustelle mehr Spielraum bekommt und der Druck von ihr genommen wird?

Viel Erfolg bei Ihren Experimenten! Die Übung zeigt auch, dass Sie sich in einem komplexen Feld bewegen: Wenn Sie an einer Stelle etwas verändern, verändert sich auch etwas an einer anderen Stelle. Da hilft keine Kontrolle, sondern Ausprobieren, Vertrauen und (manchmal) nur noch die Annahme, dass es irgendwie gut werden will – was immer das wohl sein mag.

19 Ein Ende naht: wirklich Neues anfangen

Etwas (wirklich) Neues anzufangen braucht die Kunst des Zusammenarbeitens in dem Sinne, dass man dem Veränderungsprozess und seinen Signalen folgt und sich mit ihm verbindet. Klassische Situationen im Unternehmens- und Berufsleben, in denen etwas zu Ende geht und etwas wirklich Neues beginnt, gibt es viele:

- Sich aus einem etabliertem Markt verabschieden und in einen neuen vordringen.
- Reorganisation: eine bewährte Organisationsform aufgeben und in eine neue wechseln.
- Eine gewachsene Führungskultur hinter sich lassen und eine neue einführen.
- Eine geschätzte Führungskraft verlieren und mit einer neuen konfrontiert werden.
- Das Studium beenden und ins Berufsleben einsteigen.
- Den alten Beruf verlassen und einen neuen beginnen.
- Sich selbstständig machen.
- Aus dem Berufsleben ausscheiden.

Im Alltag von Führungskräften, Teams und Unternehmen gibt es zahlreiche Situationen, die nach außen zwar undramatisch erscheinen, in denen die Beteiligten aber spüren: Hier hört etwas auf und etwas wirklich Neues beginnt. In einem solchen Moment verliert etwas Altes seinen Sinn — vielleicht sogar plötzlich — und stützt und nährt nicht mehr. Das Neue folgt einer neuen Logik, stellt neue Anforderungen, kann aber noch nicht stützend wirken. Einen Weg zurück gibt es nicht: Stattdessen muss man die Zusammenarbeit mit dem Alten in ein Zusammenarbeiten mit etwas Neuem überführen.

Wenn dieser Weg nicht gut funktioniert, zeigt sich das in zwei Varianten:

- Man kommt vom Alten nicht weg und kann die Schwelle zum Neuen nicht überschreiten.
- Oder man kommt im Neuen nicht wirklich an. Der Form nach hat man es erreicht, aber es wiederholen sich die Phänomene des Alten.

Eine im Veränderungsmanagement bewährte Möglichkeit, den Weg von Alt zu Neu zu gehen, lehnt sich an die Logik eines Sterbe- und Trauerprozesses an.[1] Dieser Weg der Transformation öffnet bewusst den Raum für die Arbeit auch mit nicht-linearen Faktoren und vollzieht sich in folgenden Etappen:

- das Alte würdigen,
- sich von ihm verabschieden,
- es ziehen lassen,
- sich überraschen lassen, welche essentielle Botschaft oder neue Möglichkeit danach wie ein Geschenk zur Verfügung stehen,
- beschließen, genau das ins zukünftige Leben einzubauen.

Das Transformations-Dreieck als Unterstützung auf dem Weg

Ob es sich um einen Einzelnen, ein Team oder eine größere Organisationseinheit handelt, das Transformations-Dreieck unterstützt den Weg von Alt zu Neu, indem es die Orientierung und das Zusammenarbeiten erleichtert. Es erlaubt jederzeit einen Blick auf Raum, Zeit, Positionen, Beziehungen, Gäste und Gastgeber und vermindert damit das Risiko, dass depressives Verharren und Rückzug die Veränderung behindern.

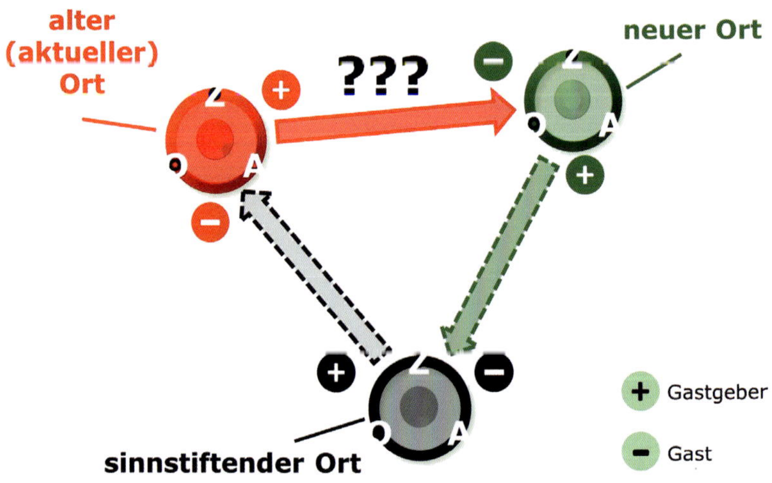

Abb. 43 Von Alt nach Neu – vor der Transformation

1 Vgl. Kapitel 18 und Isabella Klien (2011).

Die drei Pole des Dreiecks sind:

1. der alte (jetzt noch aktuelle) Ort, den man verlassen soll,
2. der neue Ort, der das Ziel des Weges ist,
3. ein sinnstiftender Ort, der als Inspirationsquelle dient. Er steht für die Erinnerung an vergangene, meist nicht konsensreale Erfahrungen, die in der Zwischenzeit traumartige und mythische Qualität angenommen haben. In ihm kommt eine Essenz zum Ausdruck, die aktuelle konsensreale Bedenken „unterlaufen" kann und Mut macht. Wenn man in einer aktuellen Situation auf einen solchen Ort zurückgreifen kann, entsteht eine tiefe Zuversicht, die es erlaubt, etwas zu wagen.

Sieht man sich einer tiefgreifenden Veränderung ausgesetzt, so ist man vorher oft noch der Meinung, man könne das Neue aus der Logik des Alten entwickeln. Der alte oder aktuelle Ort setzt dann als Gastgeber dem Neuen die Grenzen, in denen es sich als Gast bewegen kann. Aus dem Kontext ergibt sich zwar die Notwendigkeit für etwas Neues, aber für dieses Neue stehen keine anderen Mittel als die alten zur Verfügung. Das Engagement der Beteiligten kann groß sein, aber etwas wirklich Neues ist nicht im Blick. Damit der Weg dafür frei wird, müssen zunächst die ersten drei Schritte des Transformationsweges gegangen werden.

Der Rangwechsel auf dem Transformationsweg

Das „wirklich Neue" ist wie ein anderer Kontinent, auf dem man noch nie gelebt hat. Um dort zu (über)leben und sich wohlzufühlen, muss man sich den dortigen Gegebenheiten anpassen. Man muss seine Fähigkeiten und Möglichkeiten auf das ausrichten, was am neuen Ort gebraucht wird und funktioniert. Deshalb muss dieser Ort mit all seinem Unbekannten zum Gastgeber werden. Nur so kann eine Transformation (im Sinne einer „radikalen" Veränderung) gelingen. Das ist der Rangwechsel.

Solange der alte Ort Gastgeber ist, ist die Energie eine schiebende, hinausdrückende Qualität, die bei den Beteiligten darin zum Ausdruck kommt, dass sie vor allem „hier weg" wollen. Sobald aber die dritte Etappe des Transformationswegs durchschritten ist, man den bisherigen Ort also ziehen lassen kann, beginnt die Anziehungskraft des neuen Ortes zu wirken, der dadurch vom Gast zum Gastgeber wird: Die Beteiligten fühlen sich zum neuen Ort hingezogen. (Eine Vision muss genau diese Kraft entfalten, damit sie ins Leben gebracht werden kann.)

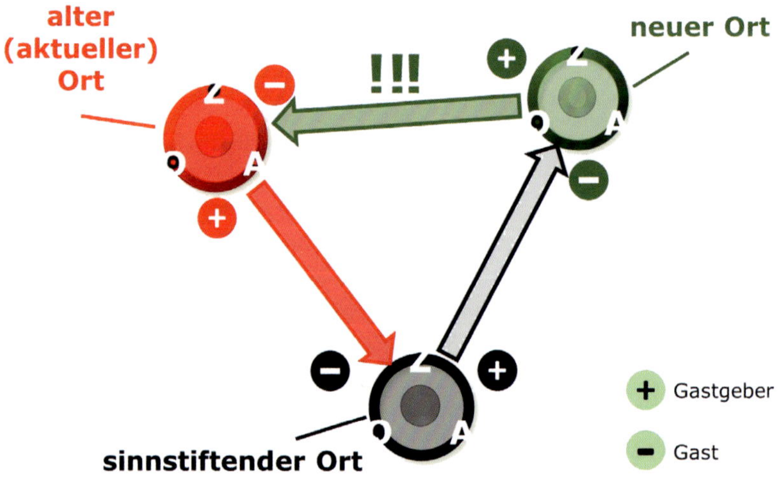

Abb. 44 Von Alt nach Neu – nach dem Rangwechsel und mit Anziehungskraft

Die Wirkung des sinnstiftenden Ortes

Vor dem Rangwechsel ist der sinnstiftende Ort Gastgeber des alten Ortes, der von diesem Sinn gestärkt wird. Nach dem Rangwechsel, durch den zum Ausdruck kommt, dass die Beteiligten bereit für den neuen Ort sind, wirkt der Sinn in die andere Richtung. Der sinnstiftende Ort wird nun zum Gast des alten Ortes und zum Gastgeber des neuen. Jetzt kann durch seine Qualität der neue Ort eine anziehende Wirkung entfalten. Das erleichtert es den Beteiligten, sich auf den Weg zu machen und offen zu sein für die Überraschungen, die ihnen dabei begegnen werden.

Das Dreieck schafft Raum für die Wahrnehmung, dass es bei einer Transformation um mehr geht als um konsensreales Geschehen; der sinnstiftende Ort bringt das zum Ausdruck. Wenn es wie hier um einen radikalen Wechsel und eine tiefe Veränderung geht, macht er den Rangwechsel möglich und stützt die Realisierung und Verankerung der Transformation. So kann am neuen Ort die Sicht auf die Welt eine andere werden. Wenn die Wirkung des Rangwechsels anhält und im Bedarfsfall „nachgebessert" wird, können die Beteiligten Möglichkeiten entdecken und Fähigkeiten einsetzen, von denen sie vorher nichts wussten und deren Wirkung sie nicht kannten. Der Weg zum Neuen ist dann ein Weg tiefster Veränderung und qualitativen Wachstums. Im Rückblick oder von außen gesehen erkennt man einen Paradigmenwechsel: Im tiefsten Inneren ist ein Grundmuster verändert worden, mit dem man das Geschehen betrachtet und an dem man seine Orientierung ausrichtet.

Ein Paradigmen-Wechsel: die Bereitschaft zu qualitativem Wachstum

Wenn das Ende naht und etwas wirklich Neues beginnen will, muss etwas sterben und etwas anderes will beginnen zu leben. Das ist qualitatives Wachstum im Sinne:

- ganz neuer Sichtweisen,
- der Inbetriebnahme neuer Möglichkeiten,
- der Erleichterung durch Abwerfen von Ballast,
- einer dem Leben zugewandten Haltung,
- dass man führt und sich führen lässt.

Damit qualitatives Wachstum geschehen kann, ist die Bereitschaft der Beteiligten zu einem solchen Wachstumsprozess nötig: Sie ist das, worum es hier wirklich geht. Damit sieht das komplette Transformations-Dreieck (Version nach dem Rangwechsel) so aus:

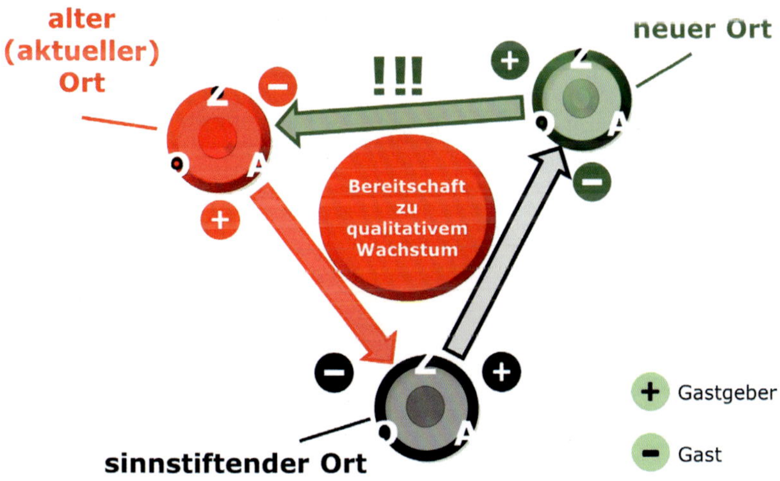

Abb. 45 Transformations-Dreieck und Bereitschaft zu qualitativem Wachstum

In der üblichen Arbeitsweise von Teams ist diese Bereitschaft zunächst oft nur sehr schwer zu erreichen. Man muss sich auf Ungewissheit einlassen und auf die Wirkung nicht-linearer Faktoren vertrauen, ohne sie zu kennen. Das ist für viele unerträglich. „Was soll denn da rauskommen?“ oder „Wir haben doch schon alles versucht, wieso sollte es jetzt plötzlich anders werden?“ sind Stimmen, die sich zu Wort melden. Alles scheint nach einer berechenbaren, strukturierten und kontrollierten Vorgehensweise zu schreien. Und genau diese lineare Sichtweise funktioniert in Transformationsprozessen nicht. Qualitatives Wachstum umfasst einige Aspekte mehr, und die sind eben nicht-linear. Die Bereitschaft zu qualitativem Wachstum ist die Bereitschaft, einen Transformationsweg zu etwas wirklich Neuem zu gehen. Dazu gehört die Bereitschaft, nicht alles vorhersehen, kontrollieren und hinbiegen zu wollen – und die Zuversicht, dass das eigene Wirken viel mehr Feldeffekte auslösen wird, als man denkt. So wird man vieles ermöglichen, das sonst so nicht zustande gekommen wäre. Und damit verändert man auch sich selbst: Man macht die Erfahrung, dass man sich Unbekanntem, Ungewissem und wirklich Neuem stellen und dabei in sich selbst ungeahnte Fähigkeiten entwickeln kann.

Qualitatives Wachstum als Element von Führungs- und Unternehmenskultur

Die Bereitschaft zu qualitativem Wachstum fördert das Zusammenarbeiten in Teams und Organisationen, indem es neugierig auf Veränderung und auf die Positionen der anderen macht. So kann immer wieder Neues ins Spiel kommen und Altes eine neue Bedeutung bekommen. Man entscheidet sich für einen wachstumsorientierten Umgang mit dem, was zur Verfügung steht – ungeachtet dessen, ob man es schon kennt oder noch nicht.

Eine Konsequenz wird sein, dass man Situationen tiefgreifender Veränderung nicht mehr scheuen muss. Vielmehr kann man sich bewusst darauf einlassen – wohlwissend, dass man als Team anders herauskommt, als man hineingegangen ist. Auf Kunden, Mitarbeiter und die indirekte Umgebung wirkt das wie eine Einladung, Herausforderungen ebenfalls zu qualitativem Wachstum zu nutzen. Wenn man diese Feld- und Außenwirkung spüren und als Feedback auf das eigene Wirken annehmen kann, wird einem deutlich, dass man auf dem Weg ein Stück weiter gekommen ist.[2]

[2] Die drei Managementdimensionen in Kapitel 6 beschäftigen sich mit dem Weg, der im eigenen Inneren beginnt und über das Gestalten einzelner Beziehungen dahin führt, auch in unübersichtlichen, komplexen und konfliktgeladenen Feldern wirksam führen zu können.

Das Feld will weiter: in Richtung Zusammenarbeiten

Ein Team, ein Unternehmen, eine Organisation – sie wollen blühen, ebenso wie ein Mensch eigentlich blühen möchte. Alles ist immer in Bewegung, auch wenn die Wahrnehmung manchmal anders ist. Letztlich hat man nur die Möglichkeit, mitzugehen, sich weiterzuentwickeln und qualitativ zu wachsen – denn Stillstand ist in der (menschlichen) Natur „eigentlich" nicht vorgesehen. Zusammenarbeiten allerdings ist vorgesehen, und wenn man sich dafür entscheidet, wird vieles einfacher. Man hat dann die Chance, nicht in der Sicht stecken zu bleiben, man sei Opfer anderer Menschen (Kollegen, Chefs, Mitarbeiter) oder externer Gegebenheiten (Märkte, Konjunktur, Wettbewerb, Steuergesetze). Der Blick kann sich für die Vielfalt und auch für die Gleichwertigkeit von Positionen und Standpunkten öffnen, für die Existenz von Blindspots, und für die Bereitschaft, sich ihnen zu stellen. Dann kann man erlösende Coolspots ermöglichen und erleben und sie zur neuen gemeinsamen Operationsbasis für die nächsten Schritte zum Erfolg machen.

! **WICHTIG**

Unternehmen, Organisationen und Teams können auf Dauer nur blühen und gedeihen, wenn sie sich verändern, ihre Beziehungen aktiv gestalten und neue Handlungsfelder erschließen. Man könnte sagen: Ein Unternehmen zu führen, ist nichts anderes als das permanente Facilitieren von Beziehungen, von Wandel und Veränderung.

Die Kunst des Zusammenarbeitens

Das Bricolage- oder Bastel- Prinzip von Claude Lévi-Strauss[3] kann man so verstehen: Was man am Ort des Geschehens vorfindet, ist das, was man zur Problemlösung einsetzen kann. Man geht mit dem um, was gegeben ist – getreu der Devise, dass die Lösung aus dem Problem selbst kommt und nicht von außen. Das setzt voraus, dass man anders hinsieht, denn die Lösung ist nicht mit derselben Herangehensweise zu finden, aus der das Problem entstanden ist. Während ein solcher Bricoleur aus Sicht der Ingenieurwissenschaften vielleicht nicht ganz ernst zu nehmen ist, hat er bei französischen Lebenskünstlern ein eher gutes Image. Warum?

[3] Lévi-Strauss, Claude: La Pensée Sauvage, Plon Presses Pocket, Paris 1962.

Weil er ein lebendiger Typ ist, weil er wahrscheinlich immer eine Lösung findet, und weil man auf einer Abenteuerreise bei ihm in guten Händen ist.

In unserem Zusammenhang könnte er auch ein Künstler des Zusammenarbeitens sein: Im Sinne des Ziels bringt er alles, was sich gerade findet und zeigt (einschließlich Ingenieurwissen), so zusammen, dass es funktioniert. Stillstand hat keine Chance, wenn sich mehrere mit dieser Lebenssicht, mit Begeisterung und gleichzeitig Verletzlichkeit (eine gute Basis für Humor) gemeinsam an die Arbeit machen. Die Kunst des Zusammenarbeitens wirkt besonders gut, wenn es darum geht, etwas werden oder emergieren zu lassen. Da werden Vielfalt und Individuelles gebraucht. Da geht es darum, zu experimentieren und die verschiedenen Positionen im Feld sprechen zu lassen. Und es geht auch darum, den Punkt zu erreichen, an dem es fertig ist und funktioniert.

Wer die Kunst des Zusammenarbeitens pflegt, wird auch dadurch beflügelt, dass es Empfänger, Anwender und Kunden gibt, denen es dadurch besser geht: Zusammenarbeiten und qualitatives Wachstum haben immer etwas zum Ziel, das von anderen weiterverwendet werden kann oder etwas möglich macht, das zuvor unmöglich war. Beide zielen immer auf einen größeren Zusammenhang und möchten anregend wirken. Die Kunst des Zusammenarbeitens und (qualitatives) Wachstum passen daher gut zusammen. Wenn man zu wirklich Neuem will, muss (!) man letztlich immer Altes transformieren und sich dabei führen lassen. Wenn man dabei mit anderen zusammenarbeitet, kann man viel besser mit all dem Ungewissen und Unkontrollierbaren umgehen, das einem wahrscheinlich begegnen wird.

Zusammenarbeiten geht immer, auch wenn es manchmal anders aussieht

Man muss es allerdings wollen. Zusammenarbeiten hört erst da auf, wo man es nicht mehr will. Was nicht aufhört, sind Beziehungen; man kann nicht *keine* Beziehung zu jemand anderem haben. Man kann sie ruhen lassen, ablehnen, bekämpfen oder ins Schattenreich der Nicht-Beachtung verschieben, aber dann wirkt sie eben von dort weiter. Zusammenarbeiten hat immer etwas Verbindendes und Belebendes. Dazu gehören auch streiten, sich zu trennen, Missverständnisse zu haben, Spannungen durchzustehen und Schwierigkeiten zu erleben. Auch das sind Formen des Zusammenarbeitens, wenn sie darauf zielen, weiterzukommen. Wenn man auf Blindspots trifft und sie auflöst, wenn man Coolspots ermöglicht und erlebt. Danach ist man ein Stück gewachsen, und die Beziehungen treten in eine neue Phase. Was man hinter sich lässt, ist dann nicht verbrannte Erde, sondern ein Terrain, mit dem man selbst dann im Frieden sein kann, wenn man sich trennt.

Wer auch in „unmöglichen“ Situationen zusammenarbeiten will, braucht nichtlineare Werkzeuge, damit Überraschendes seine heilsame Wirkung entfalten kann. Die Sichtweise, dass es immer darum geht, Positionen im Feld zu besetzen und diese Positionen miteinander agieren zu lassen, öffnet den Raum für Lösungen. Um noch einmal mit Max Schupbach zu sprechen: „Es gibt immer eingerollte Prozesse, die sich entfalten wollen. Es geht immer darum, Beziehungen zu beleben und dem Geschehen dahin zu folgen, wohin es eigentlich will.“ Die Wege dahin werden weiterhin steinig sein, und es wird weiterhin Hindernisse geben. Aber es werden Wege sein, die man begehen kann. Zusammenarbeiten ist kein Selbstzweck, sondern generiert Beweglichkeit, von der alle profitieren können.

In Bewegung bleiben und das Lachen nicht vergessen: das ist das Wichtigste.

Dank

Es ist seltsam: Dieses Buch verdanken wir Konflikten und Situationen, in denen es geklemmt hat. Und auch Momenten des Scheiterns, der Verzweiflung und Orientierungslosigkeit. Wir verdanken es dem Umstand, dass es immer wieder etwas gab, das uns weitergeführt und uns wenigstens weise genug gemacht hat, um uns dann auch führen zu lassen.

Wir verdanken es all denen, die uns geholfen haben zu entdecken, worum es wirklich geht: den persönlichen Stil zu finden, ihn weiterzuentwickeln und die eigene Stimme erklingen zu lassen. Verbündete zu entdecken und in die Träume zu reisen. Dass es immer wieder Orte oder Momente gibt, an denen etwas aufzulösen und etwas anderes völlig neu zu entdecken ist. Zu diesen Menschen gehören Jeff Allen und Julie Wookey, William Bloom, Max Schupbach, Christoph Knott, Jutta Kargel, Matthias zur Bonsen; Arny und Amy Mindell durch ihr Wirken, ihre Werke und den Spirit, den sie in der Community der Prozessorientierten Psychologie möglich gemacht haben.

Wir danken all denen, die uns den Zugang zur Kraft der Mythen, der Natur und der belebten Welt erleichtert haben. Dazu zählen Uwe Götze, Ailo Gaup und Kirk Baltz.

Wir danken unseren Klienten, Kunden und Coachees. Mit ihnen zusammen haben wir vieles entdeckt, bestätigt gefunden und funktionieren gesehen, von dem wir vorher nur eine Ahnung hatten. Wir danken für die vielen Momente, echtes Glück zu erleben.

Martin Bergmann danken wir für seinen Weckruf, der uns zum Titel des Buches geführt hat. Gabriele Vogt danken wir für ihr Lektorat, das für uns ein kunstvolles Zusammenarbeiten war. Und wir danken all denen, die es möglich gemacht haben, dass dieses Buch nun seinen Weg gehen kann.

Werkzeug-Übersicht

Ein Blick in diese Seiten kann Ihnen erste Orientierung und Lösungshilfe für konkrete Fragestellungen geben. Suchen Sie sich ein Werkzeug aus, das zu Ihrer Situation passen könnte, lassen Sie sich davon anregen und wenden Sie es an. Arbeiten Sie in Richtung einer Lösung, die alle Beteiligten weiterbringt.

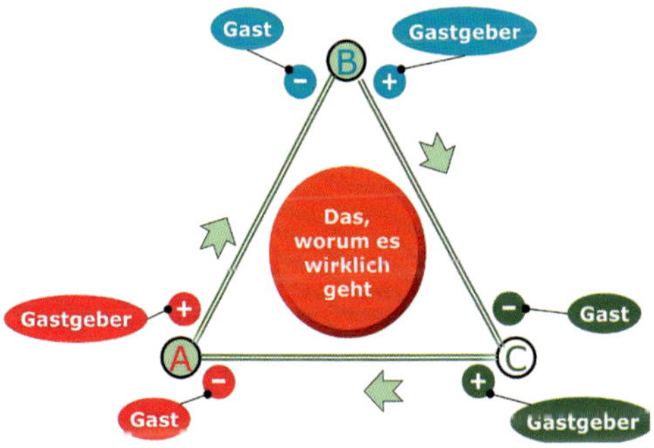

Wenn Sie im Hin und Her festsitzen: Das Rang- Dreieck mit Gast und Gastgeber[1] hilft dabei, etwas Drittes und damit einen größeren Spielraum für echte Lösungen zu finden.

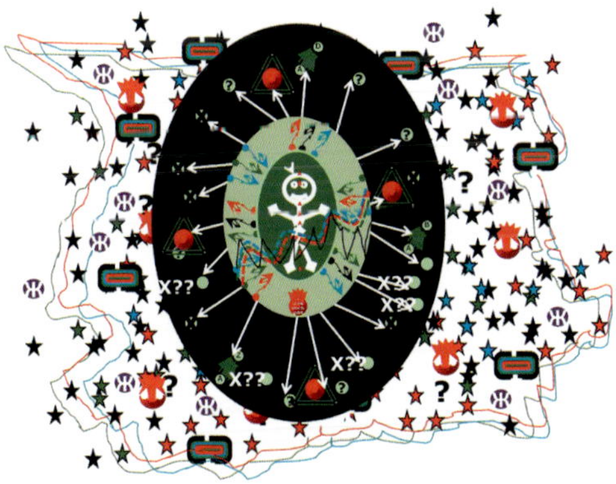

Wenn niemand bereit scheint, das Nötige zu tun: Die drei Management-Dimensionen[2] helfen dabei, eine eigene weiterführende Position einzunehmen und damit ins Feld einzusteigen.

1 Siehe Kapitel 2.

2 Siehe Kapitel 6.

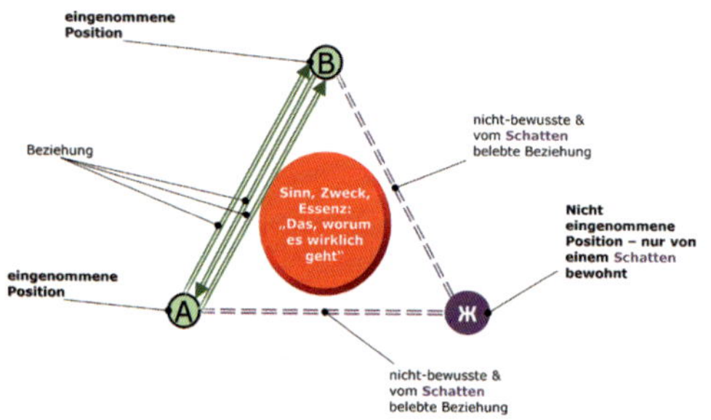

Wenn etwas Unausgesprochenes die Situation überschattet: Aufmerksamkeit für nicht bewusste, aber mitwirkende Schattenpositionen[3] kann Verborgenes sichtbar machen.

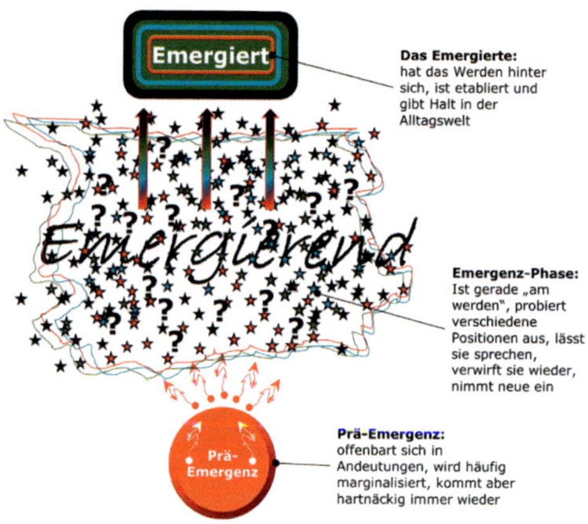

Etwas müsste anders sein, als es ist: Der Emergenz-Weg[4] hilft zu verstehen, dass dieses Andere sich entwickeln will und dazu Ruhe und wohlwollende Aufmerksamkeit braucht.

[3] Siehe Kapitel 6.

[4] Siehe Kapitel 5.

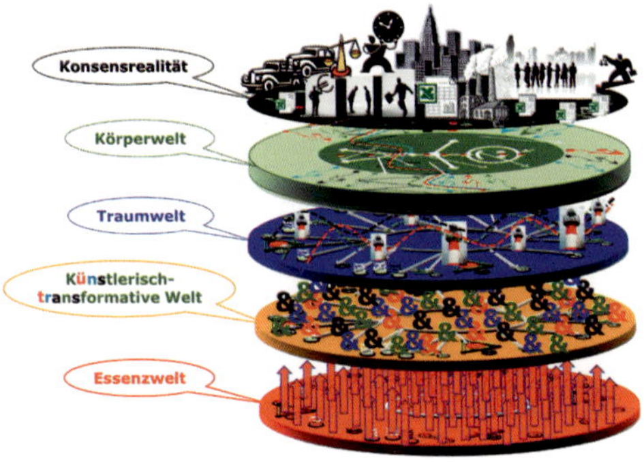

Wenn eine Problemstellung reduziert erscheint: Mit Hilfe der fünf Ebenen[5] kann man die reine Sachebene anreichern, nicht-lineare Faktoren mit einbeziehen und damit das Spektrum menschlicher Möglichkeiten voll ausnutzen.

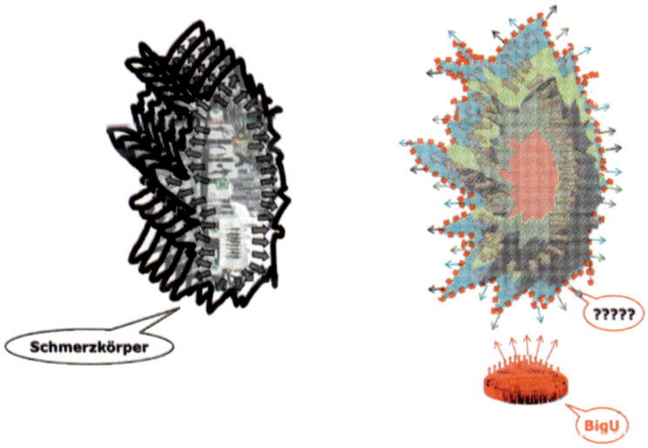

Wenn man sich völlig allein fühlt: Dann ist die Verbindung zu den eigenen Möglichkeiten gestört. Um wieder handlungsfähig zu werden, braucht man Selbstmanagement und Verbindung.[6]

5 Siehe Kapitel 7.

6 Siehe Kapitel 8.

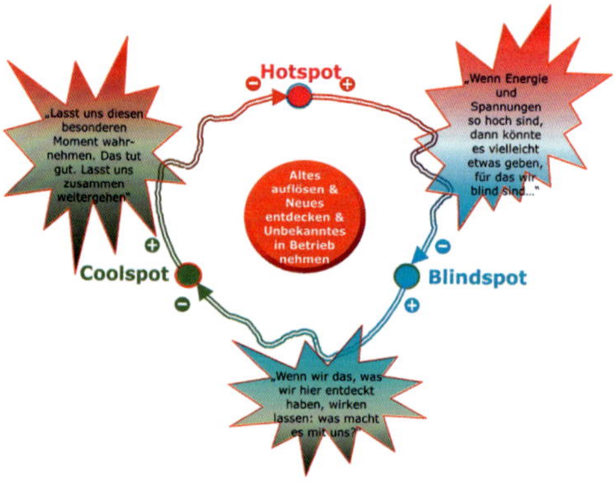

Wenn es kracht: Hotspot – Blindspot – Coolspot[7] öffnen den Blick dafür, dass hier ein neues Gleichgewicht entstehen will. Auf welchem Auge sind Sie blind? Halten Sie einen Coolspot für möglich!

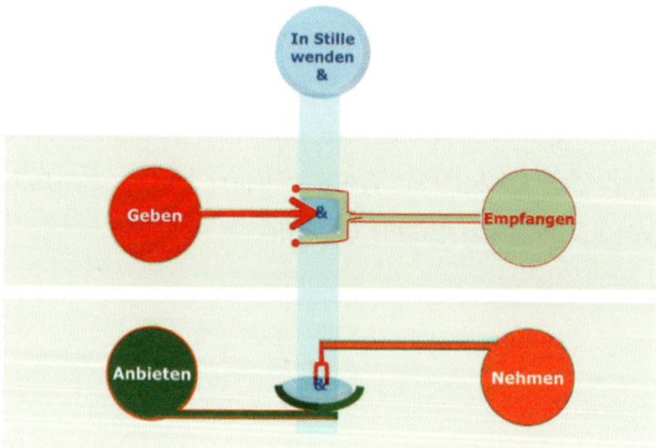

Wenn Antworten und Reaktionen des Gegenübers unverständlich sind: In welchem der fünf Handlungs-Modi[8] operieren Sie gerade? Und Ihr Gegenüber? Wie können Sie zusammenfinden?

---

[7] Siehe Kapitel 9.

[8] Siehe Kapitel 11.

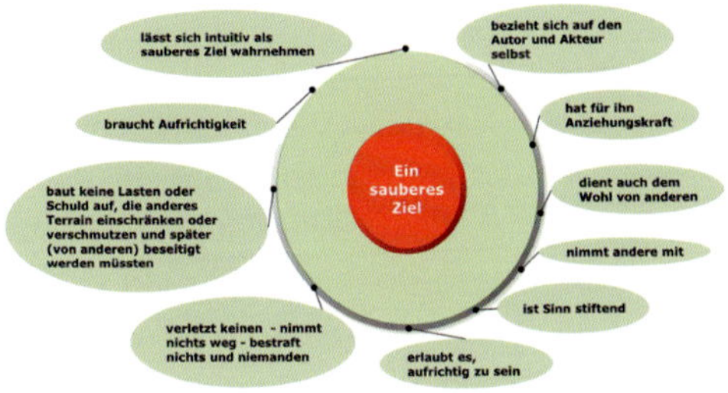

Wenn Ziele nicht erreicht werden: Ein Ziel daraufhin prüfen, ob es sauber[9] ist, und es gegebenenfalls anpassen. Kleine Veränderungen mit großer Wirkung.

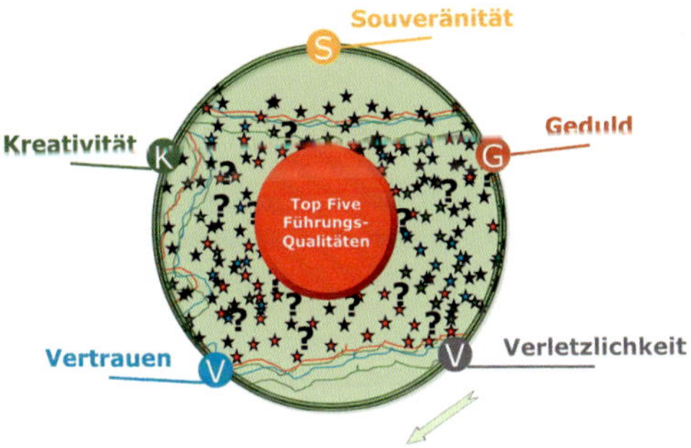

Wenn man einen Energieschub braucht: Welche der Top Five Führungsqualitäten[10] kann jetzt helfen? Wählen Sie intuitiv und lassen Sie sich davon leiten. Wenn Ihnen keine einfällt, versuchen Sie es mit Geduld.

[9] Siehe Kapitel 12.

[10] Siehe Kapitel 13.

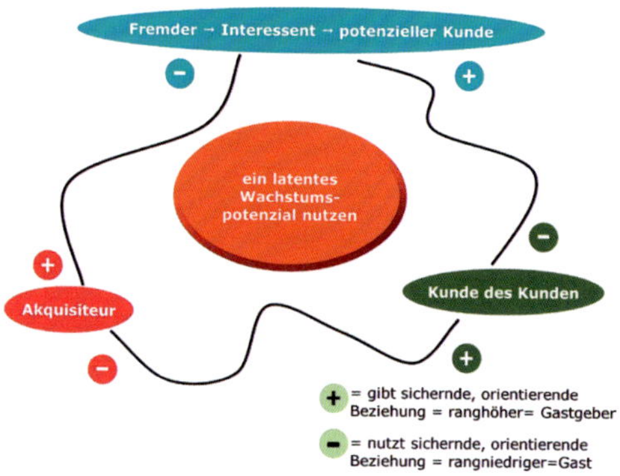

Wenn etwas Neues in Gang kommen soll: Nehmen Sie an, es handele sich um einen Akquisitionsfall[11]. Also um eine Situation, in der es um Leistungsaustausch geht, und in der außer Ihnen ein Kunde und der Kunde dieses Kunden mit im Spiel sind.

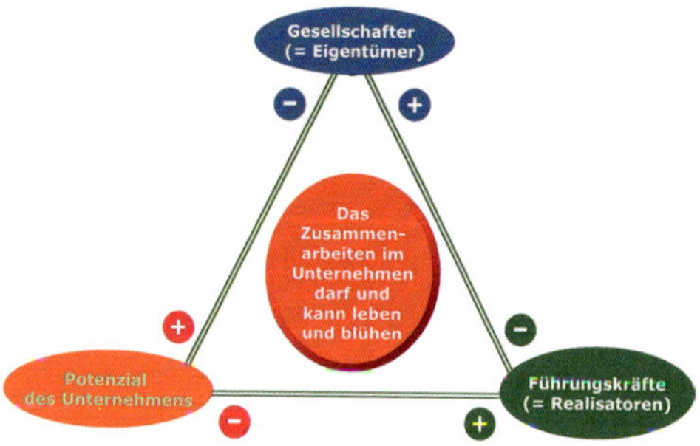

Unternehmerische Entscheidungen treffen: Sind Sie in der Position des Eigentümers, des Realisators oder sogar des Potenzials? Das Unternehmer-Dreieck[12] gibt Orientierung, sodass man mit Befürchtungen und Unberechenbarem besser umgehen kann.

11 Siehe Kapitel 15.

12 Siehe Kapitel 16.

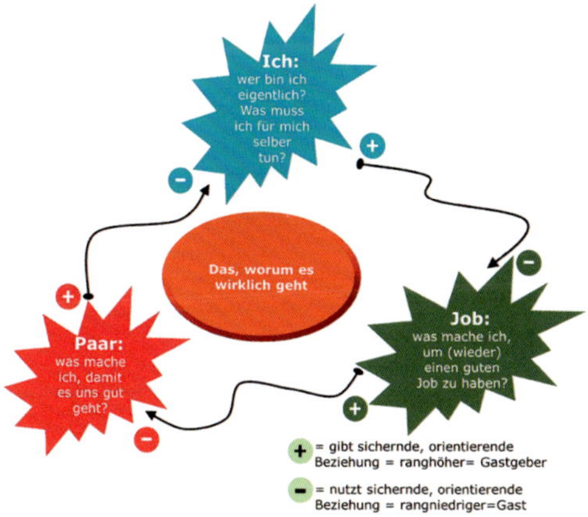

Wenn weitreichende Entscheidungen anstehen: Dann braucht das Zusammenspiel von Privatleben, Partnerschaft und Berufsleben Aufmerksamkeit. Das Drei-Baustellen-Dreieck[13] gibt Orientierung und Hilfestellung.

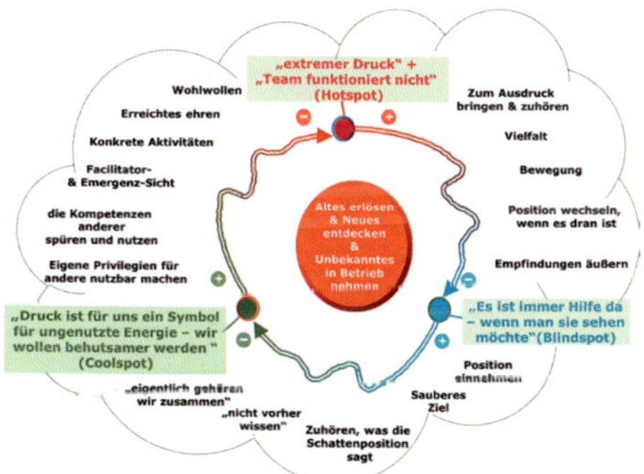

Konfliktkultur beleben und pflegen: Die Position des Facilitators etablieren, um wohlwollende Kräfte zu mobilisieren.[14]

13 Siehe Kapitel 17.

14 Siehe Kapitel 18.

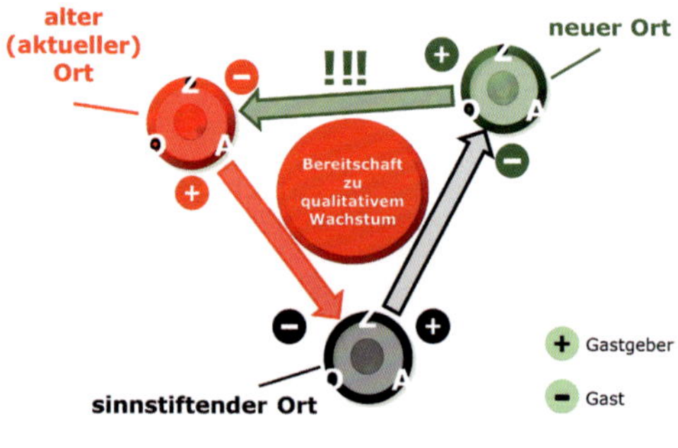

Eine tiefgreifende Veränderung steht an: Dann geht es darum, den Sinn in der Veränderung zu finden und dadurch Schwellenängste aufzulösen.[15]

[15] Siehe Kapitel 19.

Abbildungsverzeichnis

Literaturverzeichnis

Atlee Tom Bringing Down Walls. A Native Elder's Earth & Spirit-Based Prison Program [Article] // EarthLight. — August 1997. — pp. 8–9, 22–23.

Baldwin Christina and Linnea Ann The Circle Way: A Leader in Every Chair [Book]. — San Francisco: Berret-Koehler Publishers, Inc., 2010.

Baldwin Christina Calling the Circle. The First and Future Culture [Book]. — New York: Bantam Books, 1998.

Baltz Kirk Kirk Baltz [Online]. — 2013. — http://kirkbaltz.net/.

Block Peter Community: The Structure of Belonging [Book]. — San Francisco: Berrett-Koehler, 2008.

Bloom William The Endorphine Effect [Book]. — London: Piatkus, 2001.

Bloom William The Power of Modern Spirituality: Your Guide to a Life of Compassion and Personal Fulfilment [Book]. — London: Hachette Digital, 2011.

Cameron Kim Practicing Positive Leadership: Tools and Techniques That Create Extraordinary Results [Book]. — San Francisco: Berrett-Koehler, 2012.

Campbell Joseph The Hero with a Thousand Faces [Book]. — London: Fontana Press, 1993.

Diamond Julie A Path Made by Walking: Process Work in Practice [Book]. — Portland: Lao Tse Press, 2004.

Donahue Steven Shifting Sands: A Guidebook for Crossing the Deserts of Change [Book]. — San Francisco: Berrett-Koehler Publishers, Inc, 2014.

Emcke Carolin zum Thema Ostern [Journal] // Die Zeit. — 20.04.2011. — p. Nr. 17.

Eneroth Tor [et al.] Get Connected. A Practical Guide to Grow a Desired Team Culture [Online] // Barrett Values Centre. — April 2013. — April 2013. — http://www.valuescentre.com/.

Fendel Benedikt Process Work, Dreambody and Shamanism: A Study of Neoshamanism at the Process Work Activists' Community and the Theories of Process Work as Laid Down by Arnold Mindell [Book]. — Uppsala: Uppsala Universitet, 2013.

Fontana David Kursbuch Meditation [Book]. — Frankfurt: Fischer, 2001.

Frankl Victor ... trotzdem Ja zum Leben sagen: Ein Psychologe erlebt das Konzentrationslager [Book]. — München: Kösel, 2009.

Gehring Petra Traum und Wirklichkeit: Zur Geschichte einer Unterscheidung [Book]. — Frankfurt: Campus-Verlag, 2008.

Glassmann Bernie Infinite Circle: Teachings in Zen [Book]. — Boston & London: Shambhala, 2002.

Goleman Daniel Working with Emotional Intelligence [Book]. — New York: Bantam Books, 1998.

Greenleaf Robert K. Servant Leadership: A Journey Into the Nature of Legitimate Power and Greatness [Book]. — New Jersey: Paulist Press, 2002.

Grossman David Eine Frau flieht vor einer Nachricht [Book]. — München: Hanser-Verlag, 2009.

Haley Jay Uncommon Therapy: The Psychiatric Techniques of Milton H. Erickson, M.D [Book]. — London: W W Norton, 1986.

Ingermann Sandra Awakening to the Spirit World: The Shamanic Path of Direct Revelations [Book]. — Boulder: Sounds True, 2010.

Jaworski Joseph Synchronicity: The Inner Path of Leadership [Book]. — San Francisco: Berrett-Koehler, 2011.

Jullien François Vortrag vor Managern über Wirksamkeit und Effizienz in China und im Westen [Book]. — Berlin: Merve Verlag, 2006.

Jung Carl-Gustav and Alt Franz Das C. G. Jung Lesebuch [Book]. — Olton: Walter-Verlag, 1983.

Jung Carl-Gustav and Clarke J.J. C. G. Jung und der östliche Weg [Book]. — Zürich & Düsseldorf: Walter Verlag, 1997.

Kahane Adam Solving Tough Problems: An Open Way of Talking, Listening, and Creating New Realities [Book]. — San Francisco: Berrett-Koehler, 2004, 2007.

Kahnemann Daniel Thinking, Fast and Slow [Book]. — New York: Penguin Books, 2012.

Käppner Joachim Berthold Beitz: Die Biographie [Book]. — Berlin: Berlin Verlag, 2010.

Kimsey-House Henry [et al.] Co-Active Coaching: Changing Business, Transforming Lives [Book]. — Boston, London: Nicholas Brealey Publishing, 2011.

King Serge Kahili Der Stadt-Schamane. Ein Handbuch zur Transformation durch HUNA, dem Urwissen der hawaiianischen Schamanen [Book]. — Freiburg: Alf Lüchow, 2002.

King Serge Kahili Mastering Your Hidden Self: Guide to the Huna Way [Book]. — Wheaton: Quest Books, 1985.

Klien Isabella Kreislauf der Veränderung — Ready to Go. [Book Section] // Change Tools II. Erfahrende Prozessberater präsentieren wirksame Workshop-Interventionen. / book auth. Rohm Armin. — Bonn: managerSeminar Verlags GmbH, 2011.

Knott Christoph DA IST NOCH MEHR DRIN: Erkennen, Entscheiden, Verlernen [Book]. — 2002.

Koch Birgit Theresa Hinter jedem Konflikt steckt ein Traum, der sich entfalten will: Aus der Praxis einer Streitschlichterin [Book]. — München: Kösel-Verlag, 2008.

Kotter John P. Accelerate [Book]. — Boston: Harvard Business Review Press, 2014.

Kübler-Ross Elisabeth On Death and Dying [Book]. — New York: Scribner Publishers, 1969.

Miller Robert B. and Heiman Stephen E. Successful Large Account Management [Book]. — New York: Henry Holt & Co, 1991.

Mindell Amy Metaskills: The Spiritual Art of Therapy [Book]. — Portland: Lao Tse Press, 2003.

Mindell Arnold Dance of the Ancient One: How the Universe Solves Personal and World Problems [Book]. — Portland: DDX, 2013.

Mindell Arnold Deep Democracy of Open Forums: How to Transform Organizations in Communities [Book]. — Charlottesville: Hampten Roads Publishing Company, Inc, 2002.

Mindell Arnold Dreaming While Awake: Techniques for 24-Hour Lucid Dreaming [Book]. — Charlottesville: Hampton Roads Publishing Company, Inc, 2000.

Mindell Arnold Earth-Based Psychology: Path Awareness from the Teachings of Don Juan, Richard Feynman, and Lao Tse [Book]. — Portland: Lao Tse Press, 2007.

Mindell Arnold Processmind: A User's Guide to Connecting with the Mind of God [Book]. — Wheaton: Quest Books, 2010.

Mindell Arnold Quantum Mind: The Edge Between Physics and Psychology [Book]. — Portland: Lao Tse Press, 2000.

Mindell Arnold Sitting in the Fire [Book]. — Portland : Lao Tse Press, 1995.

Mindell Arnold The Deep Democracy of Open Forums: How to Transform Organizations in Communities [Book]. — Charlottesville: Hampten Roads Publishing Company, Inc, 2002.

Mindell Arnold The Dreambody in Relationships [Book]. — Portland: Lao Tse Press, 2002.

Mindell Arnold The Dreammaker's Apprentice: Using Heightened States of Consciousness to Interpret Dreams: Using Heightened Awareness to Interpret the Waking Dream [Book]. — Charlottesville: Hampton Roads Publishing Company, Inc, 2001.

Mindell Arnold The Leader as Martial Artist: Techniques and Strategies for Revealing Conflict and Creating Community: Techniques and Strategies for Resolving Conflict and Creating Community [Book]. — Portland: Lao Tse Press, 1992.

Mindell Arnold The Quantum Mind and Healing: How to Listen and Respond to Your Body's Symptoms [Book]. — Charlottesville: Hampton Roads Publishing Company, Inc., 2004.

Mindell Arnold The Shaman's Body: A New Shamanism for Transforming Health, Relationships, and the Community: A New Shamanism for Transforming Health, Relationships and the Community [Book]. — New York: HarperOne, 1993.

Mindell Arnold Working with the Dreaming Body [Book]. — Portland: Lao Tse Press, 2002.

Mohin Timothy J. Changing Business from the Inside Out: A Treehugger's Guide to Working in Corporations [Book]. — Sheffield: Greenleaf Publishing, 2012.

Neuberger Oswald Führen und führen lassen: Ansätze, Ergebnisse und Kritik der Führungsforschung [Book]. — Stuttgart: Lucius & Lucius UTB, 2002.

Orthey Frank Michael Systemisch Führen: Grundlagen, Methoden, Werkzeuge [Book]. — Stuttgart: Schäffer Pöschel, 2013.

Owen Harrison Open Space Technology: A User‘s Guide, McGraw-Hill Professional [Book]. — New York: McGraw-Hill Professional, 2008.

Pert Candace B. Molecules of Emotion: Why You Feel The Way You Feel [Book]. — London: Simon & Schuster, 1997.

Rinpoche Sogyal Das tibetische Buch vom Leben und vom Sterben: Ein Schlüssel zum tieferen Verständnis von Leben und Tod [Book]. — Bern, München, Wien: O.W. Barth, 2001.

Riso Don Richard and Hudson Russ The Wisdom of the Enneagram: The Complete Guide to Psychological and Spiritual Growth for the Nine Personality Types [Book]. — New York: Bantam Books, 1999.

Rosenberg Marshall B. Gewaltfreie Kommunikation: Aufrichtig und einfühlsam miteinander sprechen [Book]. — Paderborn: Junfermann, 2001.

Ross Rupert Returning to the Teachings: Exploring Aboriginal Justice [Book]. — Toronto: Penguin Canada, 2006.

Sawatsky Jarem The Ethic of Traditional Communities and the Spirit of Healing Justice: Studies from Hollow Water, the Iona Community, and Plum Village [Book]. — London: Jessica Kingsley Publishers, 2009.

Scharmer C. Otto Theory U: Learning from the Future as It Emerges. The Social Technology of Presencing [Book]. — Cambridge: SoL, 2007.

Scharmer Otto and Kaufer Katrin Leading from the Emerging Future: From Ego-System to Eco-System Economies [Book]. — San Francisco : Berrett-Koehler, 2013.

Schein Edgar H. Organizational Culture and Leadership [Book]. — San Francisco: Jossey-Bass, 2010.

Schein Edgar H. The Corporate Culture Survival Guide [Book]. — San Francisco: Jossey-Bass, 2009.

Schlehuber Elke and Molzahn Rainer Die heiligen Kühe und die Wölfe des Wandels — Warum wir ohne kulturelle Kompetenz nicht mit Veränderungen klarkommen [Book]. — Offenbach: GABAL, 2007.

Schulz von Thun Friedemann Miteinander reden 1: Störungen und Klärungen. Allgemeine Psychologie der Kommunikation [Book]. — Reinbek: Rowohlt, 2002.

Schulz von Thun Friedemann Miteinander reden 2: Stile, Werte und Persönlichkeitsentwicklung; Differentielle Psychologie der Kommunikation [Book]. — Reinbek: Rowohlt, 2001.

Schulz von Thun Friedemann Miteinander reden, 3: Das „Innere Team" und Situationsgerechte Kommunikation [Book]. — Reinbek: Rowohlt, 2001.

Schupbach Max http://www.maxfxx.net [Online] // Max Schupbach. — 2004. — 2012. — http://www.maxfxx.net.

Secretan Lance Inspire! What Great Leaders Do [Book]. — New Jersey: John Wiley & Sons, 2004.

Senge Peter The Fifth Discipline Fieldbook: Strategies and Tools for Building a Learning Organisation [Book]. — London: Nicholas Brealey Publishing, 1994.

Sennett Richard Zusammenarbeit: Was unsere Gesellschaft zusammenhält [Book]. — München: Hanser Verlag, 2012.

Shah Idries The Way of the Sufi [Book]. — London: Octagon Press, 2004.

Siegfried Tom Strange Matters: Undiscovered Ideas at the Frontiers of Space and Time [Book]. — New York: Berkley Publishing Group, 2002.

Siegfried Tom The Bit and the Pendulum: From Quantum Computing to M Theory-The New Physics of Information [Book]. — New York: Wiley & Sons, 2000.

Silver Mark Unveiling the Heart of Your Business 2nd Edition [Book]. — Portland: BusinessHeart Press, 2006.

Sprenger Reinhard K. Aufstand des Individuums: Warum wir Führung komplett neu denken müssen [Book]. — Frankfurt/Main: Campus, 2000.

Stephen E. Heiman Diane Sanchez The New Strategic Selling: The Unique Sales System Proven Successful by the World's Best Companies [Book]. — New York: Warner Books, 1998.

Taxis Tim Heiß auf Kaltakquise: So vervielfachen Sie Ihre Erfolgsquote am Telefon [Book]. — Freiburg: Haufe, 2013.

Thomann Christoph Klärungshilfe: Konflikte im Beruf [Book]. — Reinbek: Rowohlt, 2002.

Tolle Eckhart A New Earth: Awakening to Your Life's Purpose [Book]. — New York: Plume, 2006.

Tolle Eckhart Stille spricht: Wahres Sein berühren [Book]. — München: Wilhelm Goldmann Verlag, 2003.

Twain Mark Die Million-Pfundnote, und andere Erzählungen [Book]. — Wiesbaden: Emil Vollmer Verlag, 1968.

Weaver Richard G. and Farrell John D. Managers as Facilitators: A Practical Guide to Getting Work Done in a Changing Workplace. [Book]. — San Francisco: Berrett-Koehler, 1997.

zur Bonsen Matthias All in one spirit [Online]. — 2013. — Mai 2013. — http://www.all-in-one-spirit.de/sem/seminarCP.htm.

zur Bonsen Matthias and Carole Maleh Appreciative Inquiry (AI): Der Weg zu Spitzenleistungen [Book]. — Weinheim, Basel: Beltz, 2001.

zur Bonsen Matthias Real Time Strategic Change: Schneller Wandel Mit Großen Gruppen [Book]. — Stuttgart: Klett-Cotta, 2003.

Zweig Jason Gier. Neuroökonomie: Wie wir ticken, wenn es ums Geld geht [Book]. — München: Hanser Verlag, 2007.

Die Autoren

Dr. Franz Fendel (1952), gelernter Stahlhändler und Diplom-Kaufmann, ist nach 20 Jahren operativer Führungsverantwortung in Industrie, Handel und Software auf die Dienstleisterseite gewechselt. Er hat dort eine tiefere Sicht auf Unternehmersein und Erfolg entwickelt. Sein Fazit nach 15 Jahren als Berater, Coach und Facilitator: Der Spirit eines Unternehmens ist ein Erfolgsfaktor, der die Menschen mit all ihren Talenten und Möglichkeiten braucht. Damit wird Zusammenarbeiten zentral.

Dorothée Fendel (1955) hat Sozialwissenschaften und Germanistik studiert, war tätig als Lektorin und im Bereich Unternehmenskommunikation. Als Mitgründerin von Fendel & Partner 2004 engagiert sie sich für Unternehmenserfolg durch Arbeit an Brennpunkten: Konflikte, Führungs- und Unternehmenskultur, Kommunikation, Veränderungsprozesse.

Benedikt Fendel (1982) hat in Maastricht (NL), Leuven (B) und Uppsala (S) studiert. Als Kulturwissenschaftler und Anthropologe beschäftigt er sich mit Vielfalt in unterschiedlichen Kontexten. Seit 2011 arbeitet er freiberuflich bei Fendel & Partner mit, bildet sich als Coach und als Facilitator für Teams aus und ist spezialisiert auf die Arbeit mit Konflikten.

Als Unternehmensberater bei Fendel & Partner widmen sich alle drei gemeinsam insbesondere den Themen Führungskompetenz, Zusammenarbeiten, Unternehmenskultur und qualitatives Wachstum. Sie beraten, coachen, trainieren und sind auch als Facilitatoren-Team für Teams tätig. Sie unterstützen ihre Kunden beim Entwickeln von Maßnahmen, die den betriebswirtschaftlichen Rahmen ergänzen und zu stimmigen und nachhaltigen Ergebnissen führen.

„Was uns bewegt: Die Kräfte wecken, die Führungspersonen attraktiv und erfolgreich machen. Wahrnehmung trainieren und Perspektiven wechseln. Lust auf Verantwortung entdecken. Konflikte für Veränderung nutzen. Spielraum gewinnen. Spirit-orientiert arbeiten. Den inneren Unternehmer entdecken. Ziele erreichen in komplexen und dynamischen Situationen."

www.fendel-und-partner.de